日本分子生物学会 編
21世紀の分子生物学

東京化学同人

日本分子生物学会編

つぎつぎの分子生物学

(仮)

東京化学同人

まえがき

「分子生物学とは？」とは昔から頻繁になされる問いです．「生命現象を分子レベルで理解する学問です」と答えて，さて「分子とは？」ということになります．生命を理解しようという学問は，1950年代には二つの大きな流れを生みました．一つは，生命現象を支える生命反応に関わる分子の働きを分子の構造から理解しようというものです．この流れは，現在の構造生物学とよばれる学問領域に繋がっています．もう一つは，遺伝学に端を発するものです．遺伝子＝DNAであることが明らかとなり，DNAの二重らせんモデルが提唱され，"DNA makes RNA makes protein" というセントラルドグマが実証されました．その時点で，タンパク質の機能・構造を扱う学問が遺伝情報を扱う学問と同一線上での議論ができることになりました．すなわち，生命現象を支える「分子」とは，遺伝子（情報）であり，そこにコードされる機能分子を指しているということが理解されるようになってきました．

1978年に産声をあげた日本分子生物学会は，33年の歴史を刻んでいます．学会が30周年を迎えたときの第15期理事会（理事長は長田重一）で，記念事業として学会編集の本の出版が発案され，その後，第16期理事会（理事長は岡田清孝）での議論を経て，ようやく刊行にたどり着きました．刊行までに時間がかかったのは，出版の是非についての議論が百出したことによるものではなく，ひとえに「どのような本」を編集するかを考えるためでした．

創立10周年のときには，「シリーズ分子生物学の進歩（全14巻，丸善）」が刊行されています．そのまえがきでは，「実験技術としてではなく，生物学としての分子生物学に力点を置く」本であることが強調されています．このまえがきの最初に述べた「分子生物学とは？」に関連した記述であり，当時の分子生物学に対する一つの見方に対する日本分子生物学会の考え方を示したものだと思われます．時代は進み，わざわざそのような注釈を載せる必要はなくなりました．そうすると今回の記念出版がどのような意味をもつべきかを考えることが重要になったわけです．

今回の記念事業では，3〜4点の記念出版物を刊行することといたしました．遺伝子操作技術や各種の生体分子解析技術の長足の進歩を背景に，生命の理解が大きく進み，生命の制御に向けた研究が始まっている今日，今回の出版物の

課題の一つは,「分子生物学が生命の謎にどれだけ迫れたか」, すなわち最新の生物学を伝えることにあると考えました. ついで, 誰に伝えるのかということが問題となり, (1) 生物学研究の現場にいる若者と近い将来に現場にやってくる若者 (今回の記念出版物の「21世紀の分子生物学」) と, (2) その次を追ってくる青少年たち (今回の記念出版物の「なぜなぜ生物学」) を対象とすることにしました. さらに, (3) 未来の分子生物学を担ってくれる子供たちにもと考えた計画を進めています. 加えて, (4) 研究スピードが加速する中, 分子生物学が今日に至った道筋を記録することは, これが記憶の奥にしまいこまれてしまう前に, また温故知新の意味合いからも重要と考え, 日本の分子生物学の小史を書き留めることにしました (今回の記念出版物の「分子生物学に魅せられた人々」).

本書「21世紀の分子生物学」では, 分子生物学が, モデル生物の生命現象の解明にとどまらず, ヒトを理解し, 人の役に立つ学問として貢献している姿を, 第一線で活躍する研究者にその経験を踏まえ概説していただきました. まさに分子生物学の世界に足を踏み入れようとしている若者にとって,「21世紀の分子生物学」を知る格好の教科書となるはずです.

本記念出版物に執筆, あるいはご協力いただいた方々は, いずれもご活躍中の分子生物学者であり, 日々の研究推進に献身されている方々ばかりです. 編集委員一同, 感謝の念にたえません. また, 時として一筋縄ではいかない科学者や研究者に真摯な心配りをいただいた東京化学同人の住田六連, 福富美保の両氏には, かたどおりの謝辞ではすまない感謝とお礼を申し上げます. この記念出版物が, 分子生物学の次の時代の一歩に寄与できれば, 編集に携わった者一同の大きな喜びと考えています.

2011年11月

日本分子生物学会学術事業企画委員会を代表して

永 田 恭 介

日本分子生物学会 創立30周年記念出版 編集委員会

委員長
永田 恭介　筑波大学大学院人間総合科学研究科 教授, 薬学博士

委員
伊藤 耕一　東京大学大学院新領域創成科学研究科 准教授, 博士(理学)
稲田 利文　東北大学大学院薬学研究科 教授, 博士(理学)
入江 賢児　筑波大学大学院人間総合科学研究科 教授, 博士(理学)
塩見 春彦　慶應義塾大学医学部 教授, 医学博士
島本 功　　奈良先端科学技術大学院大学バイオサイエンス研究科
　　　　　　　　　　　　　　　　　　　　　　　教授, Ph.D
菅澤 薫　　神戸大学自然科学系先端融合研究環 教授, 薬学博士
中尾 光善　熊本大学発生医学研究所 教授, 医学博士
林 茂生　　理化学研究所発生・再生科学総合研究センター
　　　　　　　　　　　　　　　　　グループディレクター, 理学博士
三浦 正幸　東京大学大学院薬学系研究科 教授, 理学博士
渡邊 嘉典　東京大学分子細胞生物学研究所 教授, 理学博士

(五十音順)

執筆者

石川 冬木	京都大学大学院生命科学研究科 教授，医学博士
大隅 良典	東京工業大学統合研究院フロンティア研究機構 特任教授，理学博士
岡田 麻衣子	東京大学分子細胞生物学研究所核内情報研究分野，博士(農学)
岡野 栄之	慶應義塾大学医学部 教授，医学博士
加藤 茂明	東京大学分子細胞生物学研究所 教授，農学博士
門脇 孝	東京大学大学院医学系研究科 教授，医学博士
小原 雄治	情報・システム研究機構国立遺伝学研究所 教授，理学博士
小安 重夫	慶應義塾大学医学部 教授，理学博士
近藤 孝男	名古屋大学大学院理学研究科 教授，理学博士
近藤 寿人	大阪大学大学院生命機能研究科 教授，理学博士
笹子 敬洋	東京大学大学院医学系研究科糖尿病・代謝内科，博士(医学)
塩見 春彦	慶應義塾大学医学部 教授，医学博士
島本 功	奈良先端科学技術大学院大学バイオサイエンス研究科 教授，Ph.D.
仙波 憲太郎	早稲田大学理工学術院先進理工学部 教授，理学博士
辻本 豪三	京都大学大学院薬学研究科 教授，医学博士
永田 和宏	京都産業大学総合生命科学部 教授，理学博士
山中 伸弥	京都大学 iPS 細胞研究所 教授，博士(医学)
山本 雅	東京大学医科学研究所 教授，理学博士
山本 正幸	(財)かずさ DNA 研究所 所長，理学博士

(五十音順)

目　次

第Ⅰ部　生命の分子基盤

第1章　細胞の構造と機能 ……………………………………… 大 隅 良 典 … 3
- 1・1　はじめに ……………………………………………………………… 3
- 1・2　細　胞 ………………………………………………………………… 3
- 1・3　生 体 膜 ……………………………………………………………… 4
- 1・4　細胞小器官の発見 …………………………………………………… 7
- 1・5　細胞内膜系――一重膜細胞小器官 ………………………………… 9
- 1・6　二重膜細胞小器官 ………………………………………………… 13
- 1・7　細胞小器官間のコミュニケーション …………………………… 16
- 1・8　細 胞 質 …………………………………………………………… 16
- 1・9　おわりに …………………………………………………………… 17

> コラム1　ますます動的になる細胞像 ………………………………… 16

第2章　タンパク質の機能と動態 ……………………………… 永 田 和 宏 … 18
- 2・1　はじめに ……………………………………………………………… 18
- 2・2　タンパク質の機能とは何か――RNAワールドからDNAワールドへ ……… 19
- 2・3　情報から機能への転換――一次元から三次元へ ………………… 21
- 2・4　タンパク質のフォールディング …………………………………… 23
- 2・5　分子シャペロンによるフォールディングの促進 ………………… 25
- 2・6　細胞内におけるタンパク質の品質管理機構と病態 ……………… 28
- 2・7　タンパク質の細胞内輸送 …………………………………………… 33
- 2・8　タンパク質の分解 …………………………………………………… 37
- 2・9　おわりに …………………………………………………………… 40

第3章　代謝調節と代謝病 ……………………… 門脇　孝・笹子敬洋… 41
　3・1　代謝の基礎 ………………………………………………………… 41
　3・2　栄養素の異化経路 ………………………………………………… 42
　3・3　栄養素の代謝とインスリン作用 ………………………………… 48
　3・4　栄養素の代謝とアディポネクチン作用 ………………………… 54
　3・5　糖尿病研究における進歩と課題 ………………………………… 57

　　コラム2　ATPではなくATA？ ……………………………………… 42
　　コラム3　アディポネクチン受容体の発見 ………………………… 54
　　コラム4　倹約分子としてのアディポネクチン …………………… 57

第4章　遺伝子とゲノム ………………………………… 小原雄治… 59
　4・1　はじめに …………………………………………………………… 59
　4・2　遺伝子とは ………………………………………………………… 60
　4・3　遺伝地図と染色体 ………………………………………………… 60
　4・4　遺伝子の実体 ……………………………………………………… 63
　4・5　分子生物学の新技術 ……………………………………………… 66
　4・6　DNAシークエンシング …………………………………………… 66
　4・7　真核生物遺伝子の構造 …………………………………………… 69
　4・8　ゲノム解析へ ……………………………………………………… 71
　4・9　ポストゲノム ……………………………………………………… 74
　4・10　これからのゲノム解析 …………………………………………… 75
　4・11　おわりに …………………………………………………………… 78

第5章　RNAバイオロジー …………………………… 塩見春彦… 79
　5・1　はじめに …………………………………………………………… 79
　5・2　進化の視点から …………………………………………………… 81
　5・3　ゲノムの形成 ……………………………………………………… 86
　5・4　遺伝子発現制御システム ………………………………………… 93
　5・5　おわりに …………………………………………………………… 97

第Ⅱ部　生命の維持と継承

第6章　代謝調節と細胞間情報伝達の
　　　　分子機序 …………………………… 加藤茂明・岡田麻衣子… 101
　6・1　はじめに …………………………………………………………… 101

6・2　恒常性維持の中核を担う内分泌系 ･････････････････････････････････ 101
6・3　水溶性ホルモン−細胞膜受容体システム ･･･････････････････････ 102
6・4　脂溶性ホルモン−核内受容体システム ･････････････････････････ 104
6・5　核内受容体スーパーファミリー ･･････････････････････････････････ 106
6・6　核内受容体の構造と機能 ･･･ 109
6・7　核内受容体による転写制御の分子機構 ･････････････････････････ 109
6・8　脂溶性ホルモン（リガンド）による染色体構造調節の分子機構 ･･････ 111
6・9　染色体の構造調節を伴う転写とエピゲノムの共制御 ･････････ 112
6・10　核内受容体の分子医学・分子創薬 ･･････････････････････････････ 113
6・11　エピゲノムと代謝調節 ･･･ 114

コラム5　核内受容体スーパーファミリーの発見 ･･･････････････････ 108
コラム6　夢の女性ホルモン薬か？ ･･････････････････････････････････ 115

第7章　細胞分裂—細胞周期と減数分裂の制御 ･･････････ 山本正幸 ･･･ 117
7・1　はじめに ･･ 117
7・2　細胞周期とは ･･ 117
7・3　酵母を用いた細胞周期の研究 ････････････････････････････････････ 120
7・4　CDKとサイクリン ･･･ 123
7・5　DNA複製のライセンス化 ･･ 126
7・6　チェックポイント制御 ･･ 126
7・7　細胞質分裂 ･･･ 127
7・8　減数分裂 ･･ 127

コラム7　ドミノ説と時計説 ･･･ 119
コラム8　サッカロミセス酵母のCDC遺伝子と
　　　　分裂酵母のcdc遺伝子：類似と相違 ･････････････････････ 122

第8章　が　ん ･･･････････････････････････ 山本　雅・仙波憲太郎 ･･･ 132
8・1　はじめに ･･ 132
8・2　がん研究の歴史 ･･ 132
8・3　がん遺伝子の発見 ･･･ 134
8・4　srcファミリー遺伝子と細胞内シグナル ･････････････････････････ 137
8・5　erbBファミリー遺伝子 ･･･ 139
8・6　おわりに ･･ 145

第9章　胚発生と細胞分化　……………………………近藤寿人… 147

- 9・1　発生研究の二つの源流 ……………………………………… 147
- 9・2　ショウジョウバエの発生遺伝学のかけがえのない貢献 …… 148
- 9・3　実験発生学と発生遺伝学の合流 …………………………… 150
- 9・4　卵割期胚の多様性 …………………………………………… 152
- 9・5　哺乳類の初期胚の未決定性 ………………………………… 153
- 9・6　奇形がん腫，ES細胞，エピブラスト幹細胞 ……………… 154
- 9・7　組織の再編成としての原腸陥入 …………………………… 156
- 9・8　オーガナイザー ……………………………………………… 158
- 9・9　体軸幹細胞と三胚葉の発生過程における意義 …………… 158
- 9・10　転写制御の出力としての細胞分化 ………………………… 161
- 9・11　細胞間シグナルによる転写制御ネットワークの
　　　　時間的・空間的な制御 …………………………………… 164
- 9・12　おわりに ……………………………………………………… 164

第10章　再　　生　……………………………………山中伸弥… 166

- 10・1　生物にとって"再生"とは ………………………………… 166
- 10・2　再生の主役，幹細胞―生物がもつ二つの再生戦略 ……… 166
- 10・3　ヒトの再生は可能か―再生医療への応用 ………………… 172
- 10・4　"再生"の未来 ……………………………………………… 178

コラム9　ダイレクト・リプログラミングの可能性 ……………… 179

第11章　老　　化　……………………………………石川冬木… 180

- 11・1　はじめに ……………………………………………………… 180
- 11・2　老化とは何か ………………………………………………… 180
- 11・3　プログラムされた老化はありうるのか …………………… 182
- 11・4　早老症の研究 ………………………………………………… 183
- 11・5　短寿命変異から長寿遺伝子へ ……………………………… 184
- 11・6　カロリー制限がもたらす寿命延長効果 …………………… 189
- 11・7　環境からの"キュー"と再生産モードおよびストレス耐性モード …… 190

第Ⅲ部　生命のコントロール

第 12 章　脳と神経 ……………………………………… 岡 野 栄 之 … 195
 12・1 脳科学の目指すもの ……………………………………………… 195
 12・2 脳の構造と脳を構成する細胞 …………………………………… 196
 12・3 脳の発生とヒトの脳の進化 ……………………………………… 199
 12・4 ヒトにおける大脳皮質拡大の発生学的解釈 …………………… 201
 12・5 生後発達におけるヒトの脳の特性 ……………………………… 208
 12・6 比較ゲノム解析からみたヒト脳の特性と今後の展望 ………… 208

第 13 章　概日時計 ………………………………………… 近 藤 孝 男 … 212
 13・1 概日時計とその三つの特徴 ……………………………………… 212
 13・2 時計遺伝子の発見 ………………………………………………… 213
 13・3 シアノバクテリアの概日時計遺伝子 …………………………… 214
 13・4 タンパク質による時計 …………………………………………… 216
 13・5 概日時計の同調機能 ……………………………………………… 218
 13・6 KaiC の ATP 分解が概日時計の速さを規定する ……………… 219
 13・7 KaiC リン酸化リズムの発生 …………………………………… 222
 13・8 KaiC タンパク質のからくり …………………………………… 227
 13・9 共鳴する概日システム …………………………………………… 228

 コラム 10 反応速度と温度 ……………………………………………… 220
 コラム 11 負のフィードバック回路の動作 …………………………… 223
 コラム 12 自励振動の物理モデル ……………………………………… 225

第 14 章　植物科学の挑戦—現在から未来へ ………… 島　本　　功 … 231
 14・1 はじめに …………………………………………………………… 231
 14・2 植物科学—最近の成果 …………………………………………… 232
 14・3 植物科学の最新研究成果に基づいた植物の改良 ……………… 237
 14・4 遺伝子組換え植物 ………………………………………………… 239
 14・5 これからの植物科学 ……………………………………………… 240
 14・6 植物科学において将来的に重要な課題 ………………………… 242

 コラム 13 花成ホルモン（フロリゲン） ……………………………… 233
 コラム 14 バイオ燃料 …………………………………………………… 238
 コラム 15 植物科学を発展させ維持していくポジティブループ …… 241

第15章　感染症と宿主免疫　……………………………小安重夫…244
15・1　はじめに　……………………………………………………244
15・2　感染症学と免疫学の黎明　…………………………………244
15・3　微生物感染に対する宿主応答の概略　……………………245
15・4　解かれた疑問，残された疑問　……………………………248
15・5　おわりに　……………………………………………………257

> コラム16　サイトカインとケモカイン　………………………246
> コラム17　Toll 様受容体　………………………………………253
> コラム18　インフラマソームと炎症性疾患　…………………254

第16章　ゲノム創薬科学　………………………………辻本豪三…258
16・1　はじめに　……………………………………………………258
16・2　ヒトゲノム情報の医学への応用　…………………………259
16・3　薬理ゲノミクス（ファーマコゲノミクス）　……………261
16・4　ゲノム創薬　…………………………………………………263
16・5　まとめと展望　………………………………………………264

索　引　………………………………………………………………267

第I部

生命の分子基盤

第 1 章

生命の分子基盤

1

細胞の構造と機能

1・1 はじめに

本章では，分子生物学を志す学生が細胞を理解するうえで知っておいてほしい基本的なことを近代生物学の歴史を振返りながら述べて，現在の細胞像の一端を紹介する．とうてい尽くせない最新の知見の詳細に関しては，優れた総説や成書があるのでそれらに委ねたい．

1・2 細　　胞

1・2・1 細胞の発見と細胞説

われわれの体は約 60 兆個の**細胞**から成るといわれている．1 個の細胞である受精卵が分裂を繰返して成長し，種に固有の形と大きさをもった個体をつくり上げていく様子は，生命現象のなかでもとりわけ興味をもたれる過程である．この過程は，細胞の分裂と増殖，分化によって担われている．

細胞という機能単位の発見は近代生物学の大きな一歩であった．細胞（cell）の発見は R. Hooke がコルク片を観察して小さな小箱（セル）から成ることを見いだしたことに端を発するといわれるが，その後のさまざまな組織の観察により，植物，動物，微生物に至るまで生体の基本単位としての細胞の普遍性が確立していった．とりわけ重要な概念は 19 世紀半ば，"細胞は細胞からしか生まれない"ことを提唱したいわゆる**細胞説**の確立であろう．この細胞の連続性からすべての細胞が共通の基本的な性質をもっていることが理解できる．細胞は DNA の格納と複製および遺伝子発現の場としての**核**，RNA からタンパク質への翻訳と生成したタンパク質の機能の場としての**細胞質**から成っており，細胞質は高濃度のタンパク質溶液である**サイトゾル（細胞質ゾル）**と**細胞小器官（膜オルガネラ）**から成っている．このような普遍性をもつ一方で，個体を構成するさまざまな器官や組織に分化した細胞は驚くほど形態的な多様性をもっている．電子顕微鏡像にみられる微細構造ではさらに多彩な内部構造の違いが明らかになった．神経細胞は 1 m 以上に及ぶ長い突起をもっているし，分泌細胞はそのために特化した膜構造を極度に発達させているが，赤血球細胞は細胞小器官をもたない．最近の iPS 細胞（人工多能性幹細胞，§10・3 参照）の研究が端的に示しているように，それらの驚くほどの形態的多様性も少

数の遺伝子発現によって規定されている.

1・2・2 細胞の誕生

地球上に現存するすべての生命体は原始地球の海で生まれた一つの細胞の子孫であると考えられている．生命の誕生は生命活動を担う**タンパク質**と**核酸**という二つの情報高分子による**自己複製能**の獲得にあったといえる．もう一つの生命の本質は，絶えず外界から種々の物質とエネルギーを取入れ，いわゆる**代謝**を営み，自己組織化を基本とした構造と機能を維持する点である．生命の誕生はそれらの機能をもつ分子群が，環境（非自己）から境界され，自己としての独立性を獲得したことに始まったに違いない.

地球が"水の惑星"と称せられるように，地球上の生命は水というきわめて特異な溶媒に依存している．水はわずか分子量18の小分子でありながら，0℃から100℃までという高い温度域で液体であり，大きな比熱をもっているため外界の温度変化に対して安定な環境を提供する．また，水は多様な分子を溶解することができ，極性をもつことから電荷をもった分子やイオンに対しても優れた溶媒である．手近なさまざまな溶媒と比べることで水の特異な性質が容易に理解されるだろう．細胞内のほとんどの反応は水環境中で行われるので，生命の誕生で最も重要な出来事は水環境を自己と非自己に仕切ることであったといえよう.

細胞を取囲む境界が半透性の膜であることがさまざまな実験で示されてきたが，生体膜の基本構造の概念が確立してからまだ半世紀にも満たない.

1・3 生 体 膜

1・3・1 生体膜の基本的な性質

細胞内の多様な**生体膜**の基本構造は**脂質二重層**（図1・1）である．生体膜を構成する脂質の主成分である**リン脂質**は脂肪酸の**疎水性**の長い尾部と**親水性**の頭部から成る**両親媒性**の分子であり，水に懸濁されると，疎水性の部位が自己集合することで**ミセル**や，脂質二重層から成る閉じた構造（**リポソーム**など）を形成する．これこそ自己を環境から隔離するうえで最適の性質であり，原始の海で，脂質二重層は生命の誕生とともに採用された基本構造であったに違いない．脂質二重層は柔らかい分子集合体であり，自由に大きさや形状を変えることができ，分裂や融合が容易である点でも細胞の機能に都合がよい．さらに重要な性質は二重層の中央部分が脂肪酸の長い疎水性脂肪鎖同士の分子集合体であるために，いわば内部は油の層で外界の水環境から境界されるため内部に取込まれた水溶性の高分子，タンパク質や核酸は環境から隔離される．さらに親水性や極性をもつ小分子やイオンなども膜を隔てた自由な拡散は許されない．これこそ生体膜の必須な性質であり，外部環境と

異なる細胞の内部環境が確立する．同時に生体膜を介したイオンの濃度勾配は，独自の内部環境を与えるだけでなく，それ自体が細胞の最も重要なエネルギー形態の一つである点にある．膜を介したイオンの電気化学ポテンシャルは，そのまま他の分子やイオンの輸送を駆動し，分子モーターを介して運動エネルギーとなり，ATP合成酵素（F_oF_1-ATPアーゼ）を通じてエネルギー通貨としてのATPの化学エネルギーに変換される．実際に細胞は，膜を介した電気化学ポテンシャルの維持に最も多くのエネルギーを使っていることが示されている．

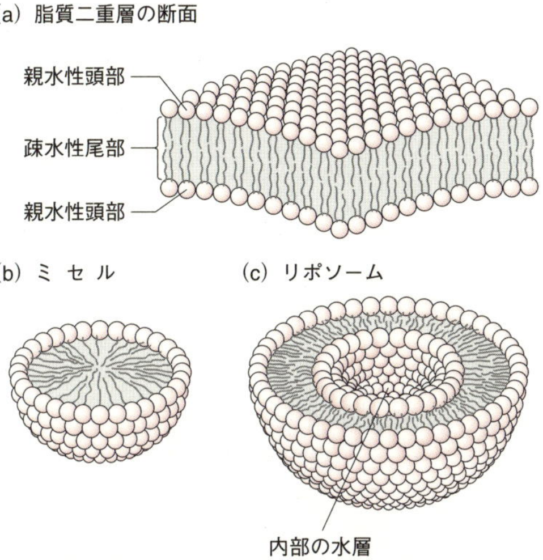

(a) 脂質二重層の断面

親水性頭部
疎水性尾部
親水性頭部

(b) ミセル　　(c) リポソーム

内部の水層

図 1・1　脂質の会合によるコンパートメント形成
(H. Lodish *et al.*, "Molecular Cell Biology", 6th Ed., W.H.Freeman and Company（2008）より)

　脂質二重層は優れたバリアー機能をもっているが，細胞は絶えず外界から分子を取入れ，それらを代謝し，不要なものを排出しなければならない．したがって外界との境界である細胞膜には輸送を担う機能分子としてのタンパク質が埋め込まれていることも必須であったに違いない．生体膜は**流動モザイクモデル**として提唱されたように，脂質二重層中を拡散するタンパク質から成っている（図1・2）．大半の生体膜はほぼ重量比で等量の脂質と膜タンパク質から構成されている．生体膜を構成するタンパク質はそれぞれの膜に固有である．膜タンパク質はヘリックス構造をとり脂質二重層に埋め込まれて安定な構造をとる．タンパク質の膜内での配向は生合成の過程で一義的に決まる．膜が分裂や融合を繰返してもその配向が変わることはない．このように，方向性をもって膜に埋め込まれたタンパク質は膜の形状や動

きを制御し,外界との分子の輸送機能を担い,情報伝達機能をもっている.タンパク質の機能の場としても生体膜は重要である.可溶性のタンパク質も膜タンパク質と相互作用することで,膜の近傍に集合することができる.細胞質中を三次元的に拡散するのに対して,二次元平面にタンパク質を固定し配置することにより反応の効率は飛躍的に上昇する.このように細胞の構造と機能を解明するうえで生体膜の理解は不可欠である.

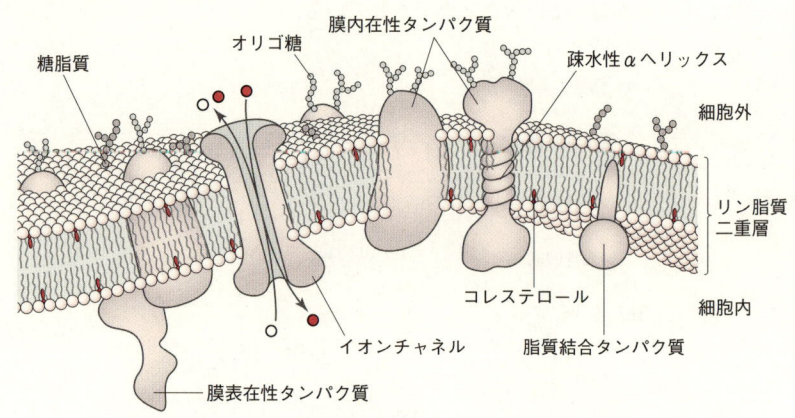

図1・2 細胞膜の模式図 リン脂質とコレステロールから成る二次元平面にタンパク質が埋め込まれており,自由に膜上を動き回ることができる(流動モザイクモデル).糖鎖は細胞外にのみ存在する.

脂質の組成もまた生体膜ごとに異なっている.さらに脂質の組成は膜の裏表の層間でも異なっている.たとえばホスファチジルセリンはほとんど細胞膜の内側に偏在している.この脂質の非対称性の生物学的な意義はまだ十分に解明されているとはいえない.DNAに直接書かれていない脂質はこれまで分子生物学から最も離れた存在であったが,合成酵素,輸送体,裏表の移動をつかさどるATPアーゼ(フリッパーゼ)などの同定が進むと同時に,質量分析,可視化技術の進歩から,細胞内の膜系の脂質組成の多様性とその動的性質が明らかになってきた.今後,脂質が分子生物学の新たな挑戦すべき対象となるに違いない.

1・3・2 細 胞 膜

外界と接する**細胞膜**(plasma membrane)は,さまざまな様式の輸送をつかさどる**輸送体**(transporter),チャネル(図1・2)や外界に応答してその情報を内部に伝えるシグナル伝達に関わる装置をもっている.細胞膜タンパク質の多くは細胞外に糖鎖をもち,細胞外の壁やマトリックスと結合している.組織を構成する細胞で

は細胞間の接着が必須であり，接着結合（アドヘレンスジャンクション），密着結合（タイトジャンクション），接着斑（デスモソーム）といった特殊化した構造を形成する（図1・3）．細胞は多くの場合極性をもっており，特に上皮細胞では細胞膜は密着結合によって，頂端側（apical），基底側（basolateral）に分けられている．二つの膜領域へはタンパク質がそれぞれ特異的に輸送され，極性をもつ機能が維持されている．

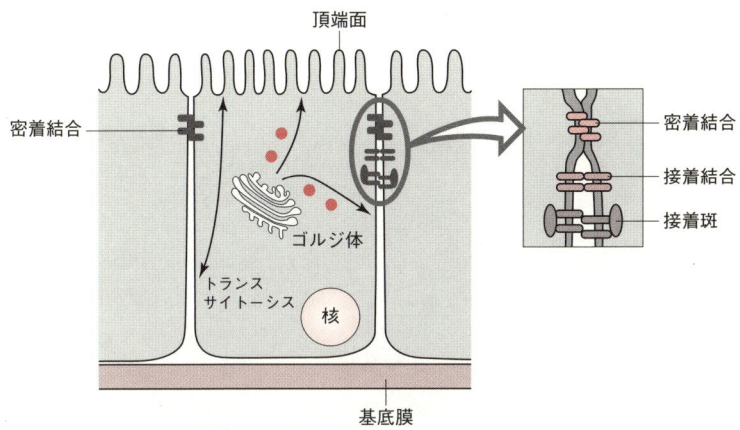

図1・3 上皮細胞の模式図 上皮細胞は密着結合で二つの領域に分けられており，それぞれに固有のタンパク質（●）が輸送される（矢印で示す）．ゴルジ体から頂端側，基底側へはそれぞれ異なる選別輸送系が備わっており，頂端部と基底部との間の輸送はトランスサイトーシスとよばれる．

1・4 細胞小器官の発見

細胞内構造の発見の歴史はさまざまな技術の革新の歴史でもある．組織化学，組織切片の作製法，標本の固定・染色法，新しい光学顕微鏡（位相差顕微鏡，微分干渉顕微鏡など），電子顕微鏡の開発などである．さらには蛍光顕微鏡の開発，GFP（緑色蛍光タンパク質）などの蛍光タンパク質の発見と改良，さらに可視化技術の高感度化による1分子イメージングなど，今日でも細胞内可視化技術はまさに日進月歩である．

細菌などの原核生物は通常，数μm程度の大きさの細胞であるために，細胞質に対する細胞膜の比率は大きく，通常，細胞内部に膜構造は存在しない．細胞のサイズが増大すると体積が長さの3乗に比例して増大するのに対し，表面積は2乗でしか増えない．したがって細胞質に対する細胞膜の比率が低下する．大きな真核細胞

の成立は細胞内の膜構造の形成があって初めて可能であったと考えられている．

細胞内の構造については，まず植物細胞の観察から，すべての細胞がもつ構造として**核**が発見された．ついで**ゴルジ体**，**ミトコンドリア**，**小胞体**などの細胞小器官（オルガネラ）がつぎつぎと発見された（図1・4）．それらの歴史的経緯は省略するが，真核細胞の内部には膜構造が発達し，膜で区画化されたコンパートメントごとの環境が成立し，機能分担が図られたことで真核細胞の多様な機能が実現された．

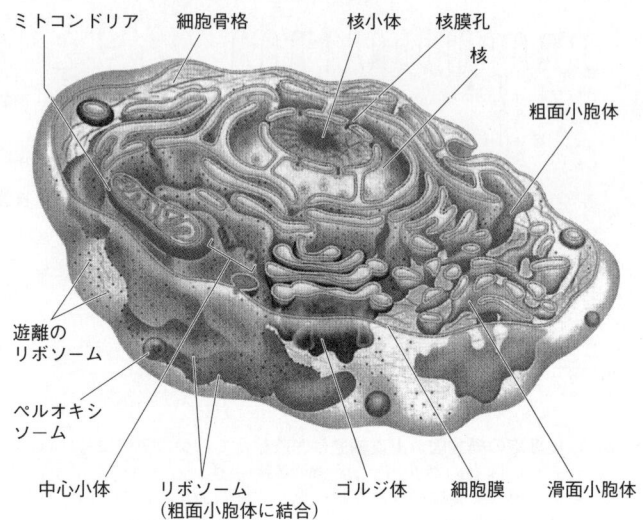

図1・4　動物細胞の模式図　細胞内にはさまざまな膜系が発達しており，細胞内が区画化されている．（D. Sadava, H. C. Heller, G. H. Orians, W. K. Purves, D. Hillis, "Life: The Science of Biology", 8th Ed., Sinauer Associates, Inc.（2008）より）

20世紀後半には細胞分画法が考案され，さまざまな細胞小器官が単離・精製され，生化学的な解析の結果，それぞれの細胞小器官はそれぞれに固有のタンパク質から構成されることが示された．このことは，タンパク質は厳密に決められた細胞内の場に局在して機能を果たしていることを示している．近年の細胞生物学の最も重要な課題は，個々のタンパク質が細胞質中の**リボソーム**で合成された後に，いかにしてそれぞれの機能するコンパートメントに**選別輸送**されるかという点の解明にあった．ここではその詳細にはふれないが（§2・7参照），タンパク質はそれ自身の構造のなかに細胞内での局在化のための位置情報をもっていて，それぞれの細胞小器

官に存在する分子装置で識別され輸送されることが明らかにされた．脂質分子もまた細胞小器官に固有の組成をもち，脂肪酸の鎖長も異なる．後述するように細胞内の膜構造はきわめて動的な存在であり，常に分裂，融合，合成と分解の平衡状態にある．このようにきわめて動的でありながら，おのおのの細胞小器官が独自の構成成分を維持しており，その機構の全容解明が待たれる．

次節で各細胞小器官の構造的な特性について簡単に述べる．

1・5 細胞内膜系――一重膜細胞小器官

細胞内には一重の膜で囲まれた膜が多量に存在する．それらは**細胞内膜系**（エン

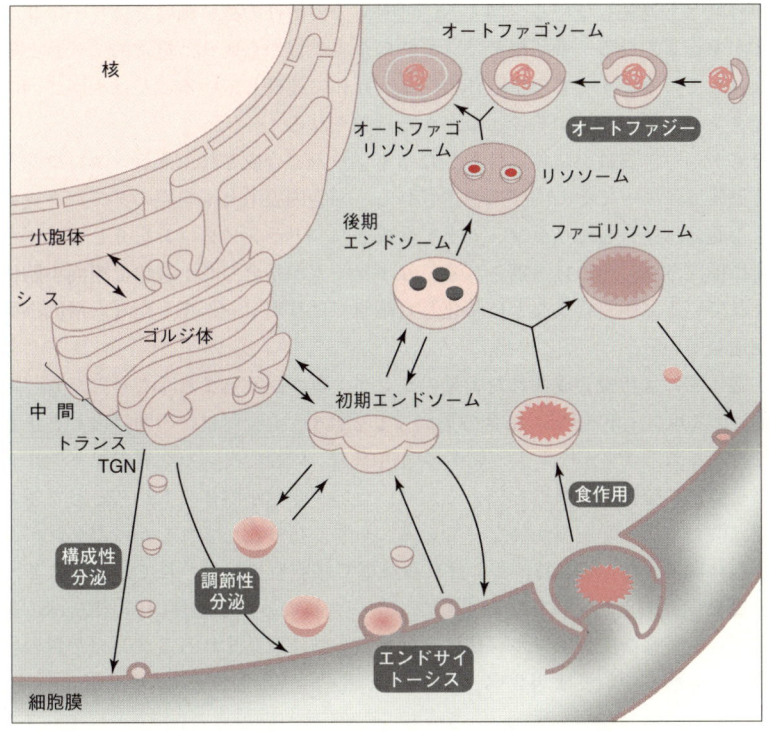

図1・5 細胞内膜系の輸送の概念図 TGN: トランスゴルジネットワーク．細胞内の一重膜内膜系は，膜小胞やチューブ構造などを通して，この図のように互いにきわめて動的に形成，変換，移動を繰返している．それらはいわゆる分泌経路，リソソームへの細胞外からの取込みに関わるエンドサイトーシスと，細胞内の分解に関わるオートファジー経路から成っている．

ドメンブランシステム）と総称され，**小胞体**（ER），**ゴルジ体**，**エンドソーム**，**リソソーム**から構成される（図1・5）．これらの膜構造は互いに膜小胞で連結されており，これらの構造の内腔はすべて細胞外と位相的（トポロジカル）には等価である．これらは分泌，エンドサイトーシス（§1・5・5参照），オートファジー（§1・5・6参照）などの基本的な機能を果たしているが，最近はさまざまな高次生命機能に必須な機能を担っていることが明らかになりつつある．

1・5・1 小 胞 体

小胞体は細胞分画で得られる膜に名付けられたが，細胞内に最も大量に存在する膜構造である endoplasmic reticulum（ER）の呼称として広く使われている．小胞体は管状の構造が分岐して網目状のネットワークとシート状の構造をとっており，核の外膜とも連続している（図1・5参照）．分泌活性の強い細胞ではシート状の小胞体が発達している．管状構造は三つ股の基本単位から成り，恒常的に分断と融合を繰返している．すべての小胞体の内部が互いに連続していることは小胞体内腔を蛍光タンパク質が拡散することなどから確認される．

分泌タンパク質は小胞体に付着したリボソームで合成され，トランスロコンという透過装置によってその内腔に輸送される．細胞内膜系と細胞膜のタンパク質の大半も小胞体に結合したリボソーム上で合成され，トランスロコンを介してまず小胞体膜に挿入され，その後選別される．リボソームが結合した小胞体は**粗面小胞体**とよばれている．脂質合成などに特化した細胞ではリボソームをもたない**滑面小胞体**が発達している．

小胞体内には新規合成された大量のタンパク質が送り込まれることになり，糖鎖修飾，ジスルフィド（S–S）結合の形成などを経て，シャペロンの助けのもと正しく折りたたまれる（フォールディング）．小胞体は，内腔のタンパク質のフォールディングを厳密に監視する機構を備えており，その不全は小胞体ストレスとして多くの病態に関わることが明らかになっている．正しく折りたたまれなかったタンパク質は小胞体関連分解（ERAD）とよばれる機構で細胞質に輸送されて分解される．糖鎖修飾を受け，正しく折りたたまれたタンパク質のみが小胞体出口（ER exit site）とよばれる特殊な部位でゴルジ体に運ばれる小胞に取込まれる（タンパク質の細胞内輸送・分解については §2・7，§2・8参照）．

1・5・2 ゴ ル ジ 体

ゴルジ体はおよそ 500 nm の扁平な膜の袋（槽）が重なった層板構造をもち，通常，核の周辺に集まっている．層板は酵素の局在などから**シス**，**中間**，**トランスゴルジ**という機能の異なる部分に分けられる（図1・5参照）．小胞体から運ばれた分

泌タンパク質はシスゴルジに融合し，中間，トランスゴルジを経て，糖鎖の修飾が完了し，トランスゴルジにつながる**トランスゴルジネットワーク（TGN）**でそれぞれの目的地に向けた小胞に選別される．ゴルジ体は細胞の分裂期には，多数の小胞に分断され，細胞質に分散した後，再集合し再構成されることが知られている．最近の研究結果により，ゴルジの層板間も互いに連結されており，きわめて動的に維持されていることが明らかにされている．

1・5・3 リソソーム

リソソームは，細胞分画法によって生化学的に同定された種々の**加水分解酵素**を含む細胞内構造として同定された．リソソームの内部は膜上のV型ATPアーゼによってpH 5 程度に酸性化されている．リソソームの分解酵素は，プロテアーゼ，グリコシダーゼ，リパーゼ，ホスファターゼ，ヌクレアーゼなど多様であるが，すべて酸性域に最適pHをもっており，中性の細胞質中では働かないと考えられている．リソソームは分泌経路の末端に位置しており，リソソーム膜タンパク質と内部の酵素群も小胞体で合成された後，ゴルジ体を経てリソソームへと選別輸送される．このときマンノース 6-リン酸が標識となり，その受容体が選別に関わっている．

リソソームはきわめて動的な存在であることから，さまざまな名称で分類がなされてきた．一次リソソームはゴルジ体から形成され，エンドソームと融合することで内部が酸性化される．リソソームは細胞内での分解機能を担い，分解すべき内容物を含む構造と融合することで内容物を分解し，分解産物は再利用される．分解基質を含んだリソソームは二次リソソームと総称され，後述する経路に従ってファゴリソソーム，オートファゴリソソームなどとよばれる．分解基質の輸送経路は主として後述のエンドサイトーシス経路（§1・5・5 参照）とオートファジー経路（§1・5・6 参照）である．

1・5・4 ペルオキシソーム

ペルオキシソームは一重の生体膜に包まれた直径 0.1～2 μm の器官で，多くは球形をしている．すべての真核細胞に普遍的で必須な細胞小器官で，長鎖脂肪酸の β 酸化，コレステロールや胆汁酸の合成，プリンの代謝などが知られ，オキシダーゼによって多様な物質の**酸化反応**を行っている．この際生じた過酸化水素はカタラーゼによって分解される．ペルオキシソームは，他の一重膜細胞小器官と異なり，小胞輸送を介さず，細胞質から直接タンパク質を取込んで成長し，分裂して増殖すると考えられており，その過程には多数の *PEX* 遺伝子産物である**ペルオキシン**が関わっている．ペルオキシソーム前駆体にペルオキシソームタンパク質が輸送される過程の解明が進んでいるが，構成タンパク質の一部が小胞体を経由するという報告

もあり，全容解明が待たれる．

1・5・5 エキソサイトーシスとエンドサイトーシス

小胞体内腔に取込まれたタンパク質や，小胞体で膜に組込まれたタンパク質は，一部小胞体に残留するが，大半は，それぞれ細胞内膜系，細胞膜へと輸送されてその構成成分となったり，細胞外へ分泌される．**エンドサイトーシス**は細胞外の物質を取込む過程であり，膜の動態として**エキソサイトーシス**（開口分泌）の逆の過程であり，両者が平衡をとることで，細胞内の膜の恒常性が維持されている（図1・6）．

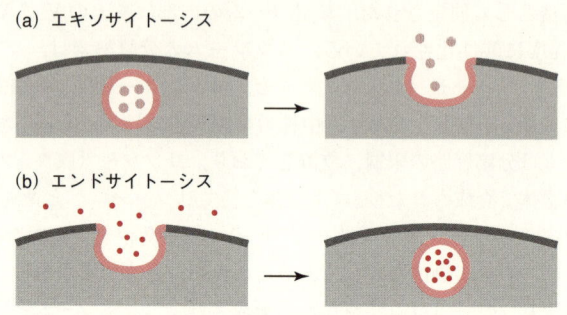

図1・6　エンドサイトーシスとエキソサイトーシス（開口分泌）　細胞外への放出や細胞膜の拡張過程であるエキソサイトーシスと細胞内への取込みや細胞膜の回収過程であるエンドサイトーシスは，逆の過程であり，常に両者は平衡状態にある．

エキソサイトーシスには複数の機構が知られている．細胞表面の受容体を介するエンドサイトーシスでは，リガンド分子が受容体に結合すると，細胞膜が内側に向かってくぼみ，細胞膜の陥入が起こって袋状の構造を形成し，最終的には小胞が切り離される．細胞膜陥入が起こるためには，クラスリンと積荷（cargo）結合に関わるアダプタータンパク質から成る複合体が必要である．複合体は細胞膜と結合して膜を変形させ管状構造を生じさせる．細胞膜の陥入する場所はクラスリンが裏打ちした被覆ピット（coated pit）などである．いずれの過程にも膜の最終的な引きちぎりにはGTPアーゼが関わっている．被覆小胞はただちに脱コートされ，初期エンドソームと融合する．エンドソームの内部は酸性なので，リガンドが受容体から外れ，受容体は細胞表層に再利用される．その後，リガンドは後期エンドソームを経てリソソームに輸送され分解される．エンドソームは大量の細胞膜からの積荷タンパク質を分別処理する重要な機能を担っている．エンドサイトーシスは取込ま

れるものの大きさや種類，その機構の違いから，食作用（ファゴサイトーシス），飲作用（ピノサイトーシス）などに分類される．

1・5・6 オートファジー

オートファジーは自己の細胞質構成成分や細胞小器官をリソソームや液胞（植物や菌類）に送り込み分解する過程である（図1・5, §2・8参照）．栄養飢餓によって顕著に誘導され，1時間で細胞質の数パーセントが分解される．最も特徴的な膜動態は分解すべき細胞質を膜嚢が取囲んで**オートファゴソーム**とよばれる二重膜細胞小器官を形成する過程である．この過程には多数の Atg タンパク質群が関わっている．これは膜の新成過程であり，特異な膜動態として注目される．膜の由来や膜形態形成などはまだ依然として多くの謎が残されている．オートファゴソームはリソソームと融合して，内膜と内部の細胞質成分は分解され再利用される．オートファジーは飢餓などに対応して非選択的に細胞質を分解する過程であるが，最近ではミトコンドリア，ペルオキシソームなどを選択的に取囲んだり，細胞質に侵入した細菌を取囲んでリソソームで分解する**選択的オートファジー**が注目されている．細胞小器官の量的，質的な制御，細胞質中の不要なタンパク質の除去などにも寄与している．

1・6 二重膜細胞小器官

1・6・1 核

核 (nucleus) の主要な構成成分は**クロマチン**である．転写活性の高い**ユークロマチン**と DNA と結合タンパク質が凝集した**ヘテロクロマチン**は核膜周辺部に位置しており（図1・7a），核染色体も核内で決まった位置を占めている．rRNA の転写やリボソーム形成を行う場は電子密度の高い領域をなし，**核小体**とよばれている．核の機能には mRNA，リボソームタンパク質，完成したリボソームなど，細胞質とのきわめて激しい分子のやり取りが必要である．そのために**核膜孔**とよばれる複雑な構造が膜に埋め込まれている．核膜孔を介して，mRNA，核小体で合成されたリボソーム，多数のタンパク質が移動する．低分子量の分子が自由に移動できる点で他の膜とは異なっている．**核膜**は細胞周期の分裂期に崩壊し分裂の完了とともに再構成される点でも特異な性質をもっている．

核膜孔は 125 MDa の 8 回転対称性の超分子複合体（**核膜孔複合体**）である（図1・7b）．タンパク質複合体で，約 150 種のタンパク質から成る．細胞質側に突き出た細胞質フィラメント，核質側の核バスケット様構造は輸送される物質の認識に重要な役割を果たしている．開口部の直径は 10 nm で，イオンや分子量 1 万以下の分子は拡散することができる．分子量 6 万以上の分子は GTP の加水分解に依存

的に輸送される．輸送過程ではインポーティンやエクスポーティンなどの輸送因子が関わっている．これらは荷物となる分子に存在する核局在化シグナルや核外輸送シグナルを認識し結合するとともに，核膜孔複合体とも作用し，アダプターとして働いている（§2・7参照）．

(a) 核の基本構造

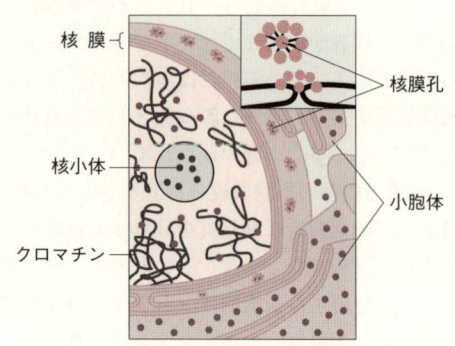

(b) 核膜孔複合体

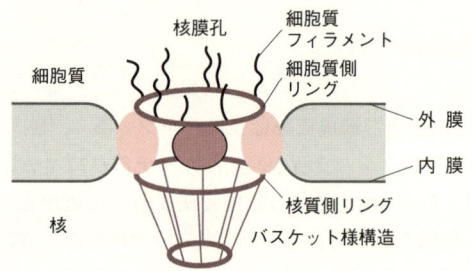

図1・7 核の構造（模式図） 核膜は二重膜であり，二つの膜を貫通した巨大なタンパク質複合体である核膜孔で核内外の物質のやり取りをしている．（米田悦啓，"細胞の形とうごき I．細胞核の生物学（新・生命科学ライブラリ）"，サイエンス社（2011）より）

1・6・2 ミトコンドリアと色素体

ミトコンドリアと植物の**色素体**（plastid，葉緑体などに代表される細胞小器官の総称）は**呼吸**と**光合成**といういずれもエネルギー代謝の中心的な役割を担う細胞小器官であり，ともに原核細胞である酸化的リン酸化能をもつ好気的な細菌と光合成細菌のシアノバクテリアが原始真核細胞に取込まれ共生したことに起源をもって

いる．したがってこれらの細胞小器官には原核細胞に起源をもつ内膜と細胞膜に由来する外膜がある．それぞれ独自のDNAを有し，タンパク質の合成能をもっている．しかし大半のタンパク質は核にコードされており，細胞質で合成された後，各細胞小器官に選別輸送される．

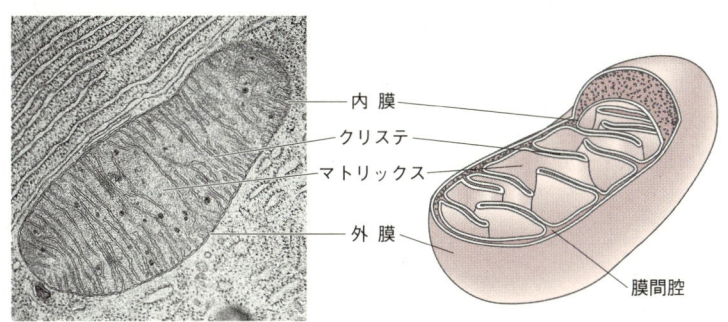

図1・8　ミトコンドリア　ミトコンドリアは外膜と内膜の二つの膜で囲まれており，内膜には呼吸鎖のタンパク質が大量に存在し，ATP産生を行っている．ミトコンドリアは常に分裂と融合を繰返している．

　ミトコンドリア自身の形態は多様であるが，基本的には管状の構造をとっている．ミトコンドリアは二つの膜をもつために，外膜，膜間腔，内膜，**マトリックス**という四つの異なる区画から成っている（図1・8）．内外の膜は少数のコンタクトサイトとよばれる構造で結合しており，この構造を介してタンパク質の輸送がなされる．ミトコンドリアの外膜は**ポリン**とよばれるチャネルをもっている．それに対して内膜には呼吸鎖の複合体と**ATP合成酵素**（F_oF_1-ATPアーゼ）が多量に存在しており，最もタンパク質に富んだ膜である．内膜の面積を拡張するために，**クリステ**とよばれるひだ状の構造をとっている．マトリックスにはクエン酸回路，アミノ酸，脂質，鉄などの重要な代謝系が含まれている．ミトコンドリアは絶えず分裂と融合を繰返していることもよく知られている．アポトーシスにおける役割も重要であり，呼吸鎖が駆動するに伴って，必然的に活性酸素を生成する危険な細胞小器官であることからその品質管理が注目を集めている．

　葉緑体では外膜，内膜の二つの膜で取囲まれた内部空間は**ストロマ**とよばれる．ストロマ中には，**チラコイド**とよばれる多数の円盤状の小胞が詰まっており，チラコイドが層状に積み重なって，**グラナ**を形成している．グラナ同士を結んでいるチラコイドを**ラメラ**とよぶ．チラコイド膜を介したプロトンの勾配が光リン酸化を駆動してATPを産生し，光合成の暗反応を進行させる．

1・7 細胞小器官間のコミュニケーション

　従来独立した存在と考えられてきた細胞小器官が，さまざまな形で互いに情報や分子のやり取りをしていることが最近明らかになってきた．たとえば，小胞体とミトコンドリア，ペルオキシソームと小胞体などは，いわゆるコンタクトサイトで脂質やカルシウムイオンなど物質のやり取りをしている．分泌経路における小胞体，ゴルジ間，ゴルジ層板間，小胞体出口，トランスゴルジネットワーク，さらに細胞小器官の膜がしばしば細い管状の突起を形成し，そのような構造を介して相互に物質をやり取りしたり，機能変換をしていることも明らかとなっている．オートファゴリソソームからリソソームの再生もこのような過程で行われている．これも従来の静的な細胞像を一変させるものである．あらためて細胞小器官がいかにしてその独自のタンパク質，脂質組成を保っているのかが解明されなければならない（コラム1）．

1・8 細　胞　質

　細胞質（cytoplasm）は従来均質な高濃度のタンパク質のコロイド溶液であると考えられてきたが，多数のタンパク質の超分子構造などが存在している．タンパク質合成装置である**リボソーム**は最も多量に存在する構造である．さらに細胞質には，

コラム1　ますます動的になる細胞像

　筆者は大学の講義の最初に少しの時間を使って，血液中の赤血球の数，体重と血液量，赤血球の寿命などの簡単な数値を与えて，1秒間に何個の細胞が産生されるか，およびその中のヘモグロビン分子の数を計算してもらうことにしていた．これを通じてわれわれの体がいかに動的な存在かを実感してもらうためである．
　細胞の構造の研究の歴史もまた，いかに動的であるかを理解することであった．われわれを構成しているすべてのタンパク質はそれぞれに決まった寿命をもち，**代謝回転**（turnover）をしている．われわれは見た目には毎日変わらないが，われわれを構成しているタンパク質はほぼ1ヵ月で入れ替わっている．細胞の中の様子を調べると，それぞれのタンパク質は激しく運動しており，さまざまな輸送装置によってその局在は見事に制御されている．膜構造もまた，絶えず形成されエキソサイトーシスとエンドサイトーシスのように膜輸送によって恒常性が維持されており，細胞小器官もまた合成と分解によって量・質ともに制御されている．
　細胞内の分子の振舞いの可視化技術が飛躍的に進展したことで，まさしく1分子の動的な振舞いと高次の生理現象との関連を解き明かすことができる時代になってきたといえよう．

細胞骨格とよばれる線維状構造がはり巡らされている．細胞膜直下には**膜骨格**とよばれるアクチンを主要な成分とする線維があり，膜の形状，運動，情報伝達などに重要な働きをしている．細胞骨格は**ミクロフィラメント**，**中間径フィラメント**，**微小管**(microtubule)の3種類が知られている．これまで述べてきた膜間をつなぐ種々の膜小胞は微小管の上を特定の方向に動くモータータンパク質によって運ばれることがわかった．

一方，近年FCS（蛍光相関分光法）などの方法が開発され個々の分子の振舞いを観察することが可能になり，タンパク質は単独で機能しているわけではなく，互いにさまざまな強さの結合性をもって安定な複合体から一過的な複合体に至るまで相互作用しながら機能を発揮していることが明らかとなってきた．酵母の研究から，1個のタンパク質は，平均5.7個のタンパク質と相互作用していることが示されている．近年いわゆる"-some"とよばれる大きな機能単位を構成する巨大タンパク質複合体がつぎつぎと同定されてきている．さらに環境条件によって会合状態をとることも明らかとなり，その生理的な意義の解明も今後の大きな課題であるに違いない．

1・9　おわりに

美しい電子顕微鏡写真をみると，そこには細胞というミクロな宇宙が拓け，細胞小器官の内部の微細構造までも確認することができる．しかし，それはあくまである瞬間の細胞の固定された断面図であることを忘れてはいけない．実際，連続切片を重ね合わせると典型的なミトコンドリアのイメージとは異なり，それらが連続した長い管状構造をしていることが明らかとなる．今後，電子顕微鏡もトモグラフィーによる三次元イメージ，他の分析機器と複合した顕微鏡などが開発されるに違いない．一方，微弱な蛍光を観察できる技術の進歩と緑色蛍光タンパク質（GFP）などの蛍光タンパク質の発見とその応用によって，細胞内の個々のタンパク質の可視化が可能になったことは，細胞のイメージをさらに動的にとらえる意味で画期的であった．ミトコンドリアや小胞体が絶えず激しく分裂や融合を繰返している様子を動画で見ることによって細胞のイメージは一変する．

細胞とは，細胞構造が常に動き，その構成成分が輸送系によって絶えず入れ替わり，新生され，分解される動的な存在であることがつぎつぎと明らかになってきた．細胞構造の解析は元来分子生物学の苦手な領域であった．その理由として空間情報の分子レベルでの解析が難しかった点があげられよう．しかし今日，細胞内のタンパク質1分子の挙動を実時間で観察することが可能になり，分子細胞生物学として大きな発展を遂げている．すなわち，今やタンパク質の量的な発現を見るだけでは不十分で，タンパク質がどこに局在し，いつ機能するかが問われている．したがって，細胞の機能を理解するためには，常にその構造を意識することが必要であろう．

2 タンパク質の機能と動態

2・1 はじめに

　生命活動の最も重要な担い手は，**タンパク質**である．脂質は細胞膜などの構成物質として，生命を外界から隔離するのに必須であり（第1章参照），核酸はDNAやRNAなど，タンパク質の情報をもっている点で，これまた生命にとって欠くことのできない要素である（第4章，第5章）．したがって，タンパク質，脂質，核酸，あるいはその他の構成要素のどれが最も大切かという議論は意味をもたないといえるが，タンパク質は，その多様性と複雑さにおいて，他の構成要素とは比較にならないほどの魅力をもった対象であることは間違いない．

　動物・植物を問わず，生命の基本単位は細胞であるが，1個の細胞の中では，どのくらいのタンパク質が働いているのかというところから，話を始めてみたい．

　動物細胞の場合，細胞の大きさはほぼ10〜20 μm程度である．その中で働いているタンパク質の種類は，ヒトゲノムプロジェクトによる解析結果から明らかになっている．それによると，ヒトゲノムには約22,000種類のタンパク質がコードされているという．しかし，後に述べるスプライシングや修飾といった多様性増幅の工夫によって，おおよそ7万種類ほどのタンパク質が働いているのではないかと考えられている．そして，1個の細胞の中に存在するおおよそのタンパク質の数は80億個ほどと見積もられている．当然ともいえるし，驚くべき数ということもできよう．

　1個のタンパク質がつくられる過程では，まずmRNAの情報を3個ずつの塩基（コドン）に分節化して読み取り，そのコドンに対応するtRNAをリボソーム内に呼び込む．個々のtRNAには該当するアミノ酸が結合しており，それがリボソーム内において一つ前のアミノ酸との間にペプチド結合をつくって，1個のアミノ酸の付加が終わる．タンパク質の平均的な大きさはアミノ酸数にして200〜300ほどだから，そんな一連の反応が数百回繰返されて1個のタンパク質になるのである．活発な細胞，たとえば肝細胞などでは，1秒間に数万個のタンパク質がつくられている．これもまた驚くべき数である．いったい，一人の人間の中では，1秒間にどれだけの数のタンパク質がつくられているのだろうかと考えると，気が遠くなる．

　タンパク質は活発に合成されることはもちろんだが，機能を終えたタンパク質

は,一方で活発に分解もされている.タンパク質そのものも寿命をもっているのである.分解もまた細胞が生きていくためには必須のプロセスである.

本章ではタンパク質の機能と動態についてその概略を示したい.そのなかでは,タンパク質の合成,そして機能獲得のための構造形成(フォールディング),また機能すべき場への細胞内輸送,そして分解へと至る"タンパク質の一生"を視野にとどめながら話が展開することになろう.

2・2　タンパク質の機能とは何か―RNA ワールドから DNA ワールドへ

タンパク質はそれぞれが特化した機能をもっている.これは何に由来するのだろうか.その前に**タンパク質の機能**とは何かを考えてみたい.

タンパク質が働くためには,個々のタンパク質が単独で存在するだけでは意味がない.対象となる分子との**相互作用**が必須である.その相互作用のなかでは,さらに原子レベルでの相互作用が機能の本体を形成している.酵素反応では,対象は基質となる分子である.基質が酵素の反応ポケットにうまく入るような構造をもっている場合にのみ,酵素による触媒作用が発揮されるのである.

あるいは細胞の中で骨格となる構造をつくるタンパク質の場合も,他の分子との相互作用は必須である.細胞骨格の主成分の一つ,ミクロフィラメント(アクチンフィラメント)の場合では,アクチン分子が重合し1本の線維を形成するが,この場合は隣のアクチン分子との間の相互作用が重合反応をひき起こす最初の過程である.

このように,構造をつくるタンパク質の場合も,酵素反応のように触媒作用をもつタンパク質の場合も,いずれも他の分子との適切な相互作用をするための**構造**をもっていることが,その機能にとって必須である.すなわちタンパク質の機能は,構造に規定されている.

1本のポリペプチドの状態をタンパク質の**一次構造**とよび,それがαヘリックスやβシート構造をとったものを**二次構造**,それらがさらに**フォールディング**というプロセスを経て単量体としての正しい構造をとったものを**三次構造**とよぶ(図2・1).複数のサブユニットから成るタンパク質の場合,それらサブユニットの集合した状態の構造を**四次構造**とよぶ.従来タンパク質は正しく合成されさえすれば,自動的に正しい最終構造へ折りたたまれるものと考えられてきた.しかし,このプロセスにはいくつもの中間体が存在し,それら分子的にきわめて不安定な中間体が凝集するのを防ぎながら,フォールディングを介助するために,細胞内には種々の**分子シャペロン**が存在することも明らかとなった.それら分子シャペロンによって介添えされながら,タンパク質のフォールディングは完成する.

このように複雑な構造をもち,複雑な機能をもつ分子はタンパク質だけであろう

か. 現在では最も高度な機能をもつ分子はほとんどタンパク質に限られているが, **リボザイム**という言葉によって知られているように, 一部の RNA には機能をもつものが存在する (第5章参照). RNA は一本鎖であるが, 一本鎖中の塩基同士が塩基対をつくり, 原始的ながらある種の構造をつくるのである (図5・3参照). このような RNA には他の分子と相互作用できる"面"あるいは凹凸が形成される. タンパク質の機能は他の分子との相互作用によって担われていることをすでに述べたが, RNA の場合も, 分子に面や凹凸ができることによって, 他の分子との相互作用が可能になり, 機能が生まれるのである.

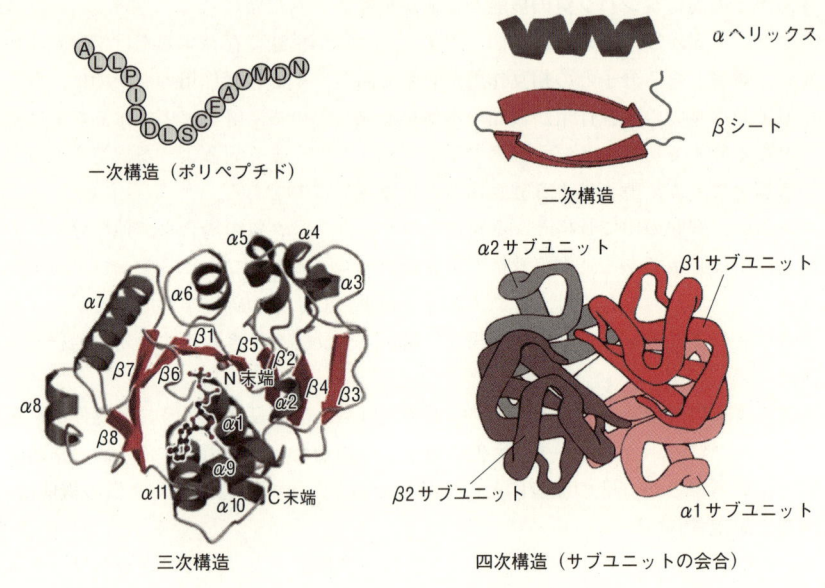

図2・1 タンパク質の四つの階層構造

　RNA に機能をもったものがあることから, 原始の地球でどのように機能分子が生まれたかについて, "RNA ワールド"という考え方が認められている. 遺伝物質として最初に現れたものは RNA であっただろうという考え方である. 遺伝物質だけが存在しても, それを複製したり, 細胞のもつ代謝機能を担ったりするためには, 機能分子が必要である. RNA は, それら遺伝子としての役割と, 一方で触媒反応をはじめとする機能分子としての役割を担ったと考えるのである.

　情報の保持・伝達という観点からは DNA が有利である. DNA は二本鎖をつくっ

ているので，もし一方の塩基に変異が起こっても，それに対応する相補鎖の塩基配列を参照することによって，修復が可能になる．しかし，RNAは一本鎖であるので，そのような修復はかなわない．現在でもRNAウイルスは塩基配列に生じる突然変異によって，どんどんその性質を変え，ワクチンなどの製造に障害になっているが，それはRNAの情報保持能力，修復力の欠如に由来するのである．

　機能と情報の保持・伝達を両方担うことのできるRNAから生命は始まった．しかしRNAの触媒能も情報保持・伝達能も限られたものであったため，その情報を担う機能をDNAに，触媒能や構造形成能をタンパク質に譲ったのであろうと考えられている．DNAは二重らせん構造をとっているが，基本的には1本のひも状であり，三次元的な複雑な構造をとることはない．したがってDNAには触媒能は存在しない．その代わり，情報の管理についてはRNAより格段に優れている．タンパク質の分子構造の複雑性はRNAに比べて，これも格段に優れ，したがってはるかに多様な機能を営むことができるのである．

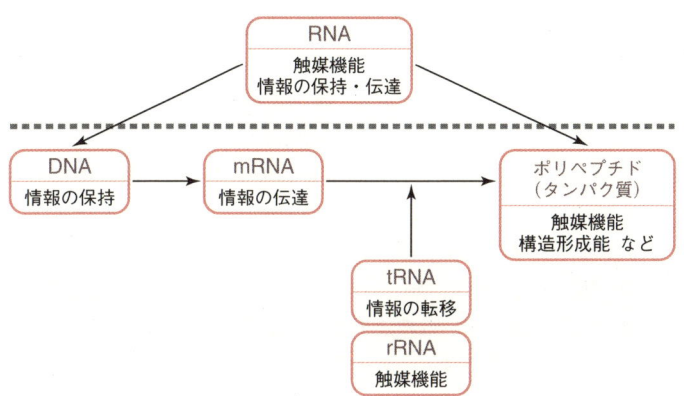

図2・2　RNAワールドからDNAワールドへ

　そのような進化の過程で，RNAはmRNAとして情報の伝達に，tRNAとして情報をアミノ酸にカップルする役割に，あるいはrRNAとしてリボソームの構造を形成し，その機能を支える役割に，それぞれその機能分子としての痕跡を残すことになった．RNAワールドからDNAワールドへの移行である（図2・2）．

2・3　情報から機能への転換——一次元から三次元へ
2・3・1　タンパク質の合成
　DNAの塩基配列がmRNAに転写され，mRNAにコピーされた情報をもとに，ア

ミノ酸が配列され，**ペプチド**となる．これは情報の流れとしては，すべて一次元的な変換のプロセスである．はじめにこのプロセスを簡単に振返っておく．

DNA上の塩基配列をmRNA上の塩基配列に"転写"するのは，RNAポリメラーゼとよばれる酵素である．RNAポリメラーゼには3種類あり，mRNAへの転写をつかさどるのはRNAポリメラーゼIIである．ほかにリボソームRNAを生成するRNAポリメラーゼI，低分子RNAなどの生成に関わるRNAポリメラーゼIIIなどが存在する．DNAからRNAへの転写のプロセスは，過去20年以上にわたって，分子生物学で最も活発に研究されてきた分野であり，その調節機構についてここに概説するには紙幅が足りない．

mRNAに転写された情報は，つぎにリボソームという翻訳機械によってポリペプチドに変換される．mRNA上の塩基配列を三つずつまとめて読み取り，その遺伝コドンに対応するtRNAを引き寄せることによって，アミノ酸を順に並べていく．アミノ酸同士はリボソームの中でペプチド結合によって順に連結されてポリペプチドを形成する．

このようにしてつくられたポリペプチドは，まだ一次元情報しかもっていない．DNA上の4種類の塩基の一次元情報を，ポリペプチド上に，20種類のアミノ酸から成る一次元情報に変換しただけである．従来のセントラルドグマで扱ってきた情報の流れは，ここまでであった．mRNAが翻訳されてタンパク質がつくられるといわれることが多いが，厳密にはこれは間違いである．mRNAからつくられるのはポリペプチドであって，タンパク質ではない．

ポリペプチドがタンパク質になるためには，一次元情報を三次元情報へと変換するプロセスが必須である．前節で述べたように，タンパク質は三次元的に形成された複雑な表面の凹凸を通じて，他の分子と相互作用するのであり，それが機能の根本である．複雑な表面の凹凸は，一次元情報としてのアミノ酸配列が折りたたまれることによって形成される．

単なるひもであった一次元構造としてのポリペプチドは，まず二次構造として，αヘリックスやβシート，βループなどの構造を形成する．この過程はアミノ酸配列の特性によって自然につくられると考えられている．したがって，タンパク質の全一次構造のなかで，この部分はヘリックスをつくりやすい，この部分はβ構造をつくりやすいといった二次構造予測はコンピューターによって可能であり，よく用いられている．

二次構造がさらに複雑に折りたたまれて三次構造ができる．最終的な分子の構造は，すべての原子の配置として，最も安定な（つまりエネルギー準位の低い）状態をとることによって実現される．したがって，可能な原子配置のすべてについて，原子間相互作用による力を計算し，最も安定な構造を予測することは理論的には可

能であるが，最終構造がどのようになるのかを予測できるまでには，現在のコンピューター技術は追いついていない．構造はX線構造解析，あるいはNMR技術などによって解かれている．

2・3・2　タンパク質の構造決定法

X線結晶解析によってタンパク質の構造を決定するためには，組換えタンパク質を大腸菌や昆虫細胞などで生成させ，それを精製したのち，結晶化を行う．現在では結晶化のためのロボットなども利用して，一度に多くの結晶化条件を試すことができる．結晶が得られれば，結晶にX線を照射して回折像を取得し，回折斑点の強度と位相情報とから，電子密度を得る．それにアミノ酸配列を参考に原子団を当てはめることによって立体構造モデルをつくりだす．これが，**X線回折法**である．良質の結晶を得ることがポイントとなるが，現在ではシンクロトロン放射光施設などを利用することで，微小な結晶からでも高精度の構造決定が可能となっている．0.15〜0.3 nm 程度の解像度で，個々のアミノ酸側鎖の配置まで決定されている．

NMR（**核磁気共鳴**）**法**は，外部静磁場中に置かれた原子核が固有の周波数の電磁波と共鳴する現象を利用し，この固有の周波数が分子内での原子の環境（電子密度など）によってわずかに変化することを利用して，溶液状態のタンパク質の構造に関する情報を得るものである．NMR分光計は，電磁波パルスを発生させるシグナルの検出を行うプローブと，外部から磁場を与えるための超電導磁石，それらの制御やデータ処理のためのコンピューターなどから構成される．^{1}H や ^{13}C などの原子核をもつタンパク質水溶液に，共鳴周波数に相当する周波数の多重パルスを照射し，試料からの信号をフーリエ変換によりNMRスペクトルとして取得する．このスペクトル中の個々のピークを対応する原子に帰属することによって，各原子間の距離などの情報を得て，構造を構築するのである．現在，NMR法では分子量3万以下のタンパク質が対象となり，それより高分子になるとピークの重なりのため解析が困難となるが，NMR法では，分子の動的性質に関する情報を得られるなどの利点があり，X線結晶解析と補完的に用いられる場合も多い．

2・4　タンパク質のフォールディング

ポリペプチドがタンパク質として三次構造，あるいはサブユニットが会合した四次構造をとるためには，二次構造からのさらに複雑な折りたたみ（**フォールディング**）が必要となる．三次構造は，最終的には原子間の相互作用に関して最も安定な，すなわちエネルギー準位の低い状態で安定する．しかし，フォールディングのプロセスそのものは，遺伝情報とは独立した複雑な経路を通って行われる．図2・3は，そのようなタンパク質のフォールディング経路を，エネルギー準位との関係で描い

たものである．折りたたみ構造がほどけたエネルギー準位の高い状態から，正しい構造をもったエネルギー準位の低い状態へとフォールドするのであるが，その経路は個々のタンパク質によって千差万別である．

　正しくフォールドしたタンパク質は，エネルギー準位が最も低い状態で安定する．通常の可溶性タンパク質の場合は，親水性のアミノ酸を分子の表面に露出させ，疎水性のアミノ酸を分子の内部に折りたたむことによって，可溶性を維持した状態で，構造を維持することができる．

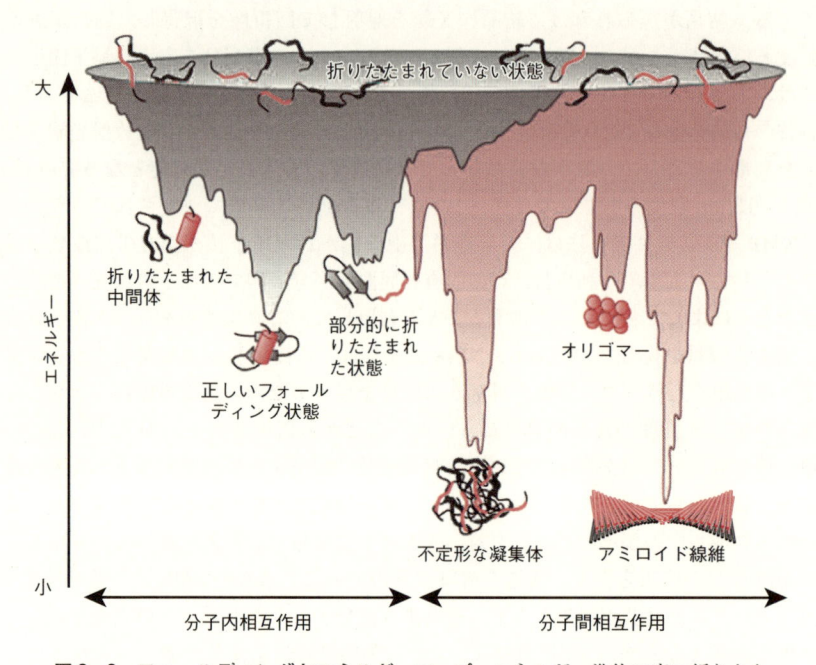

図2・3　フォールディングとエネルギーマップ　エネルギー準位の高い折りたたまれていないポリペプチドから，より安定な状態へフォールディングが進む．正しいフォールディング状態へ達したときが最も安定であるが，凝集体，アミロイド線維をつくるとより安定になり，容易にはもとの状態に戻らない．(F. U. Hartl, M. Hayer-Hartl, *Nat. Struct. Mol. Biol.*, **16**, 574（2009）より)

　ここからフォールディングの基本原理を抽出することができる．基本的には疎水性のアミノ酸をできるだけ分子の内側に折込むようにフォールディングは進行する．最終的な構造（コンホメーション）は，原子間の相互作用，すなわちイオン結合，疎水結合，ファンデルワールス力などの力の総合として，さまざまの可能な構

造のうち，最もエネルギー準位が低くなるようなコンホメーションが選択されると考えられる．

このように最も安定な状態で機能的なタンパク質ができるが，フォールディングの過程で種々の間違いが起こることがある．**ミスフォールディング**である．そのようなミスフォールドしたタンパク質はそれ自身は準安定な状態にあり，さらに安定な状態へと移行しやすい．疎水的なアミノ酸同士が疎水結合によって相互作用し，集合し，大きなタンパク質の凝集体をつくる（図2・3）．これは最も安定な状態であるともいえるが，タンパク質としての機能は失われ，それ以上に凝集体形成は細胞毒性をもち細胞死を招くことになる．

2・5　分子シャペロンによるフォールディングの促進

従来，タンパク質は一次構造さえ決定されれば，三次構造は自動的に決まると考えられてきた．有名な C. B. Anfinsen の実験がある．Anfinsen は1960年代はじめに，リボヌクレアーゼAの巻戻しに関して重要な実験を行った．リボヌクレアーゼAを2-メルカプトエタノールなどの還元剤と尿素などの変性剤の存在下で変性させる．酵素活性が完全に失活することによって，タンパク質が変性したことがわかる．つぎに透析によって徐々に尿素と2-メルカプトエタノールを除去してやると，酵素活性の回復がみられた．すなわち，いったんポリペプチドにまで巻戻されたタンパク質が，再び折りたたまれて（再フォールディング）正しいコンホメーションを獲得したのである．

Anfinsen はここから重要な結論を下した．すなわち，タンパク質の高次構造は一次構造にのみ規定されるというものである．言い換えれば，アミノ酸配列さえ決まれば，タンパク質は自動的に折りたたまれて，正しい構造を獲得する．これは"Anfinsen のドグマ"とよばれ，1990年代前半まではタンパク質化学の中心命題の一つであった．このことから，分子生物学の興味の中心は，いかに遺伝情報がアミノ酸情報へ転換されるか，そのメカニズムに集中することになった．

"Anfinsen のドグマ"はある意味では正しく，またある意味では正しくない（あるいは不十分である）ことが，現在ではわかっている．可能なあらゆる構造のなかで，唯一の構造をとるのは，一次構造であるアミノ酸配列に依拠している．それ以外の情報は必要でなく，この意味で一次構造が高次構造を規定するというのは現在でも正しい．

しかし現実には，細胞内はきわめて密に分子が混み合っている状態である．図2・4はそのような細胞内の分子の存在を計算などから描いたものであるが，ほとんど隙間のないまでに多くのタンパク質や核酸などで占められていることがわかるであろう．このように分子が密集しているなかで，ポリペプチドが他の分子からの干渉

を受けることなくフォールドすることは，実質的には不可能である．合成途上の，あるいは合成直後のポリペプチドは，疎水性残基もすべて分子の外側に露出した状態であるといえる．他の疎水性アミノ酸やポリペプチドなどとも接触する可能性があり，凝集をつくりやすい．せっかくつくったポリペプチドも凝集体をつくってしまっては元も子もない．

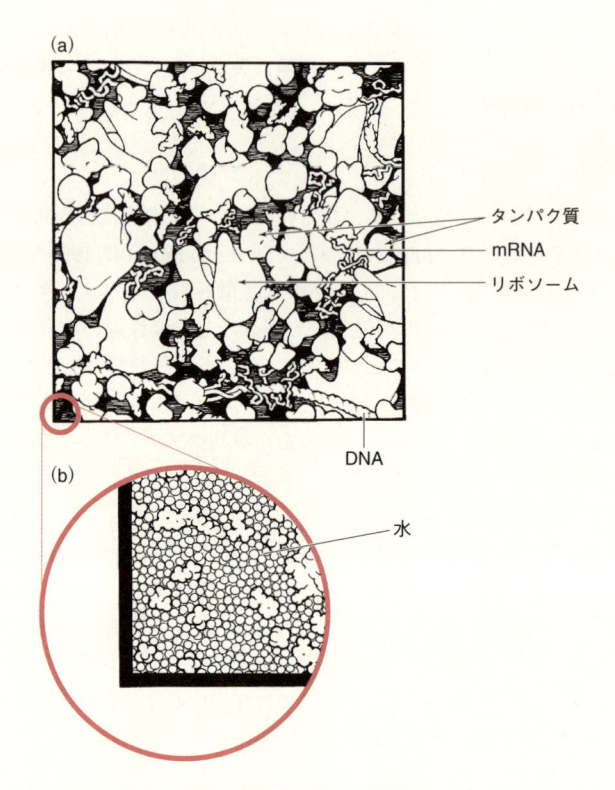

図 2・4　細胞内の分子の密集度を描いた想像図　(a) 大腸菌のサイトゾル．一辺 100 nm の立方体中には，計算上，30 個のリボソーム，340 個の tRNA，2 個の GroEL，500 個のそれ以外のタンパク質がひしめいている．(b) 下の円内に水分子の大きさを示す．
(D. S. Goodsell, *Trends Biochem. Sci.*, **16**, 203（1991）より)

そのような事態を避けるため，細菌から植物も含めて，すべての細胞は**分子シャペロン**とよばれる一群のタンパク質をもっている．分子シャペロンは，一般に疎水性領域に結合することによってそれらをマスクし，凝集を防ぐ．また ATP アーゼ

の活性をもつ分子シャペロンは,ATP加水分解のエネルギーを利用しながら,ポリペプチドのフォールディングを介助する.

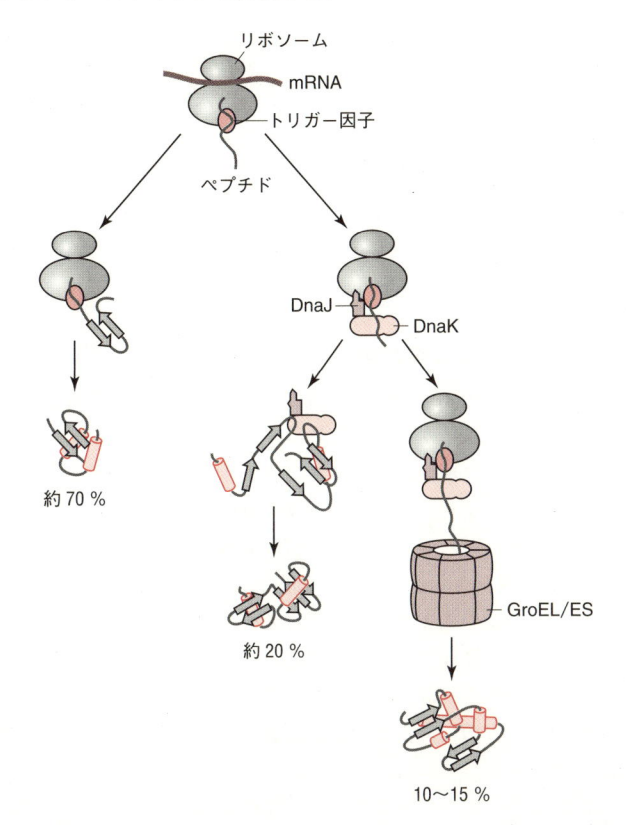

図2・5 分子シャペロンによるタンパク質のフォールディング（細菌の例） すべての新生ポリペプチドはトリガー因子の作用を受けるが,トリガー因子だけでフォールディングするもの,DnaJ,DnaKの助けを必要とするもの,さらにGroEL/ESの作用を必要とするものなどがある.

細菌の例を図2・5に示すが,いくつかの分子シャペロンが順次働くことによって正しいフォールディングを助けていることがわかるだろう.リボソームから合成された直後のポリペプチドは,まずトリガー因子に包みこまれるように結合することによって,他のタンパク質との接触から守られる.トリガー因子だけに依存してフォールドするタンパク質はおよそ60〜70％程度と見積もられている.つぎにDnaK（Hsp70ファミリーの分子シャペロン）との結合解離を繰返すことによって,フォールディングが進行するものもある.この際,DnaJやGrpEなどの**コシャペ**

ロンとよばれる別の因子が Hsp70 の働きには必要である．あるいは GroEL/ES というリング型（樽型）のシャペロンによって，その内部に取込まれてフォールディングするものなどもある．

　分子シャペロンの基本作用は，ミスフォールドしたポリペプチドの疎水性アミノ酸領域に選択的に結合することによって，それら疎水性領域同士が疎水結合によって凝集することを防ぐことにある．疎水性領域をマスクするのである．どのタンパク質もその合成に際しては，必ず1本のポリペプチド鎖の状態を経るのであり，それは常に凝集の危険性を伴っている．分子シャペロンはそのような凝集を回避しながら，正しいフォールディングへ導く作用をもっているのである．

2・6　細胞内におけるタンパク質の品質管理機構と病態
2・6・1　フォールディング異常病

　タンパク質のフォールディングの過程には，分子シャペロンの複雑なネットワーク，あるいはカスケード反応が関わっているが，それでも往々にしてミスフォールドタンパク質を生じる．合成途上でのミスフォールディングのほかに，正しいコンホメーションを獲得したタンパク質も，種々の細胞ストレスによって安定な状態から逸脱することがある．いわゆるタンパク質の**変性**である．このような細胞ストレスの代表的なものに**熱ショック**がある．細胞に常温（哺乳類の場合は 36〜37℃）以上の熱がかかると，細胞内のタンパク質は変性する．タンパク質の受けた熱エネルギーが，タンパク質を構成する原子の運動エネルギーに変わり，激しく運動することによってコンホメーションが壊れ，せっかく分子の内側に折りたたんでいた疎水性のアミノ酸が分子表面に露出することによって，不安定になって凝集するのである．

　また，遺伝的に変異をもつようなタンパク質の場合にも同じような凝集体を生じることがある．遺伝的変異がアミノ酸の変異をもたらし，本来は正しいコンホメーションをとれるはずのものが変性を来すのである．このような遺伝的変異は多くの場合，病気をひき起こす．多くの遺伝病においては，変異によってタンパク質の機能に欠陥を生じ，それが病気の原因になる．たとえば**フェニルケトン尿症**とよばれる遺伝病がある．われわれの体内ではチロシンは必須アミノ酸ではなく，フェニルアラニンからつくられる．この反応にはフェニルアラニンヒドロキシラーゼが関与しているが，この酵素の機能に遺伝的な欠陥が生じると，チロシンがつくられず，フェニルアラニンが蓄積する．この病気の診断がつけば，フェニルアラニンを含まない食事を与えるなど，厳密にフェニルアラニンとチロシンの摂取量を調節することによって，精神遅滞などの症状を回避することができる．これはほんの一例であるが，従来の遺伝病といわれる病気では，いずれも酵素などの"必要なタンパク質"

の働きが損なわれることによって病気が発症する，いわゆる loss-of-function（機能欠失）による病気というのが，その概念である．

表2・1 フォールディング異常病としての神経変性疾患

疾 患 名	原因タンパク質	発症形式
ポリグルタミン病	ポリ(Q)	遺伝性
アルツハイマー病	アミロイドβタンパク質	孤発性＞遺伝性
プリオン病	プリオンタンパク質（PrP^{SC}）	孤発性＞遺伝性
パーキンソン病	αシヌクレイン	孤発性＞遺伝性
筋萎縮性側索硬化症	Cu/Zn SOD1	孤発性＞遺伝性

一方で，そのタンパク質本来の機能には直接関係がない遺伝病も存在する．多くの神経変性疾患がそのような原因によって起こることが知られるようになった．表2・1に一例を示したように，アルツハイマー病の場合はアミロイドβタンパク質，筋萎縮性側索硬化症（ALS）はSOD1，パーキンソン病はαシヌクレイン，そしてプリオン病の場合はプリオンタンパク質などがそれらの病気の原因であるとされる．しかし，それらタンパク質の機能は，現在のところ不明である．いずれも神経細胞の広範な欠損がみられるようになるが，その原因は，タンパク質本来の機能にあるのではなく，それらが変性し，一種の凝集体であるアミロイド線維（図2・3）を形成することが，神経細胞の脱落につながるのであると考えられている．これらの神経変性疾患の発症機構は，したがって，loss-of-function ではなく，むしろ凝集体をつくることが原因，すなわち一種の gain-of-function（機能獲得）とよんでも差し支えない．特に毒性を獲得してしまう場合を gain-of-toxic function とよび，新しい病態のモデルとなっている．これらを**フォールディング異常病**（ミスフォールディング病）と総称するようになった．

なかでも**プリオン病**という新しいタイプの感染症について説明をしておこう．ウシでは **BSE**（狂牛病），ヒトではクロイツフェルト・ヤコブ病などの名で知られている神経変性疾患は，いずれも**プリオン**というタンパク質がその原因である．プリオンは正常な個体の神経細胞には必ず存在するタンパク質であるが，この場合もプリオン自体の機能はまだわかっていない．一方でプリオン病をひき起こす"伝播型"とよばれるプリオンが存在する．正常なプリオンがαヘリックスの多い構造をしているのに対し，"伝播型"プリオンにはβシート構造が多い（図2・6）．"伝播型"プリオンが正常型プリオンに何らかの形で接触すると，正常型が"伝播型"へ〈β転移〉とよばれるコンホメーションの変化をひき起こす．このようにして生じた新しい"伝播型"プリオンは，つぎつぎと正常型プリオンに〈β転移〉をひき起こし，

"伝播型"が一挙に〈増殖〉することになる．それらは互いに凝集してアミロイド線維を成長させるのである．こうしたアミロイド線維の増加が神経変性疾患をひき起こす．いわゆるプリオン病の発症である．

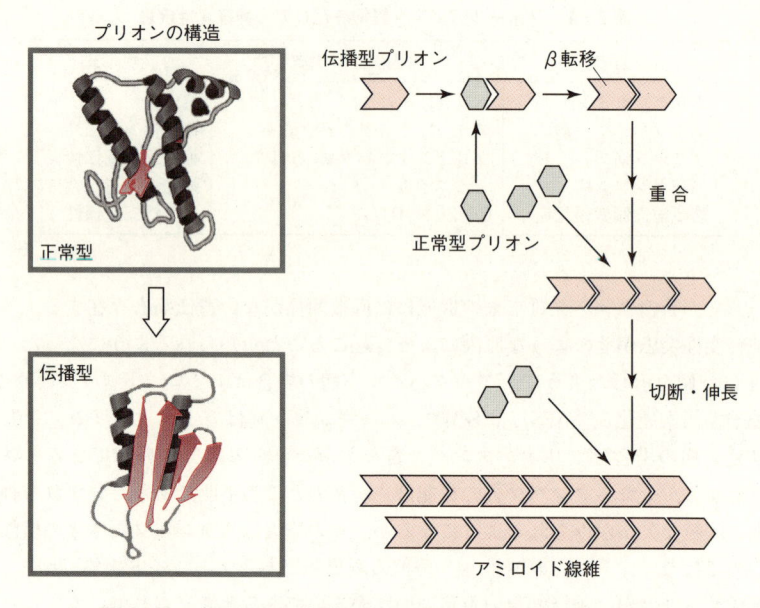

図2・6 プリオンのβ転移によるアミロイド形成（プリオン病）

　プリオン病の発症機構は他の神経変性疾患と同様のものだと考えられる．しかし，この病態には特筆すべき特徴がある．それは，これが一種の感染症であるという点である．異常（"伝播型"）プリオンがどこから来るかといえば，他の個体から来るのである．はじめてプリオン病の発症機構を報告したのは D. C. Gajdusek であった．パプアニューギニアのフォレ族にクールー病とよばれる風土病があった．Gajdusek はその風土病の原因が，死者を悼むために死者の肉を食うという彼らの風習（カニバリズム）にあることを突き止めた．政府に働きかけて食肉を禁止することによって，クールー病は一世代のうちに完全になくなってしまった．伝播型プリオンが（食べることによって）感染し，個体を死に至らしめる，すなわち感染症である．

　しかし，この感染症は，他の多くの感染症と異なった新しいタイプの感染症である．コレラ，赤痢，ペストなどよく知られた法定伝染病は，それぞれコレラ菌，赤痢菌，ペスト菌などの菌，すなわち細菌が原因となる．またインフルエンザ，エイズ，日本脳炎などはそれぞれの名を冠したウイルスがその原因である．これらの菌

またはウイルスは，個体に感染することによって，自らのDNAあるいはRNAを増やし，ついでそのDNAやRNAを取囲むのに必要なタンパク質などを合成して，最終的には菌，ウイルスの数を爆発的に増やすことによって感染を広げていく．つまりDNAないしはRNAを個体を借りて増やすことが，その感染症の本態である．一方で，プリオン病の場合は，病原菌や病原ウイルスというものは存在しない．タンパク質の取込みがその原因であり，ここには宿主を借りて病原体の遺伝子を増やすというメカニズムは存在しないのである．これが他の感染症とまったく違った点である．他の感染症では熱をかけることによって感染を防ぐことができるが，プリオン病タンパク質の場合はDNAなどの遺伝物質が関わらないだけに熱に強く，プリオンは煮沸しても20％程度が生き残るといわれている．取込まないことが最大の防御になるのである．

2・6・2　タンパク質の品質管理機構

これらタンパク質の変性，そして凝集というプロセスで生じた，凝集体あるいはアミロイド線維は細胞に対して毒性をもち，細胞死をひき起こす．そのような異常事態に対応するため，細胞は**タンパク質の品質管理機構**を備えている．品質管理機構が最もよく調べられている細胞小器官に小胞体がある．小胞体は，細胞内のすべてのタンパク質の1/3を合成するおもなタンパク質合成の場である．小胞体では，生じた異常タンパク質の蓄積に対処するため，三つの戦略から成るタンパク質品質管理機構をもっている．哺乳動物細胞の小胞体を例にして説明してみよう．

小胞体でミスフォールドタンパク質が生じると，三つの防御機構のスイッチがオンになる（図2・7）．第一のものはPERKとよばれるリン酸化タンパク質であり，活性化されることにより，タンパク質合成の際の開始因子（eIF2α）をリン酸化する．このリン酸化は開始因子を不活性化させ，タンパク合成を停止させる．全体のタンパク質合成を停止させることになるが，つくっても異常タンパク質が増えるだけの状況においては，いったんすべてのタンパク質合成を止めてでも，細胞にかかる負荷を減らそうという戦略である．

第二の因子ATF6が活性化すると，その一部が転写因子として核へ移行し，小胞体分子シャペロン遺伝子のプロモーター上に存在するエンハンサー（図2・7中のERSE）に結合することによって，それらをいっせいに活性化，種々の小胞体分子シャペロンを誘導する．こうしてつくられた分子シャペロンは小胞体へ入って，ミスフォールドしたタンパク質を再生させる方向に働く．再生可能な不良品は，再生して再使用しようという戦略である．

第三の戦略は，不良品の分解処分である．ATF6の活性化と，それによって誘導される *XBP1* mRNA，そしてそのmRNA前駆体のIRE1によるスプライシングとい

う少し複雑な過程を経て，最終的には XBP1 という転写因子が誘導される．XBP1 は核で，タンパク質の分解に必要な種々のタンパク質などの転写を誘導する．

小胞体の場合は，小胞体内部に蓄積した変性タンパク質は，小胞体内部で分解されるのではなく，小胞体膜に存在するチャネルによって，変性ポリペプチドをサイトゾルに逆輸送し，そこでユビキチン-プロテアソーム系（§2・8 参照）を使って分解する．これは**小胞体関連分解（ERAD）**とよばれる分解方式である．ERAD においては，まず分解すべき基質をどのようにして再生可能な基質あるいは合成途上のポリペプチドから見分けるかという基質認識の機構が必要である．小胞体タンパク質の多くは糖鎖をもつタンパク質であり，N 結合型糖鎖のトリミングがフォー

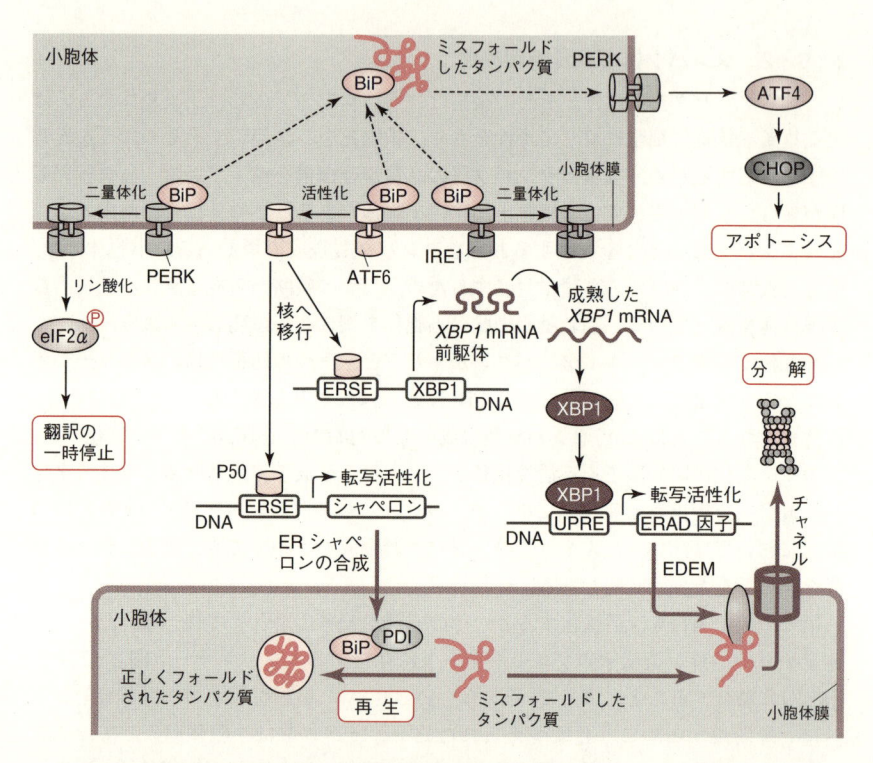

図 2・7　小胞体におけるタンパク質品質管理機構　小胞体にミスフォールドタンパク質が蓄積すると，主として三つの経路によって，タンパク質の品質管理機構が作動する．PERK 経路による翻訳の一時停止，ATF6 経路による小胞体分子シャペロンの誘導，XBP1/IRE1 経路による ERAD 因子群の誘導である．これらの経路による品質管理が破綻あるいは追いつかないと，細胞は ATF4 を介してアポトーシスをひき起こされる．

ディングのためにも,また分解のためにも,シグナルとして働いている.特に分解すべきタンパク質の糖鎖は,そのマンノースのトリミングを認識するいくつかのタンパク質の働きを経て,分解経路へ基質をリクルートしていると考えられる.そのほか,基質ペプチドのジスルフィド結合を還元開裂して1本のポリペプチドにまで折りたたみをほどいてからチャネルを通すための還元酵素などの関与も指摘され,ERAD 経路についてはまだまだ不明な部分も多い.

このような品質管理機構は小胞体にのみ存在するのではなく,サイトゾルにおいても重要な働きをしている.その他の細胞小器官でこのような機構があるかどうかは,まだ明らかではない.一部の細胞だけというのではなく,ほぼすべての細胞においてこのような品質管理機構が備わっており,これらの機構を通して,**タンパク質の恒常性**(proteostasis)が保たれていることが,細胞の生存,そして病態の回避に必須のものとなっているのである.

2・7 タンパク質の細胞内輸送

タンパク質合成は,サイトゾルにおいてスタートするが,そのタンパク質がどこで機能を発揮するのかによって,それが働くべき正しい"場"へ運ばれなければならない.サイトゾルから核へ,あるいは種々の細胞小器官へ輸送されなければならないし,分泌タンパク質の場合は細胞外へと運ばれる.これらをタンパク質の**細胞内輸送**とよぶ.

タンパク質が機能する場の違いによって,そこへ輸送するための手段には三つの異なった方法が用いられる(図2・8).核膜孔を通過する輸送,膜透過を介した輸送,そして小胞輸送である.

1) 核膜孔を通過する輸送

核で働くタンパク質は,サイトゾルでつくられる.それらのタンパク質は,翻訳され,フォールディングされてから,核膜孔を通過して核へと運ばれる.**核輸送**の場合は,タンパク質は三次構造を獲得してから運ばれ,核膜孔はそれを通すに十分な直径(約 10 nm)をもっている(図1・7参照).分子量4万以下のタンパク質は拡散によって核へ輸送されるが,それ以上の分子量をもつタンパク質には**核局在化シグナル**(**NLS**)というシグナルがポリペプチド上に存在し,それが**インポーティン**とよばれるタンパク質に認識され,核へ輸送される.インポーティンにはNLSを認識するインポーティンαと輸送をつかさどるインポーティンβが結合し,他の因子(Ran など)とともに GTP に依存した形で輸送される.

核から外へ出るためにも,シグナルが必要である.核から外へ出ていく必要のあるタンパク質には**核外輸送シグナル**(**NES**)が付加されており,これを**エクスポー**

ティンというタンパク質が認識する．

核への移行，核からの排出に関しては，① ポリペプチド上のシグナルの存在（NLSおよび NES），② 三次構造を獲得してからの輸送，③ インポーティン，エクスポーティンというシグナルを認識して輸送を担う分子群，の三つが特徴である．

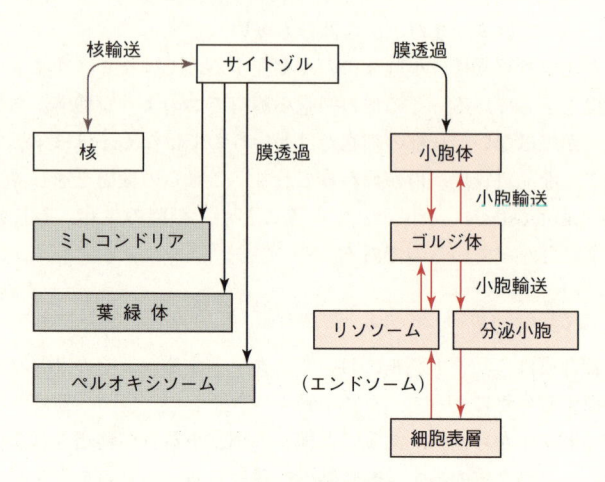

図 2・8　タンパク質の細胞内輸送の三つの経路

2) 膜透過を介した輸送

細胞の外へ分泌されるタンパク質，ミトコンドリアやペルオキシソームの中へ運ばれるタンパク質などの場合には，サイトゾルでいったん合成されてから，何らかの形で膜を通過することが必須である．これを**膜透過**（translocation）とよぶ．輸送のためのシグナルがポリペプチド上に書き込まれているという点では核輸送と同じであるが，分泌タンパク質のシグナルペプチドは必ず N 末端に存在する．この場合，膜には 40 nm 程度の小さな径をもったチャネルがあり，そこを通過するためにポリペプチドはフォールディングが解かれた状態でなければならない．これが核膜孔の通過と異なるところである．

そのような問題を解決するため，分泌タンパク質の翻訳に際しては，翻訳途上のポリペプチドのシグナルペプチドがリボソームから出てきたところで，それが**シグナル認識粒子（SRP）**とよばれるタンパク質複合体に認識され，翻訳が一時的に停止する（図 2・9）．SRP が小胞体膜上の SRP 受容体に結合することで，リボソームは小胞体膜にアンカーされることになり，この状態でポリペプチドの翻訳が再開され，ポリペプチドはチャネルの中をリボソームから押し出されるように小胞体内

腔へ輸送されるのである．これは翻訳と共役した輸送であり，co-translational な輸送とよばれる．

膜透過にはミトコンドリアへの輸送も含まれるが，この場合の輸送は翻訳が終了してからの輸送，すなわち post-translational 輸送である．翻訳を終えて構造をとらせないために，サイトゾル側では分子シャペロンがフォールディングをほどくように働き，ミトコンドリア内腔ではミトコンドリアの分子シャペロンが，今度はフォールディングを促進するように働いて，輸送されてきたポリペプチドが正しい構造をとるのを助ける．ミトコンドリアは膜透過に必要なチャネルと透過に関わる分子群の研究が最も進んでいる細胞小器官であるが，個々の分子についての記述は控える．

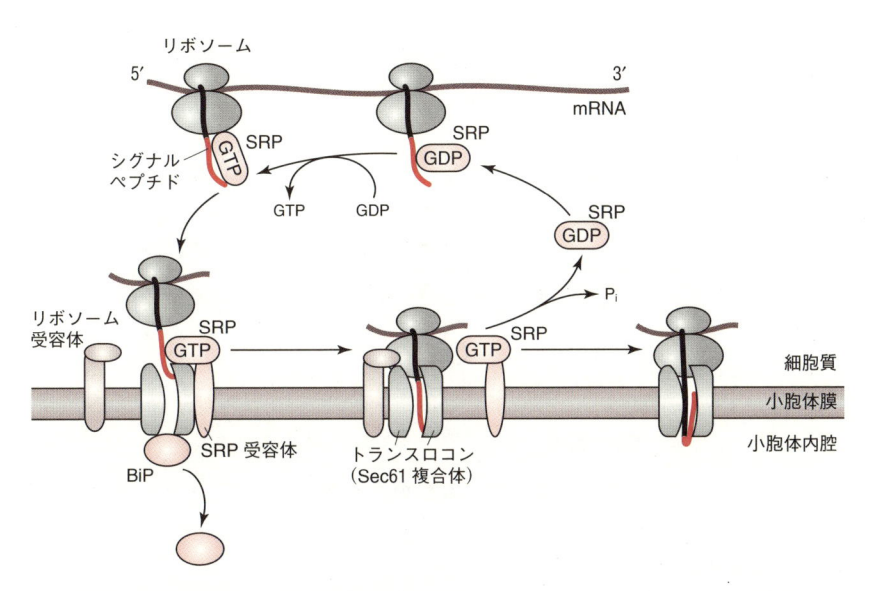

図 2・9　小胞体へのタンパク質輸送と膜透過　シグナルペプチドをもつポリペプチドは，リボソームから出てすぐに，シグナル認識粒子（SRP）にトラップされ，一時的に翻訳がストップした状態で，リボソームごとトランスロコンにアンカーされる．そこで翻訳が再スタートし，ポリペプチドは小胞体へ挿入される．

ミトコンドリアは外膜と内膜に囲まれた細胞小器官であり（§1・6・2 参照），その起源は外来の好気性細菌が進化の早い時期に原始真核細胞に侵入し，細胞内共生をしたものと理解されている．起源を考えれば容易に想像できるように，外膜はホスト由来の膜であるが，内膜は本来の細菌由来の膜である．このような外膜と内

膜に囲まれたミトコンドリアの各領域への輸送には，それぞれに特化した輸送因子が必要である．

サイトゾルからミトコンドリアへのタンパク質輸送には，いくつかの経路がある．ミトコンドリアマトリックスへの輸送の場合は，外膜と内膜の接した領域に存在するチャネルを通ってポリペプチドは輸送される．そのほかに，内膜，外膜，内膜と外膜の膜間腔で働くタンパク質の場合にも，それぞれの経路が用意されている．ミトコンドリアへ輸送すべきタンパク質にもシグナルペプチドが必要だが，両親媒性のヘリックス構造をとることが知られている．

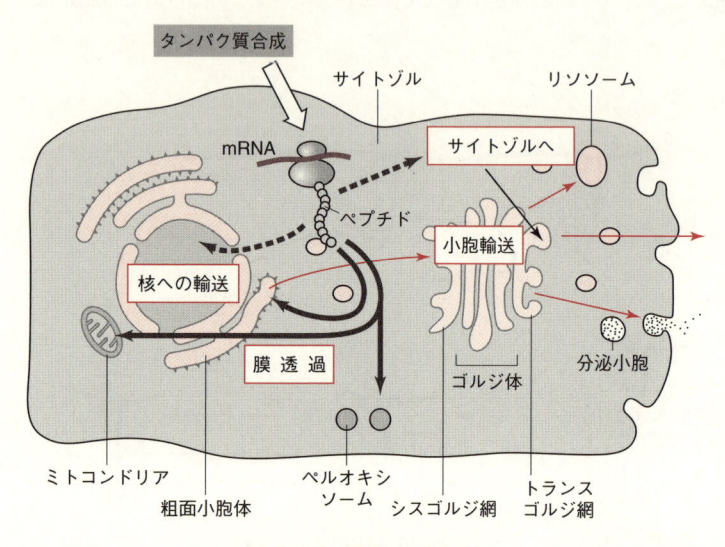

図2・10 細胞の内と外

3) 小胞輸送

第三の輸送方式は，**小胞輸送**である．いったん小胞体の中へ輸送された分泌タンパク質は，小胞体からゴルジ体を経て，細胞外へと分泌される．細胞膜で働く膜タンパク質の場合も同様である．核はもともと細胞膜が陥入してできたものであるが，その形成様式からみて核の外膜と内膜の間のスペースは，トポロジー的には細胞の外部と等価である（図2・10）．小胞体は，その外膜が伸展して形成されたものであり，膜が複雑な三次元構造をつくった膜構造物である．その起源を考えると，小胞体の内腔側は，実は細胞の外部と等価であることが理解されよう．したがって，小胞体内腔から細胞外への輸送は，トポロジー的には外部から外部への輸送にほかならない．すなわち，いったん小胞体の膜透過を経たのちは，そこはすでに外部な

のである.

　小胞体からゴルジ体を経て,細胞外（あるいは細胞膜）へ至る輸送を,**中央分泌系**とよぶ.中央分泌系の輸送は,すべて小胞輸送によるものである.すなわち,小胞体の膜がくびれ,輸送すべきタンパク質（カーゴ,積荷とよぶ）をその内部に取込んだ形で膜の出芽と融合を繰返す形で輸送が進む.核輸送と膜透過の場合には,タンパク質の輸送先は,ポリペプチド自体にシグナルとして書き込まれていた.しかし,小胞輸送の場合には,ポリペプチドは小胞の内部に包み込まれているのだから,それ自体に宛先を書いても意味がない.この場合には,小胞の表面に宛先が書かれる.SNAREタンパク質とよばれる膜貫通タンパク質がそれにあたるが,小包の外側に書かれる宛先,あるいはタグのようなものだと思えばよいだろうか.小胞にはV-SNAREという膜タンパク質があり,一方,小胞が輸送される先の細胞小器官にはT-SNAREというタンパク質が待っている.1対のT-SNAREとV-SNAREは特異的な結合をし,そのことによって小胞は輸送されるべき相手側の膜を正しく認識するのである.分泌タンパク質の場合,膜透過まではフォールディングのほどけたポリペプチドの状態であり,行き先はポリペプチドにシグナル配列として書き込まれているが,いったん小胞体内腔へ入ってフォールディングしてからは,それ以降の小胞輸送ではフォールドしたままの状態で輸送される.

　以上,3種類のどれかの輸送方式によって,合成されたタンパク質は目的とする細胞小器官に輸送され,タンパク質はその本来機能する場で正しい機能を発揮することになる.

2・8　タンパク質の分解

　タンパク質は正しくつくられ,フォールディングし,本来機能すべき場に正しく輸送されることが必須であるが,一方でタンパク質については,合成されるだけでなく,**分解**されることも同様に重要なことである.従来,分解は,不要なものを除去するためのもの,デッドエンドとしてあまり注目を集めなかったが,現在では適正なタイミングでタンパク質が分解されることが,細胞機能およびその生存にとって必須のプロセスであることが認識され,タンパク質分解の生物学が大きく発展することになった.

　従来,細胞内のタンパク質分解は,もっぱらリソソームでの分解がおもなものとして取上げられてきたが,サイトゾル内の巨大な分解機械プロテアソームの発見によって,この二つの分解様式のいずれもが重要な役割をもっていることが明らかになった.

　本来,分解はきわめて危険なプロセスである.せっかくつくったタンパク質を間

違って分解してしまっては,エネルギーの無駄であるだけでなく細胞の生存をも脅かしかねない.したがって分解に際しては,細心の注意を払って分解すべき基質を認識する必要がある.**プロテアソーム分解系**においては,**ユビキチン**という低分子タンパク質を基質タンパク質に共有結合させ,しかもそれを鎖状に伸ばすことによって,ポリユビキチン鎖をもったタンパク質だけを分解するという手段を用いている.つまり分解すべきタンパク質に分解のためのタグをつけるのである.このポリユビキチン鎖は,プロテアソーム中のユビキチンを認識する分子によって認識され,分解へまわされる.

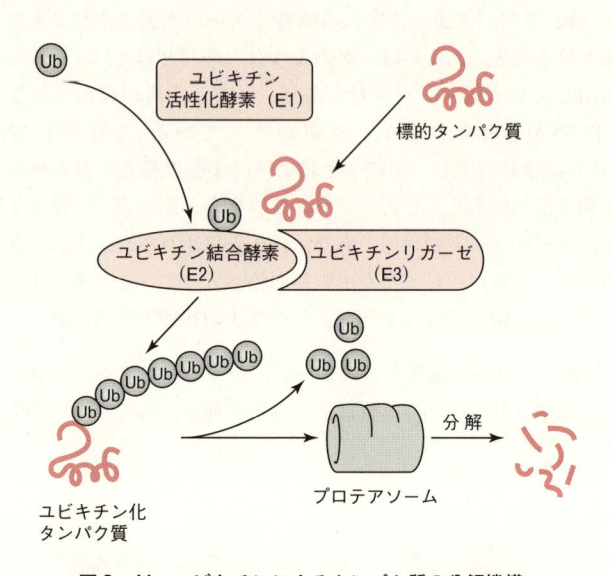

図 2・11 ユビキチンによるタンパク質の分解機構

ユビキチンを基質に結合させるために,主として3種類の酵素が関与している.ユビキチンを活性化する E1 酵素,ユビキチンを基質に結合させるための E2 酵素,そしてユビキチン-E2 酵素複合体に基質をリクルートしてくるための E3 酵素(ユビキチンリガーゼ)がそれである.ユビキチンを1個結合させるたびに,E1,E2,E3 酵素がそれぞれ継起的に作用する必要があり,しかもユビキチンは1個付いただけでは分解のシグナルにならない.少なくとも4個以上ユビキチンの結合したタンパク質だけがプロテアソームによって認識され,分解されると考えられている.無駄な分解を防ぐための安全装置である(図 2・11).

一方で**リソソーム**は膜で囲まれた細胞小器官であり,この中には多くの種類の**プロテアソーム**が詰まっている.リソソーム中のプロテアソームは,最適 pH を酸性

領域にもっており，リソームの内部も pH は酸性に保たれている．膜上に存在する H^+-ATP アーゼによって，H^+ がサイトゾルからリソーム内腔に運び込まれ，そのことによって内腔側が酸性に保たれるのである．これは細胞にとっては大きな安全装置である．たとえ何らかの事故によってリソーム膜が破れて，プロテアーゼが漏れ出したとしても，サイトゾルの中性 pH 下ではそれらの分解酵素は働きえないからである．

ユビキチン-プロテアソーム系による分解の場合は，分解すべき基質に一つひとつタグをつけて分解の目印としたが，リソームによる分解の場合は，基質を直接見分けて分解するのではなく，基質を分解酵素の詰まったリソーム内腔に取込むことによって，その内部で分解が行われる．どのように基質がリソームに運び込まれるかを簡単に図示したものが図 2・12 である．

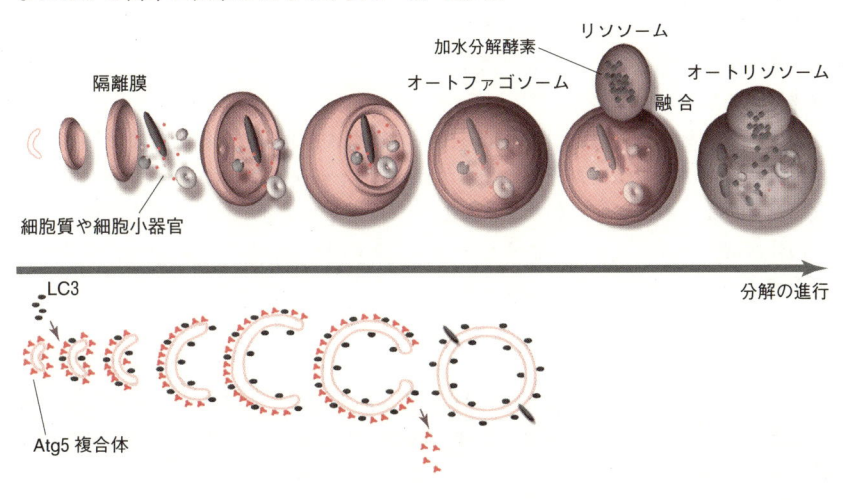

図 2・12 オートファジーによるタンパク質の分解 細胞質や細胞小器官は，隔離膜によって包み込まれ，オートファゴソームを形成する．オートファゴソームがリソームと融合することによって，中に閉じ込められたタンパク質などは，リソーム酵素で分解される．隔離膜に Atg5 複合体が結合することで，LC3 が膜にリクルートされ，膜の伸長が起こる．(T. Yoshimori, *Biochem. Biophys. Res. Commun.*, **313**, 458 (2004) より)

まずサイトゾルに**隔離膜**とよばれる扁平な膜ができ，これが成長してサイトゾル内の他のタンパク質，凝集体，あるいはミトコンドリアなどの他の細胞小器官を包み込む．その膜が融合し，1 μm 程度の**オートファゴソーム**とよばれる二重膜構造をつくる．この膜がリソーム膜と融合することで，オートファゴソームに取込んだ内容物をリソーム酵素によって分解するのである．このような分解形式を**オートファジー**とよぶ．

オートファジーの機構については，隔離膜の起源など，まだ十分明らかになったとは言いがたいが，わが国の大隅良典がその分子機構に関して先駆的な研究を行った（第1章参照）ことなどから，この分野の研究はわが国の研究者が先導的な役割を担っている．特に，隔離膜の形成，伸長，融合などに関わる *Atg* 遺伝子群のほぼすべて（と言ってもいいだろう）が大隅らによって遺伝学的に明らかにされた．それらは，まったく別の分解形式であるユビキチン化に関わる分子群と驚くほどよく似た基本的なメカニズムによってオートファジーをひき起こしている．

オートファジーは，もともと栄養飢餓などに際して，自己の細胞内のタンパク質を分解することによって，アミノ酸プールを増やし，栄養を得るために誘導される分解機構と考えられてきたが，近年の研究からは，常に一定の割合で生じているタンパク質の凝集体を除去するための構成的なオートファジーなども明らかにされている．オートファジーを担う遺伝子の一つをノックアウトすると，神経変性疾患に似た病態を惹起することからも，構成的なオートファジーの細胞機能維持における重要性が指摘されている．

このように細胞内では，ユビキチン-プロテアソーム系による個々のタンパク質に厳密に分解タグをつけて分解にまわす機構と，一定の領域にあるタンパク質や細胞小器官をまとめて隔離膜の中に隔離し，バルクとして分解してしまう機構の，二つの分解機構が併存しているようだ．タンパク質分解が，いかに細胞の恒常性維持に必須のプロセスかを物語っているといってもよいだろう．

2・9 おわりに

初めに述べたように，細胞内に 22,000 種類ある遺伝子．修飾やプロセシングすることによっておよそ 7 万種類といわれるまでに多様性を増大しているタンパク質．それら多くの種類のタンパク質は，まことに多様な機能と役割をもっている．ここはそれら個々のタンパク質の機能を述べる場ではないが，すべてのタンパク質に共通の，誕生から死までのドラマを述べてきた．これはまさに"タンパク質の一生"というにふさわしい，どのタンパク質にも共通のイベントである．これら共通の時間軸のなかで，個々のタンパク質はその機能を発揮し，細胞の生存の基盤を形成しているのである．

3

代謝調節と代謝病

3・1 代謝の基礎
3・1・1 代謝と酵素

 生物が生きていくために細胞内で行う生化学的過程を**代謝**(metabolism)とよぶ．代謝は，必要な生体物質を生み出すための**物質代謝**と，細胞活動のエネルギーを獲得するための**エネルギー代謝**とに，大きく分けられる．

 代謝を担うのは，生体触媒である**酵素**(enzyme)である．酵素は触媒する反応がそれぞれ決まっており，細胞はさまざまな酵素を介して複数の化学反応が合理的に進むよう，精巧な調節機構をもっている．その結果，はじめて合理的な代謝活動が可能となるのである．

 酵素の活性は，基質の濃度，温度，pH といった要素の影響を受けるが，これらに加えて**補因子**が規定する場合もある．共役因子とよばれるタンパク質や，**補酵素** (coenzyme)とよばれるタンパク質以外の有機化合物が，酵素と協調的に作用することが多い．また亜鉛イオンなどの**金属イオン**が電子の受け渡しの手助けとなることが知られている．補酵素や金属イオンは生体内で合成することができない．前者は前駆体であるビタミンとして摂取する必要があり，後者は微量元素とよばれ，やはり外部から摂取しなければならない．

3・1・2 エネルギー通貨

 細胞における代謝は多くの場合，エネルギーの産生ないし消費を伴う．この際のエネルギーは，**ATP**(アデノシン三リン酸)という物質の形でやり取りされる．ATP は，核酸であるアデニン，五炭糖であるリボース，それに 3 個のリン酸から成る (図 3・1)．負に帯電しているリン酸基同士は本来反発し合うが，これらが結合することで高エネルギー結合を形成している．ATP はアデノシン二リン酸(ADP)とリン酸に加水分解される際に，30.5 kJ mol^{-1} ($7.3 \text{ kcal mol}^{-1}$) のエネルギーを産生することが知られているが，細胞内のような非標準状態では約 50 kJ mol^{-1} ($12.3 \text{ kcal mol}^{-1}$) のエネルギーを産生すると考えられている．

 細胞は栄養素の分解によって得られたエネルギーを ATP 分子の形で保存し，逆に ATP 分子を加水分解することでエネルギーを利用する．細胞内のほぼすべての

エネルギーのやり取りは ATP を介しており，この意味で ATP は生体内の**エネルギー通貨**とよばれている（コラム 2）．

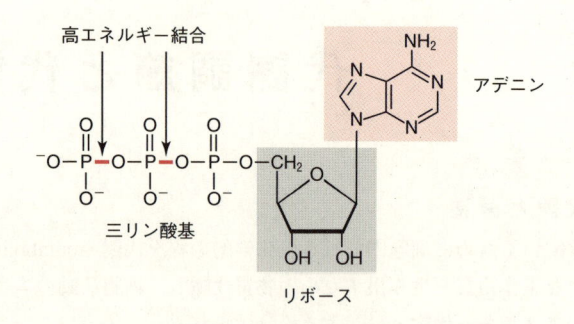

図 3・1　ATP の構造

これに関連して，高エネルギー電子を保存することで酸化還元反応の際に利用される分子として，補酵素の **NAD$^+$**（ニコチンアミドアデニンジヌクレオチド），および **FAD**（フラビンアデニンジヌクレオチド）があげられる．NAD$^+$ と FAD はそれぞれ 2 分子の電子を受取ると，還元型の NADH および FADH$_2$ となる．細胞はエネルギーを ATP の形で保存する一方，還元力を NADH や FADH$_2$ の形で保存している，ということができる．

3・2　栄養素の異化経路
3・2・1　糖類の異化
多糖類である炭水化物は，加水分解によってその構成成分である種々の単糖とな

コラム 2　　ATP ではなく ATA ?

炭素，水素，窒素，酸素，硫黄，リンの 6 元素は生物に必須であり，一方，ヒ素は，化学的性質がリンと類似するがゆえに生物にとって有害とするのが生物学の常識であった．ところがヒ素を多く含む地層から見つかった特殊な細菌 GFAJ-1 は，リンが欠乏しヒ素が豊富な環境で培養すると，リンの代わりにヒ素を利用して生命活動を行うことがわかり，生物の概念を覆す発見として注目を浴びた．この細菌は，リンの代わりにヒ素を核酸に取込んでおり，エネルギー通貨としてATP ではなく AT'A'（adenosine tri'arsenate'）を用いているのかもしれない．

り，単糖同士の相互変換や，単糖から糖転移反応による多糖類への再合成がなされる．ここでまず，単糖の**異化**によりエネルギーを取出すための代謝経路について述べたい．

a. 解糖系　単糖のなかでも，**グルコース**（glucose）を利用した**解糖系**は，あらゆる生物がエネルギー産生のために利用することのできる代謝系である．解糖系の反応の場は細胞質であり，1分子のグルコースを2分子のピルビン酸に分解する過程で2分子のATPを産生することができる．

グルコースは6炭素から成るが，**GLUT**（glucose transporter，グルコース輸送体）によって細胞内に取込まれると，まず準備反応としてATP2分子を利用して6炭糖ビスリン酸に変換される（図3・2）．**ヘキソキナーゼ**は，その最初のステップである，グルコースから**G6P**（グルコース6-リン酸）への変換を担う酵素として重要である．

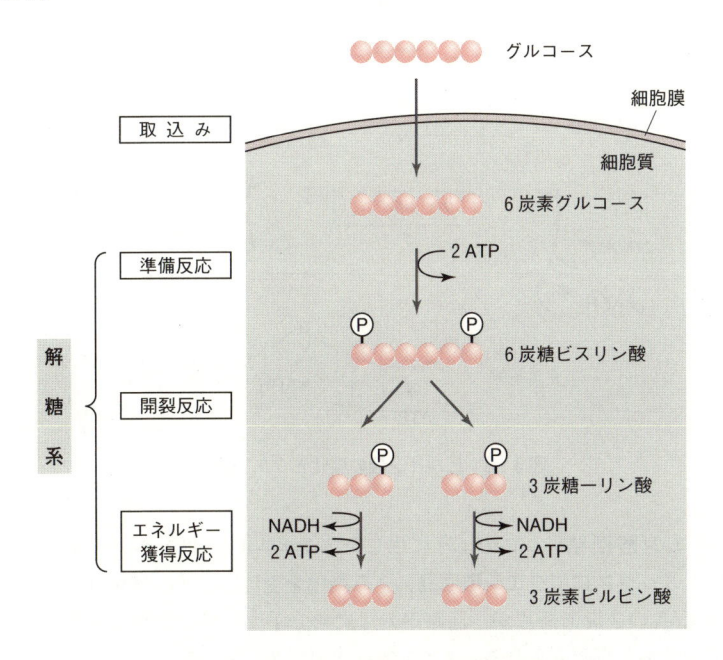

図3・2　グルコースの取込みと解糖系経路

つぎに開裂反応として，6炭糖ビスリン酸1分子が3炭糖一リン酸2分子に分解される．最後にエネルギー獲得反応として，3炭糖一リン酸2分子がそれぞれ3炭素の**ピルビン酸**に変換され，それぞれATP2分子を生成する．この過程でNAD$^+$による酸化を受け，還元型のNADH2分子も生成する．

b. ピルビン酸の酸化　真核生物は好気性条件において，解糖系によって生成されたピルビン酸のさらなる酸化を行う．この反応をつかさどるのが，細胞小器官である**ミトコンドリア**（mitochondria）である（§1・6・2参照）．ピルビン酸は酸化を受け，CO_2 1分子を放出しながら，2炭素のアセチル基が**補酵素A（CoA）**と結合した**アセチルCoA**となる．この際にNADH 1分子を生成する（図3・3）．

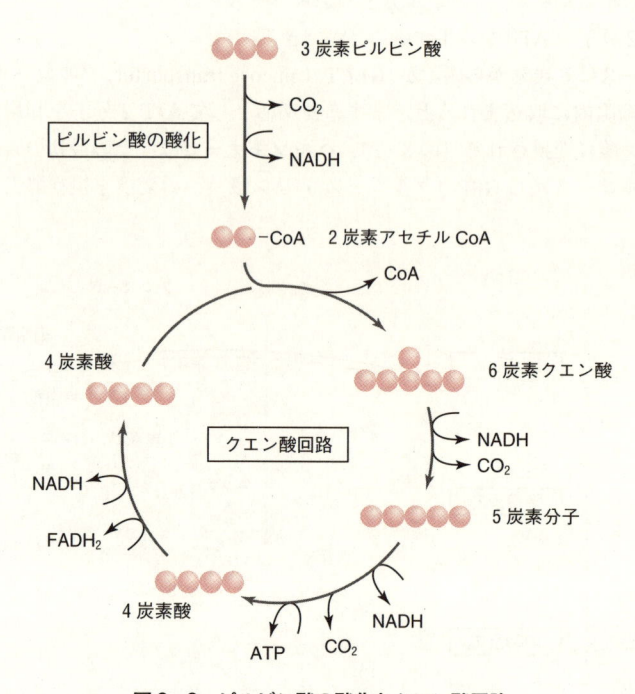

図3・3　ピルビン酸の酸化とクエン酸回路

c. クエン酸回路　このように生じたアセチルCoAは，さらにミトコンドリアのマトリックスにて**クエン酸回路**による酸化を受ける．その準備段階として，アセチルCoAの2炭素断片が，回路内の4炭素分子オキサロ酢酸に移転し，6炭素の**クエン酸**へと再配列される．クエン酸はNAD^+やFADによる酸化を受けながら，4炭素分子のコハク酸，ついでオキサロ酢酸に変換され，この過程で1分子のATPと，3分子のNADH，1分子の$FADH_2$が生成する（図3・3）．

d. 電子伝達系　電子伝達系はミトコンドリアの内膜に存在する一連の膜結合タンパク質から成り，NADHおよび$FADH_2$から高エネルギー電子を回収し，最終的に酸素に渡して水を生成する系である（図3・4）．この系はNADHと$FADH_2$

から回収した電子のエネルギーを利用して，水素イオンをミトコンドリア外へ排出しながら，最終的に酸素から水を生成する．あわせて，ミトコンドリア外で水素イオンの濃度が上昇することによって，ミトコンドリア膜をはさんで電気化学的ポテンシャルの勾配が形成される．これによって水素イオンがミトコンドリア内へ流入する際に，ATP 合成酵素によって ATP が産生されるのである．NADH 1 分子からは ATP 3 分子が，$FADH_2$ 1 分子からは ATP 2 分子が生成する．

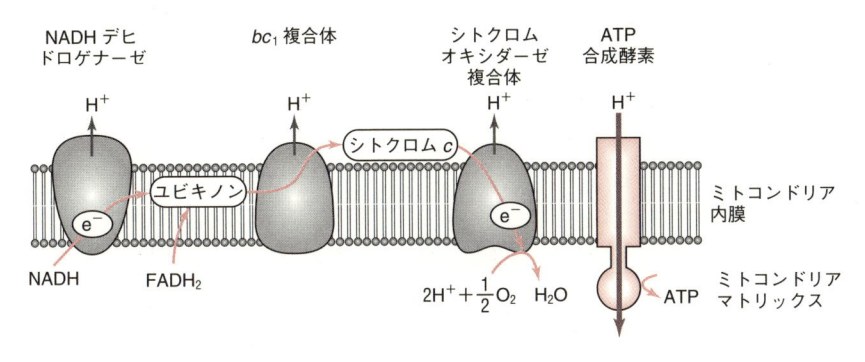

図 3・4 電子伝達系

e. 好気呼吸による ATP 産生 このような真核生物の好気呼吸では，理論上はグルコース 1 分子から 36 分子の ATP が産生される計算となる（図 3・5）．この計算を行うにあたり，解糖系で生成した NADH 1 分子は，細胞質からミトコンドリア内へ輸送される際に ATP 1 分子を消費することに留意されたい．実際には，ミトコンドリアからの水素イオンの漏れなどのため，産生される ATP は 30 分子程度と考えられている．

1 mol のグルコースの化学結合は，$2870\,\mathrm{kJ\,mol^{-1}}$（$686\,\mathrm{kcal\,mol^{-1}}$）であるが，解糖系の反応によって得られるのは ATP 2 mol に相当するエネルギー，すなわち 15 kcal 程度と計算できる．これに対して好気呼吸では，ATP 30 mol，すなわち利用可能なエネルギーの約 1/3 にあたる 225 kcal が取出せることになる．通常の内燃機関で取出せるのは，利用可能なエネルギーの 1/4 程度といわれており，好気呼吸は非常に効率のよい系ということができる．

3・2・2 タンパク質の異化

タンパク質は加水分解によってその構成成分である種々のアミノ酸となり，その一方でアミノ酸からリボソームによってタンパク質を合成する経路も存在する．

アミノ酸もグルコースと同様にエネルギー源として利用される．アミノ酸にはさ

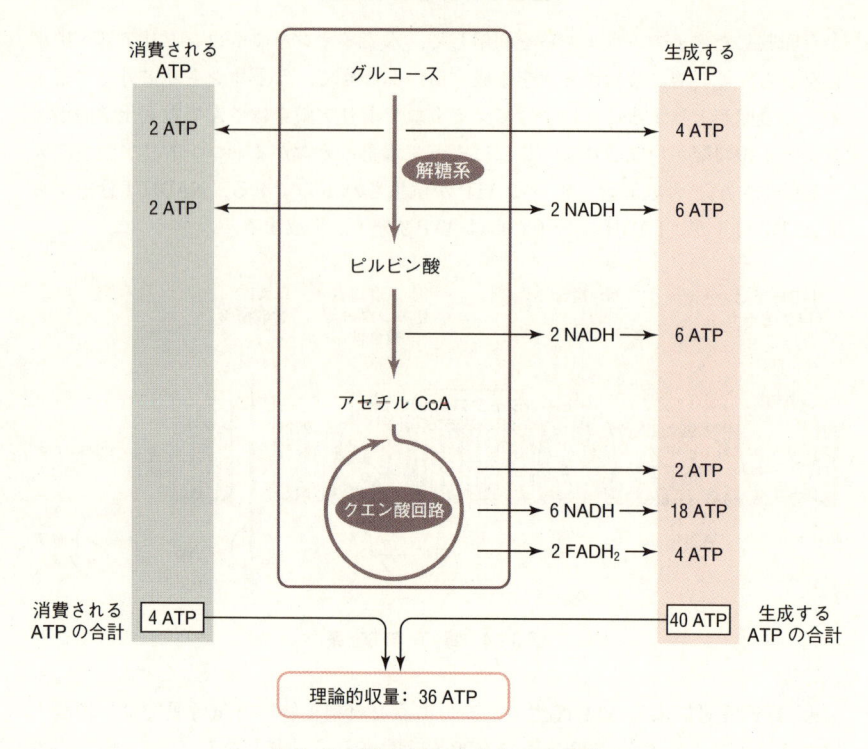

```
消費される                                              生成する
  ATP                グルコース                          ATP

  2 ATP  ←─────────                    ─────────→  4 ATP
                       ↓ 解糖系
  2 ATP  ←─────────         ────→ 2 NADH ────→  6 ATP
                       ↓
                     ピルビン酸
                       ↓
                              ────→ 2 NADH ────→  6 ATP
                       ↓
                    アセチル CoA
                       ↓
                   ┌─────────┐         ────────────→  2 ATP
                   │クエン酸回路│  ────→ 6 NADH ────→  18 ATP
                   └─────────┘   ────→ 2 FADH₂ ────→  4 ATP

消費される   4 ATP                           40 ATP   生成する
ATP の合計                                             ATP の合計
              ↓                          ↓
            理論的収量: 36 ATP
```

図 3・5　好気呼吸における ATP 生成

まざまな種類があるが，いずれも脱アミノとよばれる過程を経て，種々の側鎖を除かれた炭素鎖となる（図 3・6）．たとえばアラニンはピルビン酸に変換されてアセチル CoA となり，また，アスパラギン酸はオキサロ酢酸へと変換されて直接クエン酸回路に入る．いずれもグルコースのときと同様の代謝を受けながら，ATP が産生される．

3・2・3　脂肪の異化

　脂肪は加水分解によって脂肪酸となり，伸長反応や不飽和結合の導入などの修飾を受ける．その一方で，脂肪酸からアシル基転移反応によって脂肪を合成する経路も存在する．

　脂肪酸もミトコンドリアのマトリックスで β 酸化を受け，エネルギー源として利用される．脂肪酸は CH_2 が多数結合した構造をとるが，その末端から 2 炭素ずつが除かれ，アセチル CoA を産生するのが β 酸化の過程である（図 3・6）．詳細は

割愛するが，1回のβ酸化では準備段階で1分子のATPを必要とする一方，FADH$_2$，NADH，アセチルCoAが1分子ずつ生成する．正味30分子のATPを産生する6炭素グルコースと同様に計算すると，6炭素脂肪酸の場合は，2回のβ酸化によって3分子のアセチルCoAが生成し，正味36分子のATPを産生する結果となる．

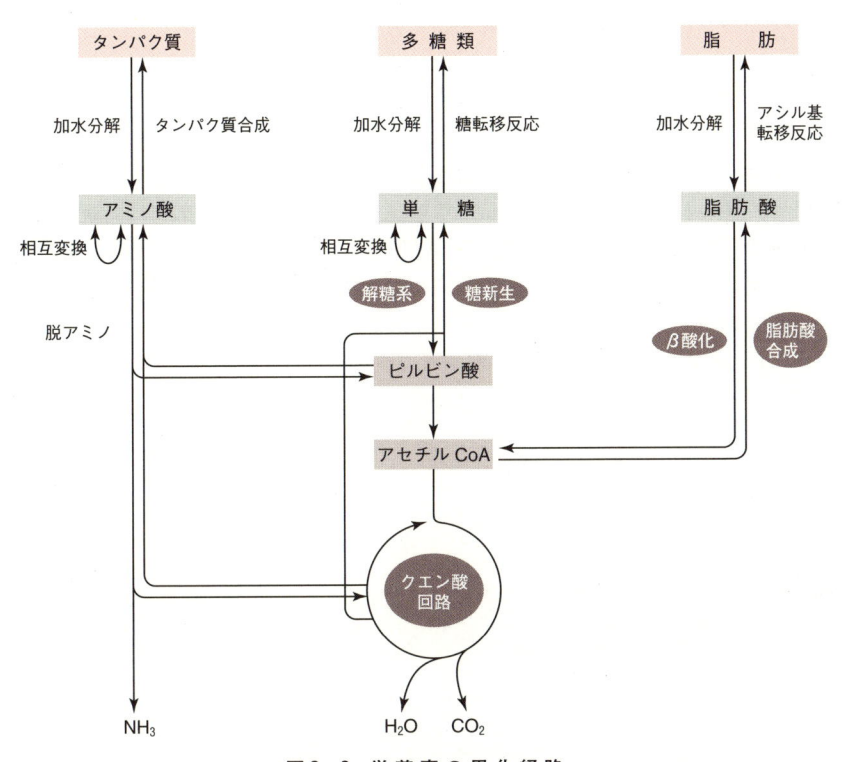

図3・6 栄養素の異化経路

6炭素グルコース $C_6H_{12}O_6$ の分子量が180であるのに対し，6炭素脂肪酸 $C_6H_{12}O_2$ の分子量は116と，グルコースの約2/3である．同重量の脂肪酸から生成するエネルギーは，グルコースの2倍近くに及ぶことからも，脂肪酸がエネルギー貯蔵に適した分子であることが理解できよう．

3・2・4 酸素非存在下での発酵

解糖系は§3・2・1で述べたように，ATPとともに，NADHとピルビン酸を産

生する．NADHがNAD$^+$に再生される過程で放出された水素原子が，ピルビン酸またはその代謝物に付加される過程を**発酵**とよぶ．

酵母においては，解糖系でグルコースから生じたNADHを用い，ピルビン酸由来のアセトアルデヒドからエタノールを生成する．これが**エタノール発酵**である．また動物，特に筋細胞では，同様にグルコースから生じたNADHを用い，ピルビン酸から乳酸を生成する．これが**乳酸発酵**である．いずれもATPの産生はないが，ここで産生されたNAD$^+$が再び解糖系にて利用されることになる．

3・3　栄養素の代謝とインスリン作用

3・3・1　インスリンシグナル

このような栄養素の代謝は種々の精巧な調節を受けている．なかでも中心的な役割を果たすのが**インスリン**（insulin）である．インスリンは，一般には血糖を降下させるホルモンとして知られるが，その生理的作用はグルコースの取込み促進，グリコーゲンの合成促進，糖新生の抑制にとどまらず，タンパク質合成の促進，脂肪酸分解の抑制，さらには細胞増殖の促進に至るまで，多岐にわたる．

a. インスリン受容体　　インスリンをリガンドとして認識する受容体がインス

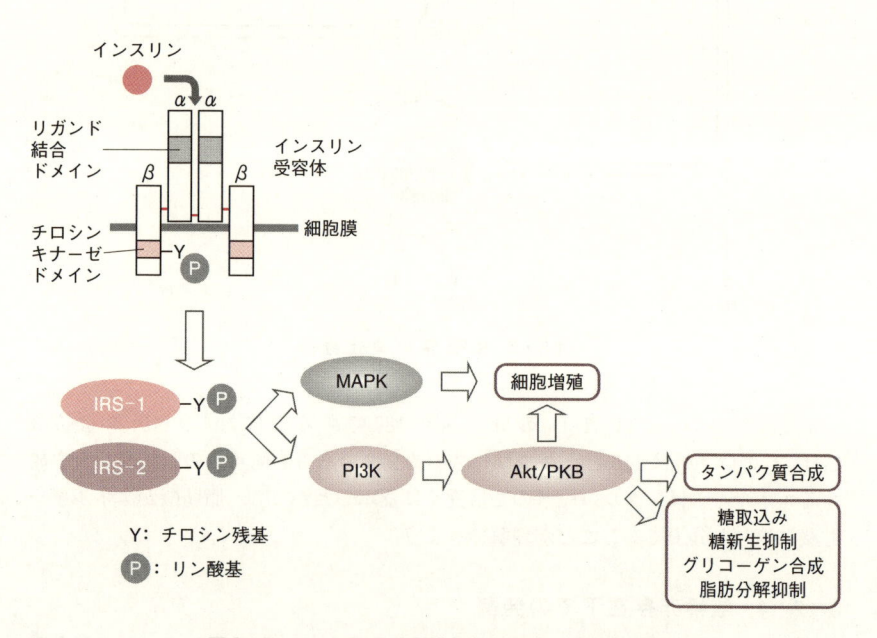

図3・7　インスリン受容体とその下流シグナル伝達

リン受容体 (insulin receptor) である．インスリン受容体は，αサブユニットとβサブユニットから成るヘテロ四量体で（図3・7），種々の組織に広く発現する膜受容体である．

インスリンの結合部位は細胞外のαサブユニットにあり，インスリンとの結合によりβサブユニットのチロシン残基がリン酸化を受けて活性化する．βサブユニットはチロシンキナーゼ活性をもち，その基質である**インスリン受容体基質**（IRS; insulin receptor substrate）のチロシン残基をリン酸化して活性化させる．IRSには四つのアイソフォームがあるが，おもにIRS-1とIRS-2が重要な役割を果たしている．

b. インスリン受容体の下流シグナル　IRSはさらに，PI3K（ホスファチジルイノシトール3-キナーゼ）とMAPK（mitogen-activated protein kinase）を活性化する．前者によって合成されるPIP_3（ホスファチジルイノシトール3,4,5-トリスリン酸）は，代表的な細胞内セカンドメッセンジャーであり，その代表的な下流シグナル伝達物質としてAkt/PKB（protein kinase B）があげられる．PI3KとAkt/PKBを介する経路はおもにインスリンの代謝作用に関与するのに対し，MAPK経路はおもに細胞増殖作用に関与する．

3・3・2　糖類の代謝とインスリン

細胞には糖類を異化してエネルギーを取出すだけでなく，**同化**によって細胞内に蓄える働きもあり，生体の恒常性維持のためには両者のバランスがきわめて重要である．

a. グルコース取込みとグリコーゲン合成　グリコーゲンは単糖が多数結合した，糖類の貯蔵に適した構造をとる多糖類である．生体は絶食や飢餓に備え，摂取した糖類のうち過剰な分をグリコーゲンとして貯蔵する．

グリコーゲン合成経路の最初の2ステップ，すなわちグルコースを細胞内に取込み，ついでG6Pへと変換する反応までは，§3・2・1aで述べた解糖系と同じである．グルコースの取込みを担うのが，先述のGLUTである．GLUTの9種類のアイソフォームのうち，GLUT4は骨格筋や脂肪細胞に多く発現し，通常は細胞内に貯蔵されているが，インスリンシグナルによって細胞膜表面へトランスロケーションする性質をもっている．

細胞内に取込まれたグルコースは，ヘキソキナーゼによってG6Pへと変換される（図3・8）．ヘキソキナーゼの4種類のアイソフォームのうち，肝臓と膵β細胞に分布するアイソザイムはグルコキナーゼとよばれるが，その発現はインスリンによって転写レベルで誘導される．

G6Pはさらに，G1P（グルコース1-リン酸），ウリジン二リン酸-グルコース

を経て，最終的にはグリコーゲン合成酵素によって，グリコーゲン末端へ転移される．グリコーゲン合成酵素はインスリンによって活性化される．

逆にグリコーゲンの分解には，グリコーゲン末端のグルコースをG1Pに変換するグリコーゲンホスホリラーゼが重要であるが，インスリンはその活性化を抑制する．さらに肝臓では，G6PをグルコースにするG6Pアーゼ（グルコース-6-ホスファターゼ）が重要であるが，インスリンはその発現を転写レベルで抑制する．

```
合成経路                                  分解経路
              ┌─────────────┐
              │  グルコース   │
              └─────────────┘
ヘキソキナーゼ   ↓         ↑   グルコース-6-ホスファ
(グルコキナーゼ)                ターゼ (G6Pアーゼ)
              ┌─────────────┐
              │ グルコース6-リン酸│
              │    (G6P)     │
              └─────────────┘
                 ↓     ↑
              ┌─────────────┐
              │ グルコース1-リン酸│
              │    (G1P)     │
              └─────────────┘
                 ↓     ↑
              ┌─────────────┐
              │ ウリジン二リン  │     グリコーゲン
              │ 酸-グルコース   │ ← ホスホリラーゼ
              └─────────────┘
グリコーゲン     ↓
合成酵素       
              ┌─────────────┐
              │  グリコーゲン  │
              └─────────────┘
```

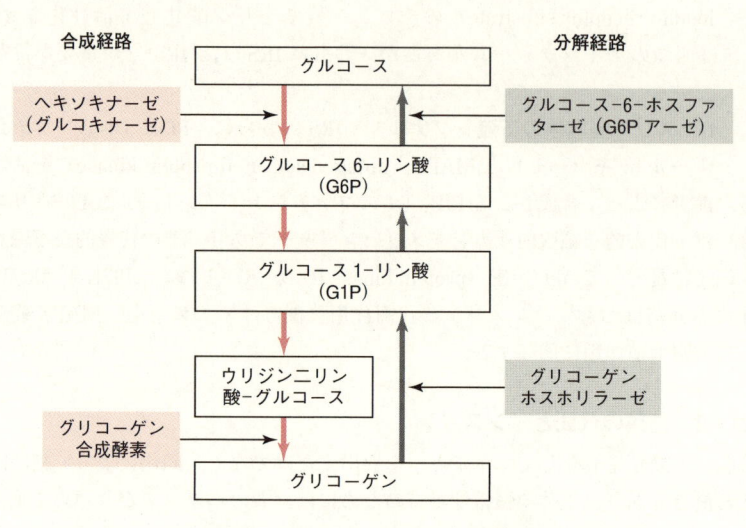

図3・8　グリコーゲン合成・分解経路

このようにインスリンは，合成を促すとともに分解を抑えることで，グリコーゲンの貯蔵量を増やす作用がある．その一方で，インスリンには解糖系の基質を増加させる作用はあるものの，解糖系自体を正，あるいは負に調節する作用はほとんどないと考えられている．

b．糖新生　　肝臓には，絶食や飢餓状態下でも全身にグルコースを供給するため，新たにグルコースを合成する**糖新生**経路も存在する．基質としては，アラニンをはじめとするアミノ酸，乳酸，遊離脂肪酸，ピルビン酸など多岐にわたる．この経路は基本的には解糖系の逆であるが，ピルビン酸は直接糖新生に向かうわけではない．他の多くの基質と同様にいったんクエン酸回路に入って4炭素のマレイン酸に変換されてから，ホスホエノールピルビン酸，フルクトース1,6-ビスリン酸，さらにG6Pを経て，最終的にグルコースとなる（図3・9）．この系において重要な酵素は，**PEPCK**（ホスホエノールピルビン酸カルボキシキナーゼ）と最終ステップでG6PをグルコースにするG6Pアーゼである．インスリンはG6Pアーゼと

ともに，PEPCK の発現も転写レベルで抑制する．

このようにしてインスリンは，糖取込みとグリコーゲン合成を促すとともに，糖新生を抑制することで，血中のグルコース濃度，すなわち血糖を低下させるのである．

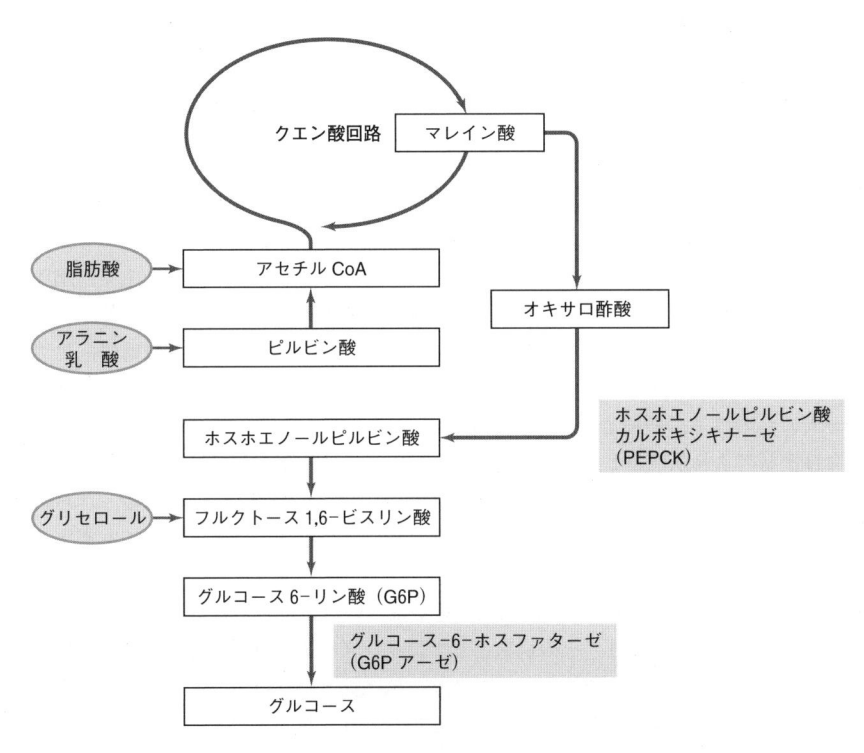

図3・9 糖新生経路

3・3・3 タンパク質の代謝とインスリン

タンパク質合成には，mRNA の転写，翻訳，アミノ酸の取込みといった段階があるが，インスリンはおもに翻訳開始機構に作用し，タンパク質合成を促進する．具体的には，**eIF**（eukaryotic initiation factor）-2, eIF-4E, eIF-4E 結合タンパク質，40S リボソームタンパク質 S6 などの分子が，その標的と考えられている．

3・3・4 脂質の代謝とインスリン

肝臓や脂肪組織などでは，糖質などの供給が過剰になった場合に脂肪酸を合成し，エネルギーの貯蔵を図る．アセチル CoA を出発物質に，高等動物は2炭素ずつ脂

肪酸鎖を延長する酵素や，特定の位置に不飽和結合を導入する酵素などをもっている．これら脂肪酸合成に関わる酵素をおもに調節しているのが，転写因子の **SREBP1c** (sterol regulatory element binding protein 1c) である．インスリンは SREBP1c の発現を誘導し，脂肪酸合成を促進することが知られている．

一方，脂肪酸の分解，すなわち β 酸化を担う酵素は，転写因子 **Foxa2** (forkhead box A2) による制御を受けるが，インスリンは Foxa2 の活性化を抑制する．すなわちインスリンは，脂肪酸合成を促すとともに，その分解を抑制するのである．

3・3・5 インスリン作用と糖尿病

インスリン作用が不足し，慢性の高血糖を主徴とする代謝性疾患群が**糖尿病**である．代表的な代謝病ともよぶべき糖尿病には，どのような課題があるのだろうか．

a. わが国の糖尿病の現状　糖尿病は，高血糖による昏睡，種々の感染，網膜症による失明，腎症による透析導入，心筋梗塞，脳卒中など，多様かつ重篤な合併症を伴う．わが国でも糖尿病は増加の一途をたどっており，2007 年の糖尿病患者は 890 万人，その疑いが強い，いわゆる予備軍は 1320 万人と推計され，合計 2210 万人にものぼる．各種治療は進歩しているにもかかわらず，糖尿病患者の平均寿命は健常者より依然として短く，その差は 10 年間にもなるとの報告もある．また高齢化社会において，患者の生活の質（QOL）の低下や健康寿命の短縮，さらには医療経済の側面からも，糖尿病治療のあり方は社会全体の問題といっても過言ではない．

b. 肥満・糖尿病の病態　糖尿病の多くは，いわゆる生活習慣病の範疇に含められる 2 型糖尿病であり，その病態としては**インスリン分泌低下**と**インスリン抵抗性**の両者があげられる．このうちインスリン抵抗性とは，血中のインスリン濃度が保たれているにもかかわらず，その作用が損なわれた状態を指す．日本人を含むアジア人は，インスリン分泌が低下しやすい遺伝背景をもっていると考えられるが，そこへ環境因子に伴うインスリン抵抗性の要素が加わったことが，近年の糖尿病の急増に大きく寄与している．すなわち，運動量の低下と脂質をはじめとする過剰なエネルギー摂取に代表される生活習慣の現代化が，**肥満**とインスリン抵抗性，ひいては糖尿病発症の大きな要因である．

肥満・糖尿病の病態では，余剰なエネルギーを脂質の形で過剰に取込んだ脂肪組織で**炎症**が生じ，炎症性サイトカインや遊離脂肪酸といった，いわゆる悪玉アディポカインが血中に分泌される（図 3・10）．炎症性サイトカインは肝臓にて，JNK (c-Jun N-terminal kinase) などのセリンキナーゼを介して，IRS タンパク質のセリン残基をリン酸化する．セリンリン酸化を受けた IRS は，立体構造変化のためにチロシンリン酸化を受けにくくなる．また血中遊離脂肪酸の上昇も肝臓での中性脂肪の

蓄積を招き，これも同様の機序でIRSのセリンリン酸化を促進し，インスリンシグナルを負に調節する．一方で，後述するようにアディポネクチンをはじめとする善玉アディポカインの分泌は低下しており，これらがインスリン抵抗性の一つの機序であると考えられている．

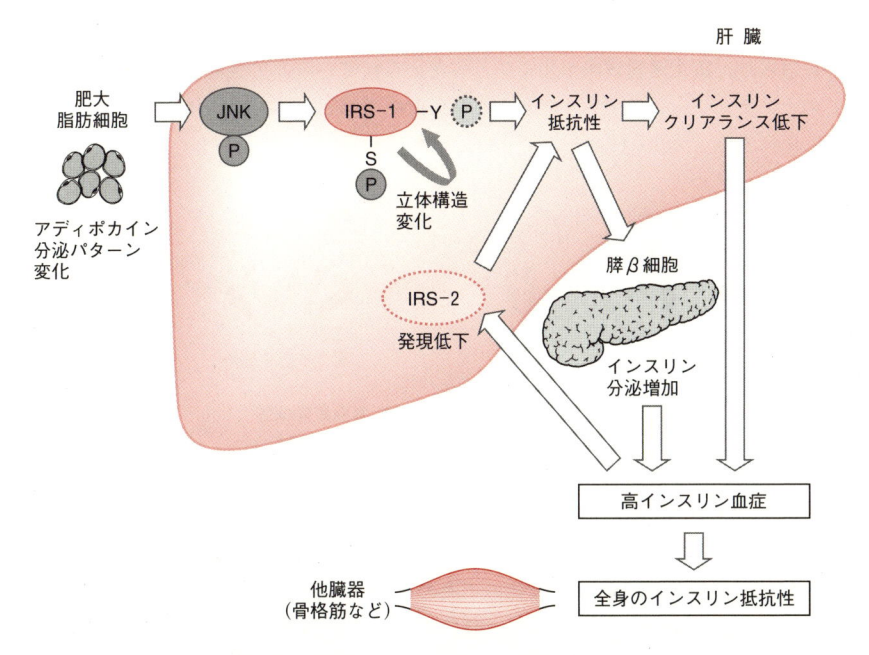

図3・10 肥満・糖尿病の病態におけるインスリン抵抗性 Y：チロシン残基，S：セリン残基

　肝臓でインスリン作用が低下すると，代償的に膵β細胞からのインスリン分泌が増加するだけでなく，肝臓でのインスリンクリアランスの低下も相まって高インスリン血症が生じる．高インスリン血症の持続は，転写レベルでIRS-2の発現を抑制し，インスリン抵抗性を増悪させる．特に肝臓でのIRS-2の発現低下はインスリンシグナルのさらなる減弱とインスリンクリアランスのさらなる低下をもたらす．結果として，インスリン抵抗性に拍車がかかり，高インスリン血症を増悪させるが，高インスリン血症は肝臓だけでなく，骨格筋をはじめとする他のインスリン標的臓器においても，インスリンのシグナル伝達を障害する．すなわち，肝臓を中心とした悪循環が，他臓器にも波及し，全身のインスリン抵抗性を惹起するのである．

3・4 栄養素の代謝とアディポネクチン作用
3・4・1 アディポネクチンシグナル

インスリンとともに全身の代謝調節に重要な役割を果たすホルモンとして，近年注目を集めているのが**アディポネクチン**（adiponectin）である．アディポネクチンは脂肪組織から分泌されるホルモンで，糖取込みの促進，糖新生の抑制や，脂肪酸燃焼の促進，脂肪酸合成の抑制，といった作用のほか，抗炎症作用や抗動脈硬化作用も知られ，**抗生活習慣病ホルモン**とも考えられている．アディポネクチンは球状ドメインとコラーゲンドメインから成り，血中では三量体，六量体，高分子量多量体で存在する（図3・11）．

三量体　　六量体　　　高分子量多量体

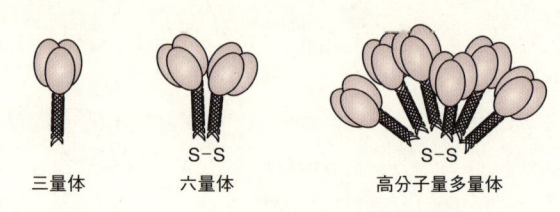

図3・11　アディポネクチンの多量体構造

アディポネクチンをリガンドとして認識する受容体がAdipoR（adiponectin receptor）でありAdipoR1とAdipoR2の2種が近年クローニングされた（コラム3）．AdipoR1が骨格筋をはじめ多くの組織に発現するのに対し，AdipoR2は肝臓に多く発現する．アディポネクチン受容体の下流のシグナル伝達については，まず肝臓で詳細に解析され，AdipoR1がAMPK（AMP kinase）を活性化する一方，AdipoR2はPPARα（peroxisome proliferator-activated receptor α）を活性化することが明らかとなった．ついで骨格筋において，AdipoR1がAMPKとともにCaMKK（calcium-calmodulin-dependent protein kinase kinase）を活性化することが示された．

コラム3　アディポネクチン受容体の発見

AdipoR1は，アディポネクチンとの特異的結合を指標に，骨格筋のcDNAライブラリーからクローニングされた．ついで哺乳類において高い相同性をもつ分子として，AdipoR2がクローニングされた．

両者は7回膜貫通型の構造をとるGタンパク質共役型受容体と予想されたが，既知の同型受容体と正反対で，アミノ末端が細胞内，カルボキシ末端が細胞外にあることが判明した．AdipoR1とAdipoR2は新規の受容体ファミリーを形成する可能性が考えられ，その機能解析は非常に興味深い．

3・4・2　糖脂質代謝に及ぼすアディポネクチン作用

　AMPK は細胞内の ATP/AMP 比の低下によって活性化される，代謝や細胞ストレス応答において重要な役割を果たすキナーゼである．AdipoR1 は AMPK の活性化を介して，肝臓では PEPCK や G6P アーゼの発現を抑制することで糖新生を抑制する（図3・12）．また SREBP1c を抑制することで脂肪酸合成を低下させるとともに，脂肪酸燃焼を促し中性脂肪含量を減少させる方向に作用する（コラム4）．

　一方，骨格筋においては（図3・13），AdipoR1 は AMPK と CaMKK の下流に，ミトコンドリアの生合成に関わる PGC1α（PPARγ coactivator 1α）があることがわかった．ミトコンドリアは前述のとおり，エネルギー代謝を考えるうえできわめて重要な細胞小器官である．AdipoR1 は細胞内 Ca^{2+} を上昇させ，CaMKK およびその下流の CaMK（calcium-calmodulin-dependent protein kinase）を介して，PGC1α の発現を転写レベルで誘導する．また細胞内 AMP の上昇を受けて AMPK が CaMKK と LKB1（liver kinase B1）によって活性化し，一部は直接に，また一部は寿命遺伝子としても知られる SIRT1 の活性化を介して，PGC1α をリン酸化するとともに脱アセチル化して活性化する．この双方の機序により，ミトコンドリアの生合成のほか酸化ストレスの軽減や持久力に富むⅠ型筋線維の増加をひき起こす．

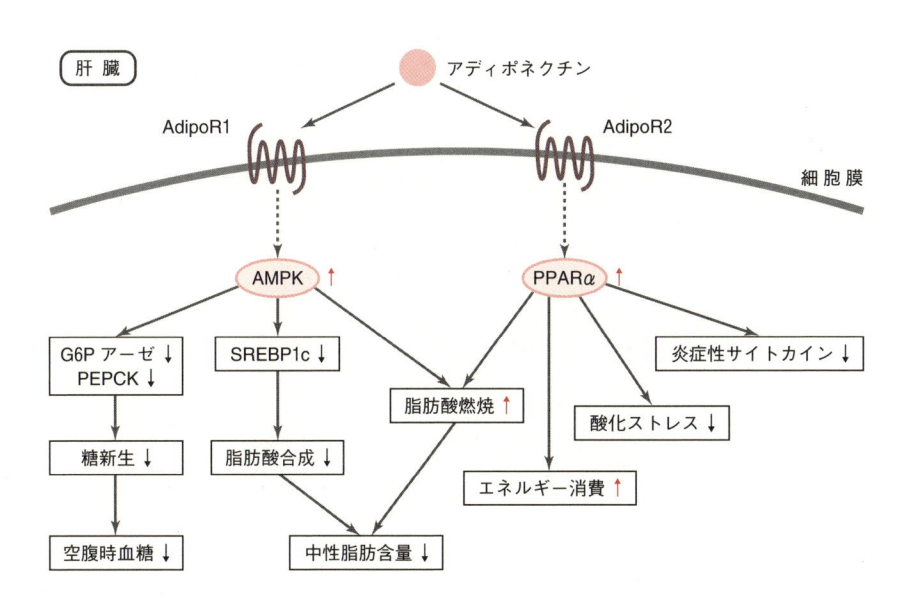

図3・12　肝臓におけるアディポネクチンシグナル

一方 PPAR α は，脂肪酸代謝において中心的な役割を果たす転写因子である．AdipoR2 は PPAR α の活性化を介して，脂肪酸燃焼を促進する．これに加えて PPAR α 作用としては，エネルギー消費の亢進，酸化ストレスの改善，炎症性サイトカインの低下なども知られている（図 3・12）．

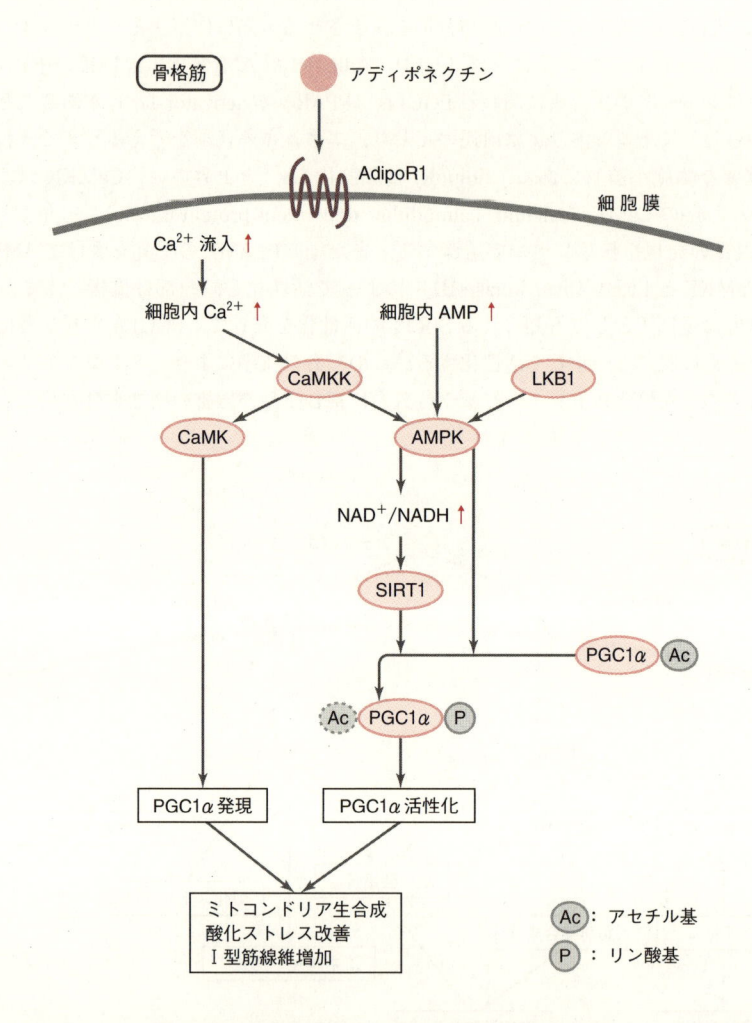

図 3・13　骨格筋におけるアディポネクチンシグナル

3・4・3 アディポネクチン作用と糖尿病

ヒトにおいて，肥満・糖尿病の病態では，**低アディポネクチン血症**を認めることが知られている．アディポネクチンの低下により，糖新生の抑制が減弱するだけでなく，肝臓などに過度の脂肪酸が蓄積し，インスリン抵抗性の原因となっている．さらに低アディポネクチン血症は，高血圧，脂質異常症，冠動脈疾患との関連も指摘されている．これに加えて肥満・糖尿病では，AdipoR の発現も低下している可能性が示唆されている．

アディポネクチンの補充ないしアディポネクチン作用の増強は，ヒトの肥満・糖尿病に対しても有効な治療戦略である可能性がある．

コラム 4　倹約分子としてのアディポネクチン

インスリンは中枢に働き，食欲を抑制する作用もある．一方アディポネクチンはインスリン感受性を亢進させることから，インスリンと同様に食欲を抑制すると予想されたが，実際には逆に食欲を亢進させることが明らかとなった．

このことからアディポネクチンは元来，糖やエネルギーを倹約するための分子だったという仮説が提唱されている．すなわち飢餓状態において，アディポネクチンは食欲を増加させるとともに，肝臓や脂肪組織での脂肪酸利用を増やし，脳に対してその主要エネルギー源であるグルコースを効率的に供給するのに役立つ，というものである．アディポネクチンの役割は長い生命の歴史のなかで，飢餓状態における倹約分子から過栄養状態における抗生活習慣病ホルモンへと変わりつつあるのかもしれない．

3・5　糖尿病研究における進歩と課題

3・5・1　これまでの進歩

これまでの糖尿病研究は，科学の最先端を切り拓いてきた．糖尿病関連の研究に対して，これまでに 4 回ものノーベル賞が贈られている．すなわち，インスリンの発見，インスリンのアミノ酸構造の解明，インスリンの X 線解析による分子構造の決定，ならびにラジオイムノアッセイによるインスリンの定量である．

実際の臨床においても，糖尿病の治療薬の発展は目覚ましく，最近 100 年足らずの間に，インスリン自体を補充するインスリン製剤，インスリン分泌促進薬，インスリン抵抗性改善薬，ならびに腸管からの糖質吸収を遅延させる薬剤や，腸管から分泌されるインクレチンというホルモンの関連薬などが，つぎつぎと開発・臨床応用されてきた．現在もさらに新たな機序の薬剤の開発が続けられている．

糖尿病や糖脂質代謝に関する基礎的な研究も日進月歩で進んでおり，筆者らの研究グループは，特にインスリンシグナルとアディポネクチンシグナルに着目し，多くの成果を発表してきた．インスリンシグナルがβ細胞の機能や増殖，あるいは肝臓での糖脂質代謝において果たす役割，アジア人の糖尿病の遺伝的背景，脂肪組織の分化・肥大化の調節機構，さらにはアディポネクチンの糖脂質代謝に及ぼす作用の解明，AdipoR のクローニングとその機能解析などを精力的に進めてきた．

3・5・2 これからの課題

しかしながら依然として，糖尿病治療は十分とは言い難い．不十分な血糖コントロール状況にある患者の割合は依然高く，合併症の頻度も低いとは言い難いのが実状で，実際前述のとおり，平均寿命も改善されていない．糖尿病治療の基本は食事療法と運動療法であるが，両者を遵守できない患者は多く，遵守できたとしても精神的負担を抱える例も少なくない．

その理由の一つは，糖尿病に関して依然未知の部分が多いから，ということになろう．どのような遺伝的背景がインスリンの分泌低下の原因か？　肥満でインスリン抵抗性が惹起される機序の全容は？　食欲調節の改善や運動効果の模倣にはどのシグナル経路を修飾するのが最も効果的か？　AdipoR の立体構造やシグナル伝達機構はどのようになっているのか？　このような根源的な問いに対する満足な答えは，未だに得られていない．

逆にこれらの課題が解決できれば，有効で副作用の少ない画期的な糖尿病治療や，個々の患者の体質に応じた医療の提供に直結する可能性がある．

このように，糖尿病を含む代謝の領域は，これからも発展を続けるとともに新たな発見が臨床応用にすぐに結び付きうる分野といえるであろう．さらなる研究の発展が，基礎と臨床の両面から強く求められている．

4 遺伝子とゲノム

4・1 はじめに

　研究者は国際学会や共同研究などで外国へ行くことが多い．外国を旅行すると自分たちとずいぶん違った人に出会う．髪の毛，眼の色，皮膚の色，体型，さらには考え方，行動様式…．同じ人間なのによくここまで違うものだと思うことも多い．無論いろいろな要因がある．"氏か育ちか（nature or nurture）"，本書風に言えば，"遺伝か環境か" ということになる．**遺伝子**と**ゲノム**の研究は生命の基本的なメカニズムを明らかにしてきたが，今や生命の多様性の研究に広がってきた．この間の状況を概説する（図 4・1）．

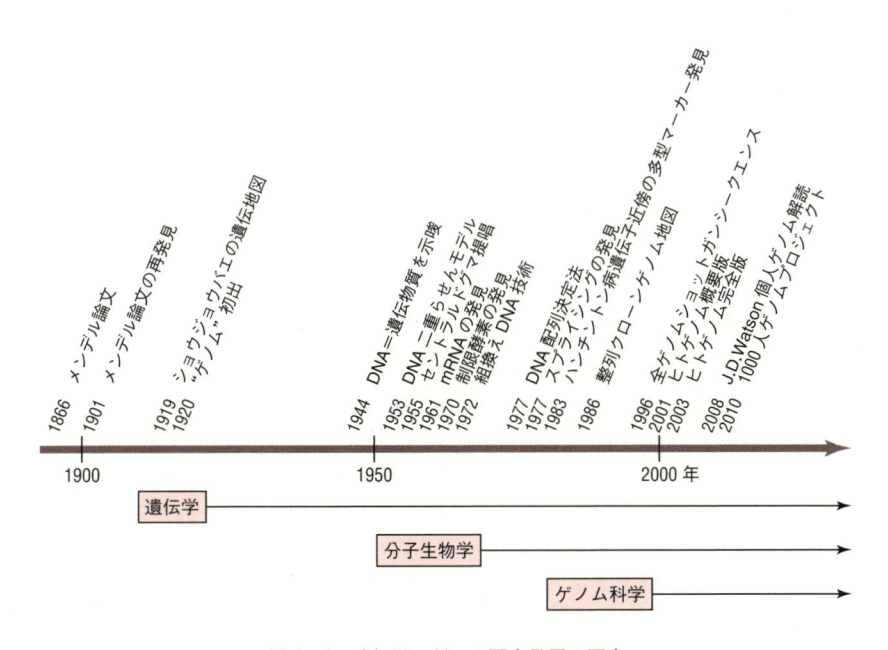

図 4・1　遺伝子・ゲノム研究発展の歴史

- 1866 メンデル論文
- 1901 メンデル論文の再発見
- 1919 ショウジョウバエの遺伝地図
- 1920 "ゲノム"初出
- 1944 DNA＝遺伝物質を示唆
- 1953 DNA 二重らせんモデル
- 1955 セントラルドグマ提唱
- 1961 mRNA の発見
- 1970 制限酵素の発見
- 1972 組換え DNA 技術
- 1977 DNA 配列決定法
- 1977 スプライシングの発見
- 1983 ハンチントン病遺伝子近傍の多型マーカー発見
- 1986 整列クローン病遺伝子地図
- 1996 全ゲノムショットガン・シークエンス
- 2001 ヒトゲノム概要版
- 2003 ヒトゲノム完全版
- 2008 J.D.Watson 個人ゲノム解読
- 2010 1000 人ゲノムプロジェクト

- 遺伝学
- 分子生物学
- ゲノム科学

4・2 遺伝子とは

人間を含めて，生き物はすべて親から生まれる．正確にいえば両親の配偶子（卵子と精子）からである．これらは親の細胞であり，無からは生まれることはない．片親だけから生まれる無性生殖もあるし，最近ではiPS細胞（第10章参照）はこの壁を破ったが，細胞から生まれることには違いがない．そして子は親に似る．カエルの子はカエル，トンビはタカを産まないが，ときどき優れた子ができることもある．先祖返りや隔世遺伝という現象もみられるが，昔から，人々はこれらのことから何かが伝わっていることを感じていた．

特に作物化や家畜化などの育種の場では"伝わっているもの"が活用された．今日われわれが食べているものはほとんどが育種によるものである．たとえば，ムギの祖先種では実がなるとバラバラと落ちてしまう．風や動物とともにできるだけ遠くへ広がるための自然の知恵であるが，人々にとっては拾い集めるしかなかった．しかし，たまたま実が落ちにくい株が見つかることがある．そういうもの同士を掛け合わせてより実が落ちにくいものを探していくと，ついには実がついたまま刈り取ることができるようになる．同様にして実が大きくなるものや，おいしいものの選抜も行われてきた．こうして農業が発展してきた．

このような次世代に伝わる性質を**遺伝形質**とか**表現型**とよぶ．表現型には赤か白か，大きい小さいといった二者択一のものもあれば，赤から白へ，大から小へ，中間もあるという量的変化のものもある．表現型についての法則を明らかにしたのがG. J. Mendelの実験である（図4・2）．教科書にもあるとおり，Mendelはエンドウマメの丸型としわ型という表現型の系統を交雑すると丸型になるが（**優劣の法則**），その結果の丸型同士を掛け合わせると3：1の比率で再びしわ型が現れてくること（**分離の法則**）を示した（図4・2a, b）．さらにマメの形と色という別の表現型は独立に挙動することを示した（**独立の法則**，図4・2c）．この結果は当初は顧みられず，30年後にH. De Vriesによって再発見されたことは有名な話である．そして，表現型の変化を突然変異と名づけ，その原因となるものを"**遺伝子**（gene）"としたのである（当初はpangeneとよばれた）．しかし，その実体は長らく明らかでなかった．

4・3 遺伝地図と染色体

その後，ショウジョウバエを使って遺伝学を大発展させたのがT. H. Morganである．遺伝学では掛合わせて次世代を得ることが不可欠である．それまではMendelに象徴されるように植物を用いることが主であったが，これでは年に何度も次世代を得ることはできない．スペースも必要である．ショウジョウバエは小さく，実験室で大量に飼育できる．卵が親になってつぎの卵を産むまでの世代時間は10日程度と短い．X線を用いた人為的突然変異体の分離も容易である．元祖モデ

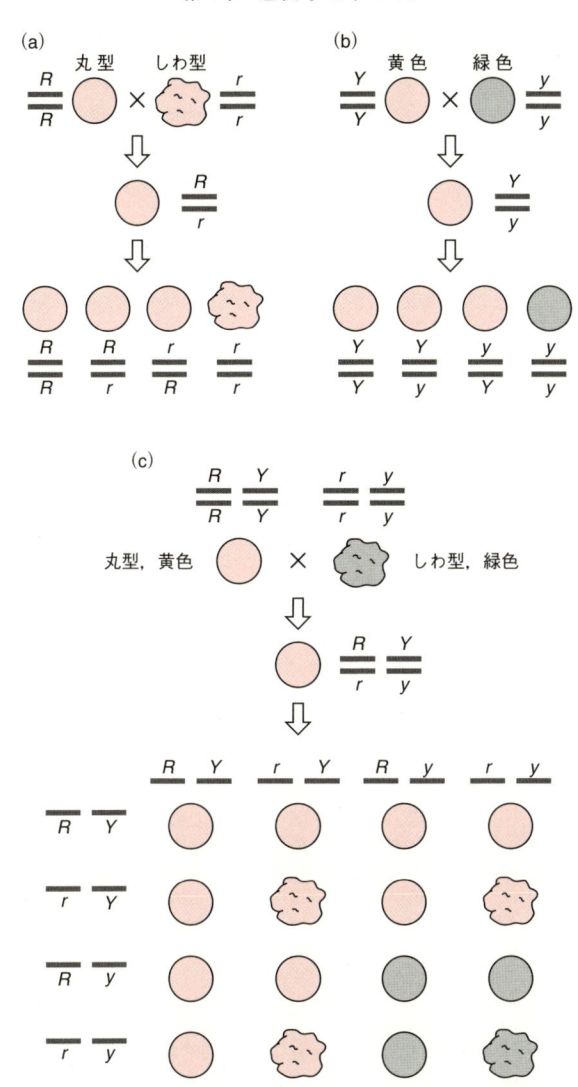

図4・2 メンデルの法則 (a), (b) メンデルの優劣・分離の法則. 1種類の形質((a)は丸型○としわ型◎, (b)は黄色○と緑色○)の掛合わせ実験でそれぞれ丸型, 黄色が"優性", しわ型, 緑色が"劣性"になる. 優性の遺伝子 (R, Y) は染色体の片方にあれば形質を現し, 劣性の遺伝子 (r, y) は両方になければ形質が現れない. (c) 独立の法則. 2種類の形質の掛合わせ実験において, 2種類の遺伝子が異なる染色体にある場合には, 各形質は独立に遺伝する.

ル生物である．染色体が3本（およびごく小さい1本）であること，さらに唾液腺では多数の染色体が束になった多糸染色体が光学顕微鏡で直接観察できることも大きな意味をもっていた．このころまでには，いろいろな生物で並行して細胞や染色体の研究が進み，配偶子をつくる減数分裂や常染色体，性染色体が明らかにされていたのである．

(a) 二つの遺伝子が同じ染色体にのっている場合

(b) 染色体間で交差が起こった場合

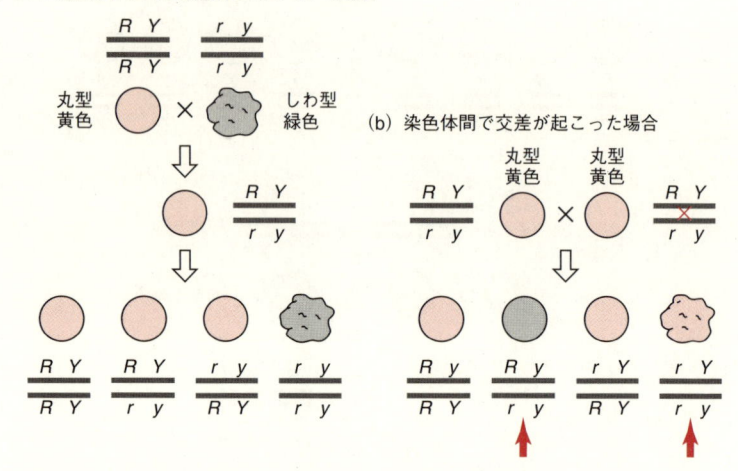

図4・3　メンデルの法則から遺伝地図へ　複数の形質の掛合わせ実験において，当該遺伝子が同じ染色体にのっている場合には，(a)に示すように同一の挙動（連鎖）を示す．遺伝子の連関を調べることで染色体ごとに分類することができ，これを連鎖群とよぶ．同じ染色体にのっている場合でも，(b)に示すように配偶子形成の際に染色体組換えを起こすことがある．この結果，赤い矢印で示すような連鎖が崩れた形質を示す．この頻度は二つの遺伝子間の組換え頻度に相関し，これは遺伝子間の距離に相関することから，遺伝子の順番を決めることができる．これが遺伝地図である．（図4・2と同じ遺伝子名を使ったが単純化のためであり仮想である．）

　メンデルの独立の法則が成り立つのは遺伝子が別々の染色体にのっている場合である．同じ染色体にのっている場合は掛合わせの際にも一緒に挙動する（**連鎖**という）．しかし，低頻度ではあるが独立に挙動することもある（図4・3）．これは減数分裂時に相同染色体の間で**交差**が起こるためである．二つの遺伝子の交差の頻度はその間の距離が長いほど高くなる．したがって，掛合わせにおいてどの程度一緒に挙動するかは，遺伝子間の距離を反映するのである．もちろん，このころはまだDNAは知られていないし，あくまで仮説に基づいた考えである．Morganらは，多数の突然変異体を分離して，これらの形質を，まず連鎖するかどうかで分類し，

連鎖する形質については掛合わせの際の分離の頻度を調べた．その結果，ショウジョウバエの突然変異形質を三つの連鎖群に分類し，分離の頻度から遺伝子を直線状に並べたのである．これが**遺伝地図**であり，染色体と対応づけられた．1919年のことである．

このころにすでに**ゲノム**という言葉が現れている．"配偶子の染色体セット"という定義で1920年ドイツの H. Winkler による gene＋chromosome からの造語ということだが，1930年に国立遺伝学研究所の第二代所長でもある木原 均によって"生物をその生物たらしめるのに必須な最小限の染色体セット"と再定義されている．"その生物の全遺伝情報"といってもよいだろう．まだ遺伝子の実体すらわかっていない時代であるが，遺伝子が染色体にのっていることは確実になった．

4・4 遺伝子の実体

遺伝子やゲノムと染色体は不可分である．それでは染色体の何が遺伝子なのか？染色体は核酸とタンパク質の複合体であるが，当時は遺伝情報のような複雑なことを担うのはタンパク質だろうと考える人が多かった．核酸は高分子とはいえ，構造的に単純すぎると思われたからである．ここでもたくさんの研究ドラマが展開されたが，答えは**二重らせんの DNA** となった．J. D. Watson と F. C. Crick，1953年である．

DNA は図4・4に示すようにヌクレオチドが鎖状につながった高分子である．ヌクレオチドは五炭糖のデオキシリボースおよび塩基とリン酸から成り，リン酸部分がエステル結合でヌクレオチド間をつないでいる．このときデオキシリボースの $3'$ と $5'$ の位置のヒドロキシ基を介してつながることから，$3'$ から $5'$ といった方向性がある．塩基部分が4種類（アデニン，グアニン，シトシン，チミン）であり，この塩基の部分以外は同じ構造である．重要な点はアデニンとチミン，グアニンとシトシンが特異的に水素結合を形成し，その結果2本の DNA が二重らせん構造になることである．このとき，2本の DNA の $5' \rightarrow 3'$ の向きは互いに逆向きであり，このために DNA は3方向どこからも回転対称（もちろん塩基部分は除く）になる．DNA 二重らせんモデルのもととなったのは DNA 水溶液のX線回折像であるが，二本鎖が逆向きでなかったらうまく配向せず回折像は得られなかったかもしれない．木原が絵皿に残した一首がある．

　　　　おもてうら さかさに見ても 変わらぬは 螺旋の巻きと 縄のよれ方

この構造は生命の基本である遺伝情報複製のメカニズムをもともと内包しているとしか言いようがない．二重らせんを開いて，相補的なヌクレオチドを重合していけば，もとと同じ DNA が2本出来上がる（実際のメカニズムは複雑であるが．

図 4・4　ゲノム・DNA の構造

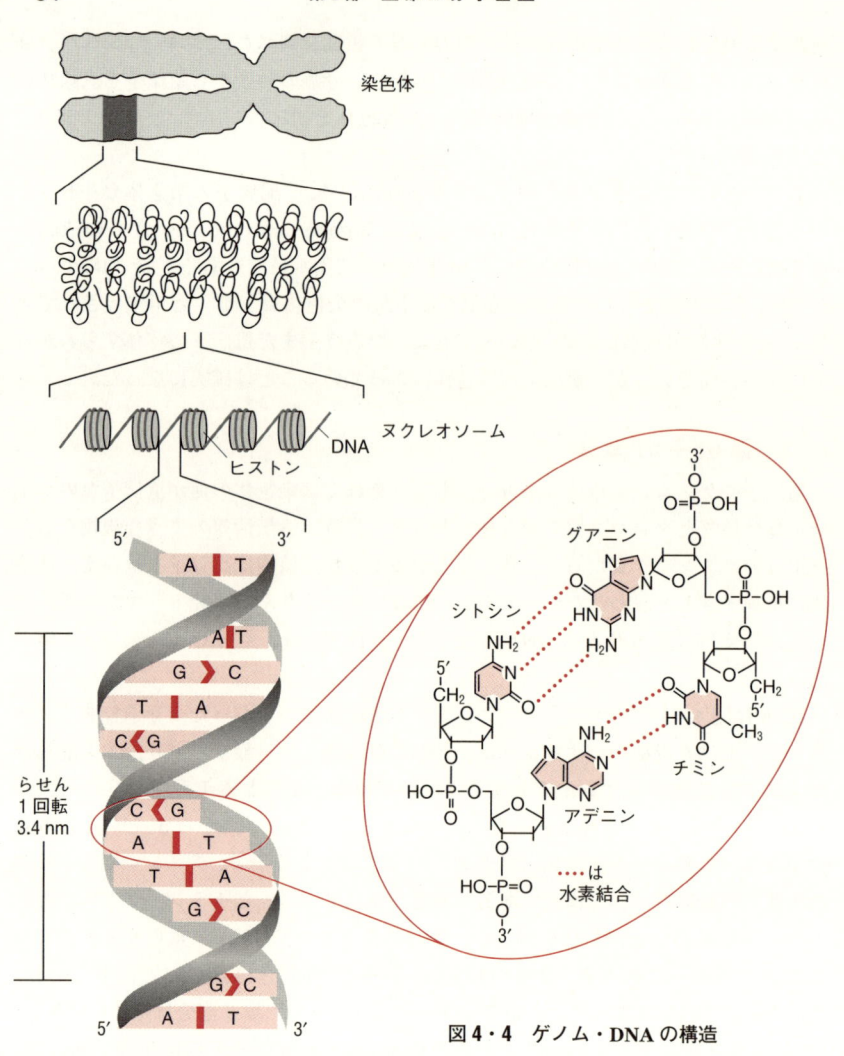

図 4・5).

　では遺伝子情報はどのように組込まれているのだろうか？　これについては大腸菌やファージを用いた分子生物学の黎明期に研究が進み，分子生物学の**セントラルドグマ**として確立した（図 4・5）．すなわち，**DNA** の遺伝子部分はメッセンジャー RNA（**mRNA**）に写し取られ（**転写**），リボソーム上でアミノ酸の連結すなわち**タンパク質**の合成に利用（**翻訳**）される．DNA と違ってリボースの 2′ 位もヒドロキ

第4章 遺伝子とゲノム　65

シ基になっているのが RNA である．mRNA に転写される部分が遺伝子本体であり，そのうちでもタンパク質に翻訳される部分を**コード領域**とよぶ．タンパク質への翻訳は ATCG（mRNA 上ではチミン T の代わりにウラシル U となる）の3文字ごとのアミノ酸変換暗号に基づいて行われる．3文字の最初がずれたら後もずっとずれてタンパク質はめちゃくちゃになる．それを防ぐために開始の暗号が用意されている．また，終わりも必要であり，終止暗号が3種類用意されている．この**遺伝暗号**は地球上の生物共通である*．

遺伝子の調節は転写と翻訳の両方で行われるが，転写開始のシグナルは**プロモーター**配列として遺伝子のすぐ上流に存在する．大腸菌など原核生物では**オペレー**

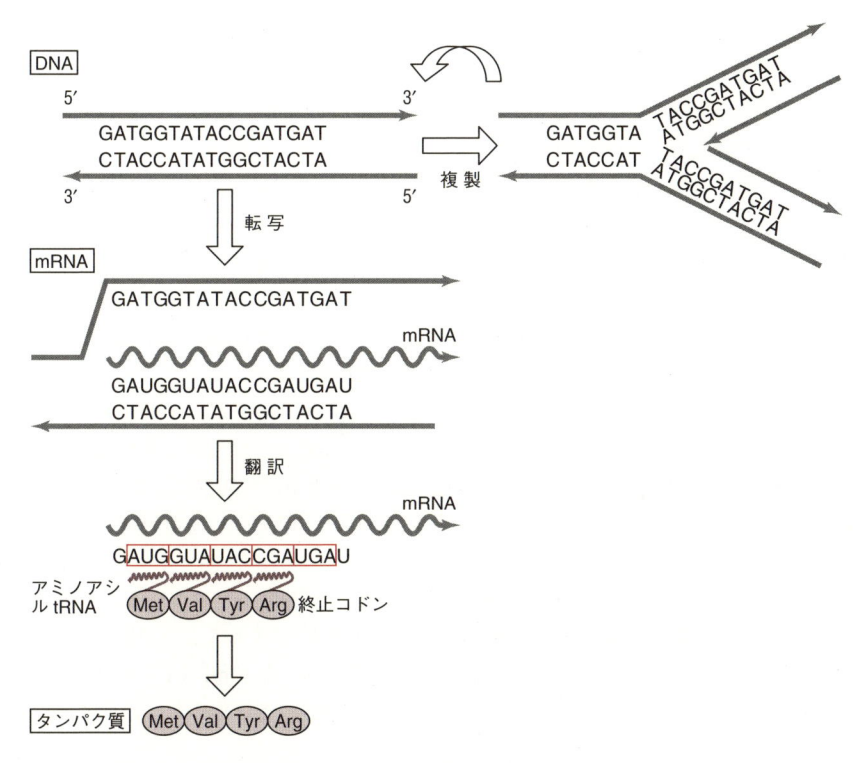

図4・5　分子生物学のセントラルドグマ　DNA は mRNA に転写され遺伝暗号に従ってタンパク質合成（翻訳）が行われ遺伝子が働く．（単純化のためタンパク質は非常に短くしてある．）

＊　一部のミトコンドリアやマイコプラズマなどで遺伝暗号の違う使い方をしている例が見つかっている．

ターという配列があり，ここに結合するタンパク質により転写の程度が制御される．これら調節領域も含めて遺伝子とよぶこともある．以上は1960年代までの状況であるが，あらかた遺伝子とその制御についてはわかったような感じになっていて，大腸菌でわかったことはゾウでも同じなのだから，分子生物学は終わった，といった議論が行われた．しかしDNAの配列決定ができなかったので遺伝子の実像の理解はできていなかった．また，ヒトを含めた真核生物ではいま一つはっきりしないもどかしい状態が続いた．核のRNAを調べると当時hnRNA (heterogenous nuclear RNA) とよばれた長さがはっきりしないRNAが見つかった．染色体の大きさも生物の複雑さと一致しない（両生類や植物でヒトよりもはるかに大きいものが多々ある）．相補的な配列を探すDNA-DNAハイブリダイゼーションという技術を使うと，染色体DNA中には繰返し配列がたくさんあるようだ．しかし，実体解明ができない閉塞状況が続いたのである．

4・5 分子生物学の新技術

これを打ち破ったのが**制限酵素**の発見と**組換えDNA技術**である．染色体は遺伝子に比べるとずっと大きいので，遺伝子を調べるためにはその領域を分離することが必要である．それまではDNAが短いファージを用いて遺伝子の研究が進み，大腸菌の場合は形質導入ファージというファージを言わばベクターにした組換え体が大活躍した．大腸菌DNAの一部を取出すことができたのである．しかし，ヒトをはじめとする真核生物には使えない．そこで制限酵素である．ヒトなどの染色体は扱うには大きすぎるが，制限酵素はDNAの特異的な配列を認識して切断する酵素であり，大腸菌で増殖できるプラスミドやファージDNAとつなぐことにより，ヒトDNAの特定部分を純粋な形で取出すこと（**クローン化**）を可能にしたのである．**染色体クローンライブラリー**が作られ，染色体のあらゆる場所が実験可能な大きさで使えるようになったのである．

さらには，逆転写酵素/cDNA技術の開発，そしてDNAシークエンシング技術である．**逆転写酵素**はmRNAを相補的なDNA (**cDNA**) にすることができる．いったんDNAになれば組換えDNA技術により遺伝子産物であるmRNAをクローン化できるのである．**cDNAクローンライブラリー**がつぎつぎに作られ，遺伝子がクローン化されていった．

4・6 DNAシークエンシング

遺伝子研究を説明する際に，われわれ研究者は"DNAを読む"という言い方をするが，一般の人にはわかりにくいと言われる．"ATGCの並び方を調べるのです"と言うとさらにわからなくなるらしい．確かに結構複雑なことをしているので，お

第4章 遺伝子とゲノム

さらいをしておきたい．図4・6の上部に赤枠で囲んで示したDNAの塩基の並び方を調べるという想定で説明する．実際にやることは以下のとおりである．

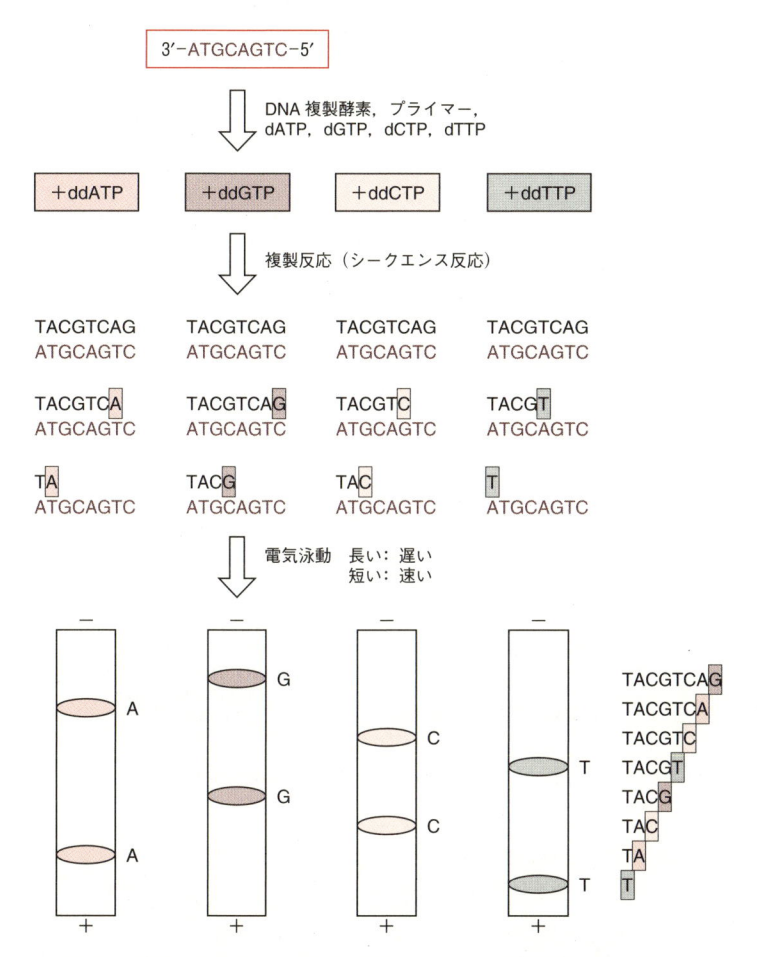

図4・6 DNA配列決定（DNAシークエンシング）の原理　説明は本文参照．単純化のためにすべて短い配列にしてあり，実際の複製反応には開始部位を決めるプライマーが必要であるが省略してある．

1) 調べるべきDNA分子をたくさん用意し，一方の鎖を複製する（複製を始めるためにはプライマーが必要だが図では省略している）．
2) 複製に使用されるとそこで複製が停止するヌクレオチド類似体（ジデオキシ

(a)
```
      ━━━━━━━━━━━━━━━━━━━━━━━━━━━━━━━━━━━━━
        TCAGTGCAGATTTGCTCACGGCGTCCATGAGCTTCGGCTTC          ゲノムDNA
      ━━━━━━━━━━━━━━━━━━━━━━━━━━━━━━━━━━━━━
```
⬇ 断片化（ショットガン）

⬇ 配列決定
⬇ アセンブリー

```
 ━TCAGTGCA                        TCCATGAGCTTCGG
 ━TCAGTGCAGAT                     CATGAGCTTCGGCTTC
   TCAGTGCAGATTTGCTC                    GCTTCGGCTTC━
     GCAGATTTGCTCACGG                     TCGGCTTC━
 ━TCAGTGCAGATTTGCTCACGG           TCCATGAGCTTCGGCTTC━
           コンティグi                    コンティグj
```
⬇ フィニッシング
```
━TCAGTGCAGATTTGCTCACGG  TCCATGAGCTTCGGCTTC━
           TGCTCACGGCGTCCATGAGC
```
⬇
```
━TCAGTGCAGATTTGCTCACGGCGTCCATGAGCTTCGGCTTC━
```

(b)
```
      ━━━━━━━━━━━━━━━━━━━━━━━━━━━━━━━━━━━━━
      ━━━━━━━━━━━━━━━━━━━━━━━━━━━━━━━━━━━━━          ゲノムDNA
      ━━━━━━━━━━━━━━━━━━━━━━━━━━━━━━━━━━━━━
```
⬇ 断片化（ショットガン）

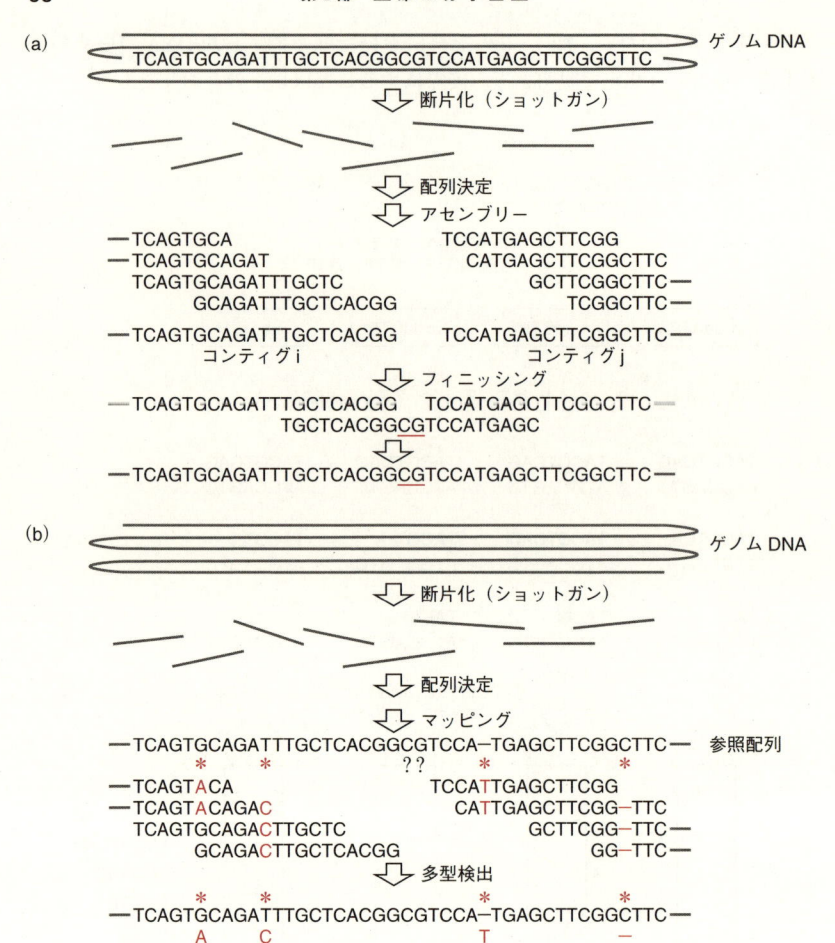

⬇ 配列決定
⬇ マッピング
```
━TCAGTGCAGATTTGCTCACGGCGTCCA━TGAGCTTCGGCTTC━   参照配列
      *  *           ??       *        *
 ━TCAGTACA                       TCCATTGAGCTTCGG
 ━TCAGTACAGAC                    CATTGAGCTTCGG━━TTC
   TCAGTGCAGACTTGCTC                    GCTTCGG━━TTC
     GCAGACTTGCTCACGG                     GG━━TTC
```
⬇ 多型検出
```
      *  *           *        *        *
━TCAGTGCAGATTTGCTCACGGCGTCCA━TGAGCTTCGGCTTC━
      A  C                    T        ━
```

図4・7　新規シークエンシングと再シークエンシング　(a) 新規シークエンシング：ゲノムDNAをシークエンシングに適切な長さにランダムに断片化する．従来の方法では大腸菌を用いてクローン化し，各クローンの端の配列を決定する．出発DNAは多数分子であるので，断片化DNAは互いに重なる部位をもつ．このような重なる配列を探して長くつなげていく（**コンティグ**をつくるという）．クローン化やシークエンスが難しい部位があるので，これだけでは全長はつながらない．コンティグをつなぐクローンを探すなどして配列を完成させる．これを**フィニッシング**とよぶが，最も時間のかかる作業である．(b) 再シークエンシング：断片化と配列決定までは原理は同じである．それを標準系統などの既決定配列（**参照配列**とよぶ）に，ほんの少しの違いを許して置いていく．この作業を**マッピング**という．シークエンスがされにくい部位（？で表示）もありえるが進めていく．既決定配列と異なる塩基（＊で表示，塩基置換，塩基欠失，塩基挿入）はSNPやSNVとして検出されていく．多数の個体について行えば，集団での分布がわかるし，患者群で行えば，原因遺伝子の変異が見つかることがある．

ヌクレオチド)を加えて複製反応を行う．たとえばAの類似体（ddATP）を加えて複製するとA類似体が取込まれた時点（相手はT）で複製は停止する．類似体の濃度を濃くしすぎると最初のAですべて止まってしまうが，適切に調整すると，類似体はDNA分子ごとにまんべんなく取込まれるようにできる．これをATGCの4種類について行う．
3) 複製産物を一本鎖に分けて，ゲル電気泳動にかける．DNAは核酸なのでマイナスに荷電しており，陽極に向かってゲルの網目構造の中を移動する．その際，長いDNAの方がゲルの網目構造の抵抗を受けて移動が遅れるので，長さの順に分かれる．
4) 移動した順番にどの類似体かを調べていくと，複製した順番，すなわち調べるべきDNAの相補配列がわかる．

どの断片が流れてきたかを判別するために，長らく放射性同位元素を用いていたが，その後は類似体に蛍光標識を付けるようになった．さらに4色の蛍光色素を4種のヌクレオチド類似体に割り当てることにより四つの複製反応産物を混ぜて解析できるようになった．また，昔はゲルは平板状の大きなものであったが，キャピラリーの使用に移り，少量化，自動化，高速化，高解像度化が図られてきた．これらの結果，当初は数個の試料を各100塩基程度たどるので精一杯という職人技であったが，キャピラリー使用になって一度に96試料を各1000塩基程度まで読めるようになり自動化が進んだ．大きな遺伝子領域の場合は，**ショットガン法**とよばれる，対象領域を超音波処理などで小さくしてランダムにクローン化し，それぞれを上記の配列決定を行う方法をとる（図4・7）．各配列は少しずつ重なるのでそれを見つけて全体配列を再構成するのである（アセンブルとよぶ）．

4・7 真核生物遺伝子の構造

これら新技術が直ちにもたらした驚きの発見が**エキソン**と**イントロン**である．真核生物の遺伝子は転写されると5′末端にメチルG_{pp}が逆向きに結合したキャップ構造をつくり，3′末端にはポリ(A)鎖が付加されて保護される．その後，イントロン部分が切り取られ，エキソン部分が結合されて（この過程を**スプライシング**とよぶ）成熟mRNAになって核から細胞質に移送される（図4・8a）．1977年にアデノウイルスで最初に見つかり，その後グロビン遺伝子，オボアルブミン遺伝子，免疫グロブリン遺伝子でもスプライシングが見つかった．

エキソン・イントロンの境界の塩基配列を比較するとGT/AGの共通配列が見つかり，その周辺にも保存された配列が見つかった．スプライシングはヒトから酵母まで真核生物に共通してみられる．スプライシングは数十種のタンパク質と低分子

(a) エンハンサー プロモーター エキソン イントロン ゲノムDNA

転写

RNA

スプライシング

キャップ構造 ポリ(A) mRNA
AUG　UAG
5'UTR　コード領域　3'UTR

翻訳

タンパク質

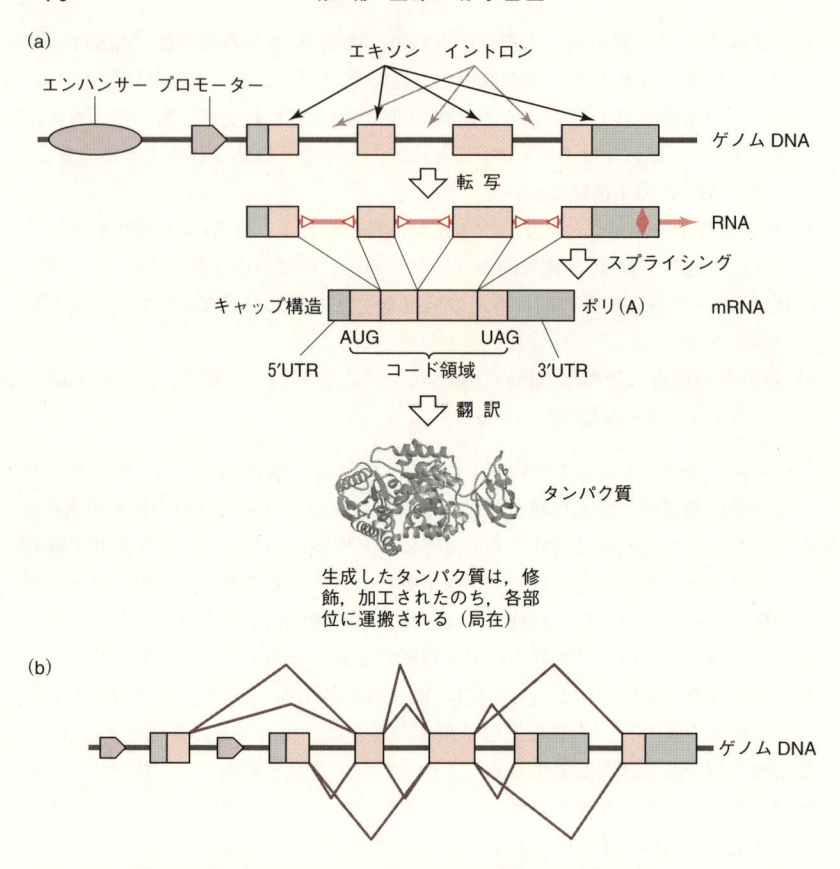

生成したタンパク質は，修飾，加工されたのち，各部位に運搬される（局在）

(b) ゲノムDNA

図4・8　真核生物の遺伝子　(a) 真核生物の遺伝子構造とその発現プロセス．スプライシングシグナル（▷, ◁），ポリ(A)付加シグナル（◆）．(b) 選択的スプライシング．

RNAがつくる複合体（スプライソソーム）によって進むことがわかってきている．さらに，**選択的スプライシング**といって，あるイントロンをスキップしたり，いろいろなパターンのスプライシングが起こることもわかってきた（図4・8b）．スプライシング異常による疾患も見つかっている．なぜこんな面倒なことをするのか，そもそも遺伝子にイントロンが飛び込んだのか，エキソンの寄せ集めで遺伝子になったのか，侃々諤々の議論が行われたがはっきりはしていない．スプライシングのパターンはどのように制御されているのかも，研究は進んでいるが全貌の解明はこれからである．

いずれにせよ，スプライシングのおかげで真核生物は一つの遺伝子領域から複数

のタンパク質を生み出すことができるようになった．また，染色体の転座などにより新たなエキソンの組合わせができることもあり，真核生物の遺伝子は一挙に多様性をもてることになった．ちなみに，性決定に関わる二つの遺伝子が線虫とショウジョウバエで見つかっているが，線虫では二つの遺伝子が用意されているのに対し，進化的に高等なショウジョウバエは一つの遺伝子からスプライシング変動で二つのタンパク質ができる．二つ遺伝子を用意しておいた方が簡単・確実のように思えるが，生物は高度になるにつれ選択的スプライシングの方を好むようである．

　真核生物遺伝子発現制御機構についても多くのことがわかってきた．大腸菌などにみられなかったものの一つは**エンハンサー**である．プロモーターから離れた部位でも転写調節を行うエレメントである．関連してDNAのメチル化やヒストンアセチル化によるクロマチン構造の変化，染色体の核での配置なども重要な役割を果たすことがわかってきており，エピジェネティックな制御機構として研究が発展している（§4・10・5参照）．また，RNA，特にマイクロRNAの役割が続々と研究されているが，これは第5章に譲る．

4・8　ゲノム解析へ
4・8・1　ヒトゲノムの解読

　1980年代の中ごろ，**ヒトゲノム解読**の必要性が言われ始めた．ヒト染色体DNAの全塩基配列決定を行い，エキソン・イントロン，調節領域などヒト遺伝子のすべての情報を明らかにしようというものである．直接的にはがん研究からであった．発がん遺伝子がつぎつぎにクローン化されたが，とってみればヒト細胞機能に必須で重要な働きをしていることがわかってきた．遺伝子は変異の表現型に対応して名前が付けられてきた．たとえば，細胞周期に関わる遺伝子とか，ある酵素の遺伝子とか，という具合である．しかし，遺伝子はいろいろなプロセスに関わっており，遺伝子の機能は多様であるし，また，一つの病気・表現型に関わる遺伝子はたくさんある．したがって，ゲノムを解読して全遺伝子を手にしたうえで研究を進める必要がある，というものである．一方で，遺伝病の原因遺伝子探索が盛んに進められ，このための遺伝子地図の作成が進んでいた．制限酵素切断パターンを利用したDNA多型によって原因遺伝子のマッピングも進められていたが，たくさんの遺伝病原因遺伝子研究のためにはより高精細なマーカー，究極的には全ゲノム配列が望まれたのである．

　もちろん全ゲノム解析の提案は当初は拒否反応の方が多かった．一つは生物学としては多額の費用がかかることである．さらに，ヒトゲノムには繰返し配列が多くて，そもそもクローン化できるのか，シークエンスが読めるのか（アセンブルできるのか），さらには，そんなところを読んでも意味ないのではないか，などなど．

当時のシークエンシングは重いガラス板のゲル＋放射性同位体によるものだったので，"100年かけてもできない"とまで言われた．その代わりとして盛んに提案され行われたのが cDNA プロジェクトである．まず重要なのは遺伝子で，タンパク質コード領域である．それはゲノム全体のせいぜい数％だから効率がよい，というものである．確かにそうなのだがここには落とし穴がある．mRNA は一様に発現するものではない．細胞によって組成も異なるし，ある条件でしか発現しない遺伝子もある．どこまでやれば全遺伝子にたどりつくのか，わからないのである．また，発現調節領域は cDNA には含まれない．

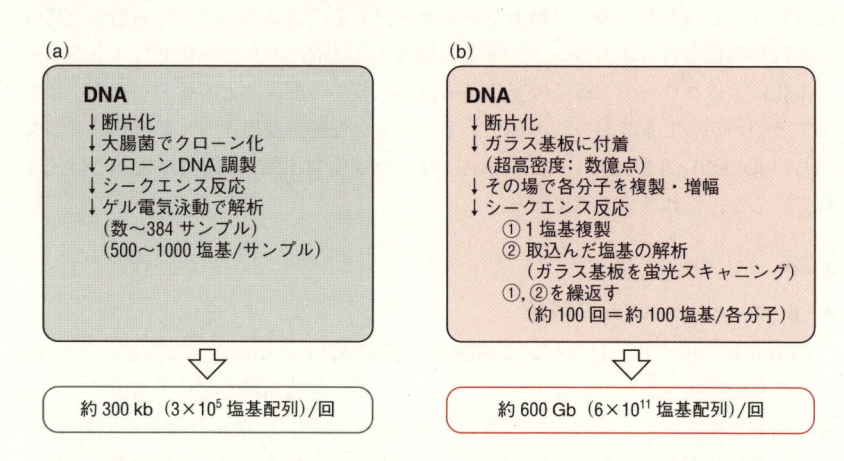

(a)
DNA
↓ 断片化
↓ 大腸菌でクローン化
↓ クローン DNA 調製
↓ シークエンス反応
↓ ゲル電気泳動で解析
　（数〜384 サンプル）
　（500〜1000 塩基／サンプル）

⇩

約 300 kb（3×10^5 塩基配列）／回

(b)
DNA
↓ 断片化
↓ ガラス基板に付着
　（超高密度：数億点）
↓ その場で各分子を複製・増幅
↓ シークエンス反応
　① 1 塩基複製
　② 取込んだ塩基の解析
　　（ガラス基板を蛍光スキャニング）
　①，② を繰返す
　（約 100 回＝約 100 塩基／各分子）

⇩

約 600 Gb（6×10^{11} 塩基配列）／回

図 4・9　シークエンシング技術の進歩　(a) 従来法．図 4・7 に示したものでサンガー法とよばれる．(b) 次世代型シークエンシング法．超並列型ともよばれる．シークエンスする DNA を大腸菌で増幅しないので偏りが少なくなる．各分子で決定できる配列は 100 塩基程度と短く，また 1 回の運転（ラン）に 10 日程度かかるが，圧倒的な反応数により，ヒトゲノム数十倍分の配列を一度に産出する（(a) は 1 日程度）．現在では，シークエンス反応の検出を確実にするために断片化分子を増幅しているが，増幅しないで 1 分子でかつ長く配列決定する技術開発も進んでいる．

それに比べるとゲノムは細胞当たり 2 分子，ゲノムのあらゆる場所が同じ数ある．目標が有限になるのである．ゲノム解読に向けた試みは大腸菌，酵母，線虫でクローンマッピングから 1980 年代に始まった．2011 年現在では，全ゲノムショットガンといった方法が主流であるが，当時はコンピューターの能力がまったく足りなかった．まずゲノム全体を DNA クローンで埋め尽くし，それぞれのクローンの DNA 配列を決めていき，全体を再構成するものである（図 4・9a）．この場合でも，クローン化されにくい場所やシークエンスしにくい場所が必ず残り，端から端までつながることは容易ではない．遺伝地図と対応したマーカーなどを駆使して完成させる

のである．ヒトに先行して，酵母，細菌，線虫，ショウジョウバエ，シロイヌナズナのゲノム配列が決定された．ヒトゲノム解読は概要版が2001年に，完全版が2003年に発表された．その後も，マウス，ラット，チンパンジー，フグ，ホヤ，メダカなどが続いた．世界のゲノム配列決定の状況はGOLD（Genomes OnLine Database）というサイト（http://www.genomesonline.org/）を参照されたい．

4・8・2 ゲノム配列からわかること

概要版といえども，ゲノム配列は数々のことを教えてくれる．

1）遺伝子の数

ヒトゲノムプロジェクトが始まる前は，ヒト遺伝子はおおむね10万くらいと考えられていた．根拠があったわけではないが，タンパク質の種類の推定や，それまでに行われたゲノム解読の結果，大腸菌が4000程度で，酵母が7000程度，線虫は2万程度という数字があったことから，ヒトはそれよりはずっと多いだろう，ということだった．しかしゲノム解読が終了すると，ヒト遺伝子総数は2万強ということになった．線虫と変わらないのである．よほどうまい使い方をしているに違いない．

2）遺伝子の組成

ゲノム配列からの遺伝子予測は完全ではないが，cDNAや他の生物の遺伝子の情報など総動員して行われた．ヒトとマウスで共通するものは哺乳類共通遺伝子といえるかもしれない．さらにメダカとも共通するものは脊椎動物共通遺伝子，という具合になる．単細胞生物の酵母とも3659個は共通であり，代謝経路などのハウスキーピング遺伝子と考えられる．逆にヒトにのみ存在する遺伝子は大変興味深い．

一方，"ない"遺伝子も面白い．パンダゲノムの概要が解読されたが，どう探してもタケを消化する酵素は見当たらなかったそうである．きっと腸内細菌にあるのだろう．干し草を食べるウシも，セルロース分解酵素はもっていない．これもウシの反芻胃中の腸内細菌に依存している．

3）重複配列

ヒトゲノムは重複配列だらけである．全体の40％以上が重複配列であり，多くをレトロトランスポゾンが占める．その意味は何か？

4）ゲノムの進化

いろいろな生物のゲノムが解読されると配列が似た遺伝子が見つかる．似た遺伝子が相互に一つずつの場合を**オルソログ**とよび，複数ある場合を**パラログ**とよぶ．パラログは遺伝子重複によることが多いが，脊椎動物では2回の全ゲノム重

複が起こったと考えられており，パラログの分布をたどることで，ゲノム構造の進化をたどることが可能である．

4・9 ポストゲノム
4・9・1 オミクス研究

ヒトゲノム概要版発表の後は，"ポストゲノム"という言葉が流行した．遺伝子が全部見つかったのだから，その機能体としてのタンパク質の体系的な研究に向かうべきだとの考えである．このこと自体は間違ってはいないが，このために"ゲノムは終わった"という風評になったことは残念であった．とはいえ，ゲノム配列決定後の体系的な研究は重要であり，これらは共通の語尾をとって**オミクス**とよばれる．トランスクリプトーム(mRNAの全体像)，プロテオーム(タンパク質の全体像)，インタラクトーム(タンパク質相互作用の全体像)，フェノーム(表現型の全体像)などが推進されてきた．

4・9・2 ポストゲノムはやっぱりゲノム―ゲノム多様性

ヒトゲノム国際チームが用いたのは5人のゲノムを混ぜて作ったライブラリーである．それぞれ両親から1本ずつ由来しているから正確には10本のゲノムである．これがつぎはぎ状態で配列決定され，全体が構成されているのである．この配列をもつ人はいないと思うが，これを基準に個々人の配列を比べていくと0.1%程度の塩基の違い(**SNP**＊)が見つかる（図4・7b)．ヒトゲノム全体で30億塩基だから300万くらいである．これに加えて，挿入・欠失(In/Del)，繰返し配列の重複回数の違いなどがある．これらの違いのなかに個性の原因もあるはずである．

ゲノム医科学分野ではゲノム全域にわたるSNPを患者と健常人で調べて患者の方に多くみられるSNPを調べるということを進めてきた．**GWAS**（genome-wide association study）とよぶ．前述したように同じ染色体にのった遺伝子はその間の距離に応じて分離していくが，非常に近ければ常に連鎖することになる．つまりGWASで見つかったSNPの近くに原因遺伝子がある可能性が高いのである．このような方法で糖尿病や高血圧などに関連する遺伝子（リスク因子）の同定が進められてきた．ただ，このようなリスク因子は多数あり，それぞれの寄与率は高くないので，医療への応用は必ずしも一直線ではない．

医療への応用やメカニズム研究を考えると，寄与率の高いリスク因子の方が重要であるが，これらはまれな変異であることが多い．患者の多くに共通することはないので，GWASでは見つかってこない．全ゲノムの配列の決定，すなわちヒトゲノ

＊ **SNP**: single nucleotide polymorphism（一塩基多型）の略．最近は，SNV（single nucleotide variation）とよばれることが多い．

ムの再シークエンスが必要である．その場合，見いだされた SNP がどの程度の頻度なのかは知っておく必要がある．そのための基盤として，たとえば対象集団の 1000 人程度（うち一人なら 0.1 ％の出現頻度になる）の全ゲノム情報が必要になってくる．

他の生物でも同様である．マウスやショウジョウバエなどのモデル生物は野生種から選抜してつくり上げてきたものである．モデル生物は野生種とは性質が異なるものが多い．これらもマーカー比較や配列比較をすることで性質に関連する遺伝子を見いだすことが可能である．また，作物化や家畜化の過程を調べることも興味深い．

これらすべてにゲノムの再シークエンスが必須である．ポストゲノムはやっぱりゲノム配列決定が重要なのであるが，ヒトや動物ゲノムサイズになるとコスト的にも時間的にも不可能であった．しかし，この状況が次世代型 DNA シークエンサーの登場で様変わりしたのである．

4・10 これからのゲノム解析
4・10・1 ゲノム研究の革命―次世代シークエンシング技術

21 世紀初頭のヒトゲノム解読宣言の直後から米国ではつぎの目標として 1000 ドルゲノムプロジェクトが開始した．ヒトゲノムを 1000 ドルで再シークエンスする技術開発である．当時の技術では 10 億円以上の経費がかかるので，とんでもない目標であった．しかし，2005 年ごろになって最初の機種が開発され，DNA 二重らせんの発見者である J. D. Watson のゲノムを読んで公開された．このときの経費が 1 億円程度といわれている．その後，技術の進歩はすさまじく，2011 年 8 月現在，1 回の運転（約 10 日間）で 600 ギガ塩基（600×10^9：ヒトゲノムの 200 倍）の配列決定能力が示されている．十分な精度の配列を得るためには対象ゲノム 40 倍程度のデータ量は必要なので，4～5 人分のデータが得られることになる．一人当たりの経費はすでに 50 万円くらいに下がっている．

次世代シークエンサーの特徴は図 4・9 (b) に示したようなものである．旧来の配列決定（図 4・6）では複製を止めるヌクレオチド類似体を少し入れていろいろなところで止まるようにするとしたが，次世代型では 1 塩基ずつ決めていく．配列決定したい DNA をランダムに短く切って，顕微鏡スライドガラスサイズの基板にランダムに超高密度（数十億点）に張り付ける．そしてその場で増幅したうえで，シークエンスの複製反応を 1 塩基ずつ進めるのである．どの点にどの類似体が取込まれたか蛍光スキャニングで調べる．これを 100 回繰返せばそれぞれ 100 塩基の配列を決定できるのである．この大量の配列を比較標準のゲノム配列とマッチするところに張り付けていく．条件設定により SNP をまたいで張り付けると，比較標準配列とは異なる SNP であることがわかる．シークエンス反応や検出は 100 ％で

はないのでエラーも生じるが，40倍のデータを得れば同じ場所に平均40本の配列が張り付くことになり，多数決で決定が可能である．これが再シークエンスである（図4・7b）．

技術の開発は止まらない．次世代シークエンサーのつぎ，さらにはそのつぎも具体化し始めている．ポイントは長い配列決定と1細胞，1分子解析である．

4・10・2　ヒトゲノム再シークエンシング

前節でまれなSNPを見つけるためには比較として1000人くらいのゲノム配列の集積が必要と書いたが，次世代シークエンサーの開発によって，**1000人ゲノムプロジェクト**が進められている．中間報告が発表されており，世界各地から由来するヒトゲノム試料について，全ゲノムシークエンスを低カバー率で179人，高カバー率で親子3組，エキソンだけの再シークエンスを7集団697人行った結果，1500万SNP，100万In/Del，2万構造多型が見つけられた．これで人類に存在する多型の95％以上をカバーしたと推定している．各個人当たり250〜300機能喪失型多型，50〜100遺伝性疾患関与多型が見つかると計算されている．親子の解析からは生殖細胞系列の塩基置換変異率として1世代当たり10^{-8}/塩基対という値になっている．1世代で30くらいの塩基置換が入るのである．

日本は島国ということもあり，日本人は比較的均一なゲノム配列になっている．世界の人々と主成分分析などで比較してもまずはアジア人のグループに属し，そのなかでもまとまったグループを形成する．したがって，日本の医療への貢献のためにも日本人集団の一定数のゲノム配列集積が必要である．倫理問題への対応を十分に整備したうえであるが，このために日本人ゲノム配列を集める仕組みを構築して比較のための標準配列作成を進めている．これと疾患患者群の配列を比較することにより，関係する遺伝子候補が得られはじめている．

4・10・3　新規ゲノムシークエンス

新規にゲノム配列決定することはまだ非常に困難であるが，これも技術の改良が進展し一定の成果が出はじめている．そうすると，野生生物集団や全生物の配列決定も夢ではない．表現型とゲノム配列の関係をより精密に決定できるであろう．また，前述したメダカとヒトゲノムの関係のような解析が全生物でできることになり，進化をより深くたどることが期待される．

4・10・4　メタゲノム解析

メタゲノム解析とは微生物集団を丸ごとゲノム配列解析することである．環境中の微生物やバイオフィルムの微生物，腸内細菌叢などが解析されている．地球上の

微生物はほとんどのものが難培養性といわれ，実験室で分離培養ができない．培養条件がわからないということもあるが，微生物集団は共生関係にあることが多く，1種だけ取出すことはできないのである．無理に純粋培養したとしてもその培養条件で不要な遺伝子はどんどん欠落していく．もとの種と同じ保証はない．培養しないで遺伝子組成を明らかにすることが必要なのである．ヒトの腸内細菌はヒトが生きるうえで必須のものであり，その組成変化は健康に大きな影響がある．第二のヒトゲノムともいわれ，国際プロジェクトが進行中である．また，ウシやパンダの腸内に限らず，土壌など生態系においても，微生物の共生関係は重要である．その仕組みを明らかにするためにも，今後メタゲノム解析が進むことが予想される．

4・10・5 エピゲノム解析

個体をつくる細胞は受精卵に始まって正確な複製によってできたものであり，皆同じゲノムである＊．この同じゲノムから多様な細胞ができるのが発生・分化であるが，どのように行われるのだろうか？　いったんある臓器細胞に分化したら分裂をしてもその性質を維持する．それはどのような仕組みなのか？　そういう状態がリセットされたのが生殖細胞といわれるが，リセットとは何か？　このように"ゲノム配列は同じままで細胞状態・遺伝子機能状態を変化させ，維持・伝達すること"を**エピジェネティクス**とよぶ．この言葉は発生学における後成説（epi＋genesis）に由来するが，その後，植物でどこにも配列変化がないのに突然変異になるものが見つかり（当然次世代に伝わる），エピジェネティクスを超遺伝学というようにと

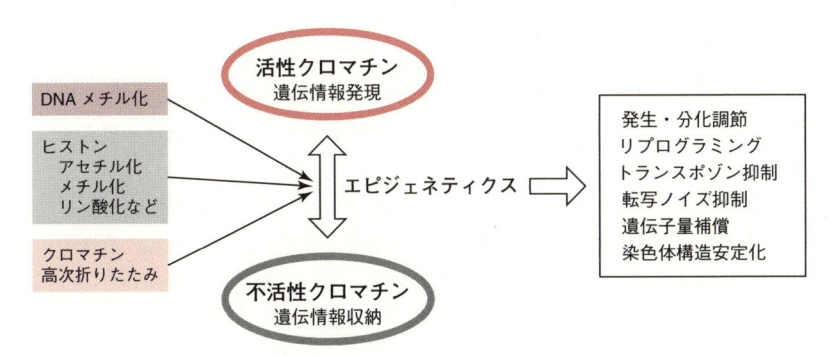

図4・10　エピジェネティック制御　ゲノム DNA は修飾によりクロマチンを基本構造としたさまざまな階層の構造をとり，活性型か不活性型をとる．その組合わせからゲノム全体の遺伝子発現制御を行い，結果として発生・分化などさまざまな生物現象を制御する．

＊　例外として，免疫系の抗体産生細胞などでは抗体遺伝子の再構成や突然変異導入が知られている．

らえたこともあった．しかし，どちらもゲノム構造の変化による遺伝子発現制御の一面であり，図4・10に示すようにさまざまな制御に関わっている．

エピジェネティクスは何が行っているのだろうか？ ゲノムDNAは，ヒトであれば1対で総延長2mに及ぶ長大なものである．これが，図4・4に示したような階層的な構造をとりながらミクロンサイズの細胞核内に収容され，複製し，遺伝子発現制御を行っている．細胞分裂期には染色体という最もコンパクトな状態になっているが，この状態では折りたたまれすぎて転写因子はどこにもアクセスできない．それ以外の時期は，クロマチン構造を基本にした"ほどかれた"状態にある．ほどかれると転写因子はアクセスがしやすくなり，そういう領域の遺伝子発現量は上昇する．このようなゲノムDNAの高次構造にはDNAのメチル化やクロマチンの構成タンパク質であるヒストンの修飾（アセチル化，メチル化，リン酸化など）が大きな役割を果たしている．まったく同じゲノム配列でも修飾の仕方で遺伝子発現が変わるのである．個別遺伝子という局所的な制御だけでなく大きな領域や染色体全体にわたることもある．これが**エピジェネティック制御**である．そして，ゲノム配列のどこが修飾を受けているのか解析することを**エピゲノム解析**とよび，ヒトエピゲノムプロジェクトが開始されつつある．

一卵性双生児はゲノムが同じであるが成長に伴ってさまざまな違いが出てくる．食事や環境などの影響が大きいと思われる．環境がどのように遺伝子発現調節に関わるのか？ すべての生物に共通した重要な問いである．エピゲノム解析はその鍵を握っている．

4・11 おわりに

遺伝子・ゲノムの概念が生まれてから100年弱，DNA二重らせんの発表から50年強である．この間の発展は本当に著しい．その概要を駆け足でたどってみた．木原が述べた"地球の歴史は地層に，生命の歴史は染色体に記されてある"のとおり，ゲノムは生命研究の宝庫である．ゲノムDNAは生命の同一性と多様性を担ってきたといえる．まだまだ知らないことだらけである．技術の進歩とともに遺伝子・ゲノムの研究はますます広がっていくと思われる．若い人の参加を期待したい．

参考図書

- "ゲノム科学の基礎（現代生物科学入門1）"，浅島 誠・黒岩常祥・小原雄治 編，岩波書店（2009）．
- "ゲノム科学の展開（現代生物科学入門2）"，浅島 誠・黒岩常祥・小原雄治 編，岩波書店（2011）．

5

RNA バイオロジー

5・1 はじめに

RNAは，1950年代，分子生物学における遺伝情報発現に関する基本原則（セントラルドグマ）において"遺伝情報を機能分子に翻訳するための仲介役"と位置づけられた（図5・1）.

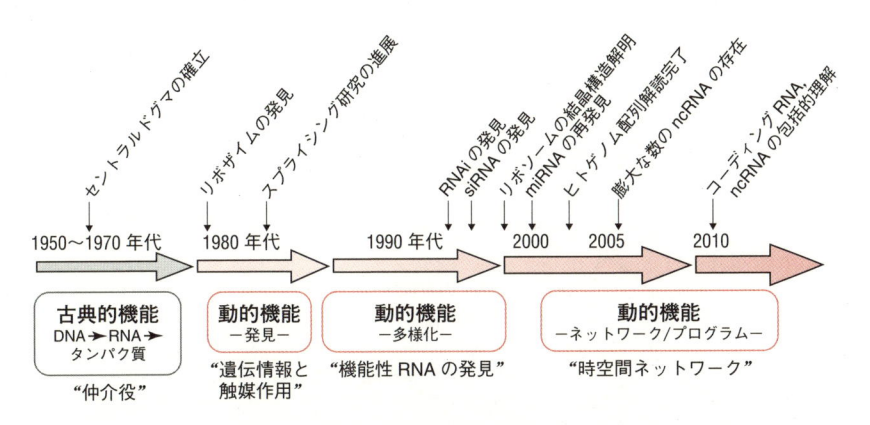

図5・1 RNA研究の流れ

これはつぎのように表現される："DNA makes RNA makes protein."
つまり，RNAはDNAに蓄えられた遺伝情報が転写された分子であり，機能分子であり細胞の構造ブロックでもあるタンパク質の合成に際してアミノ酸の並びを規定するための鋳型またはアダプターとして働くと予想される．そして**転移RNA**（tRNA）や**メッセンジャーRNA**（mRNA）が発見されたことで，その予想が基本的に正しいことが証明された．

一方，1980年代初頭に触媒活性をもつRNA（**リボザイム**）が発見された．これは，RNAが（DNAのように）遺伝情報をもち，同時に，（タンパク質のように）酵素としても機能することを証明した．つまり，DNAはRNAより安定に情報を蓄えることができ，タンパク質はRNAより触媒活性の高い分子として機能することができるが，RNAのみがこの両方の性状をもつことができる．したがって，自分自身

を複製する酵素として機能するRNAの出現が生命の誕生をもたらしたとする仮説（"**RNA ワールド" 仮説**）が支持されることとなった．

その後1990年代から今世紀の初頭に，リボソームが巨大なリボザイムであることが証明され，さらに天然のアプタマーである**リボスイッチ**（§5・4・2参照）や特異的遺伝子発現を可能にするガイド分子である**マイクロRNA（miRNA）**が発見された．その後，多種多様な機能性**ノンコーディングRNA（ncRNA）**の発見が続き，RNAがタンパク質にも匹敵する"機能性分子"であり，これらRNAによる，そしてRNAレベルの遺伝子発現制御機構が驚くほど蔓延していることが明らかとなった．これは，RNAが細胞内を移動し，核酸の相補的対合を用い，あるいはタンパク質との相互作用を通して，直接的かつ特異的な遺伝子間の連携を生み出し，このRNAネットワークこそが多様なレベルで遺伝子活性を制御し調和させる重要なプログラムであるという新しい仮説を生み出すこととなった（図5・2）．このプログ

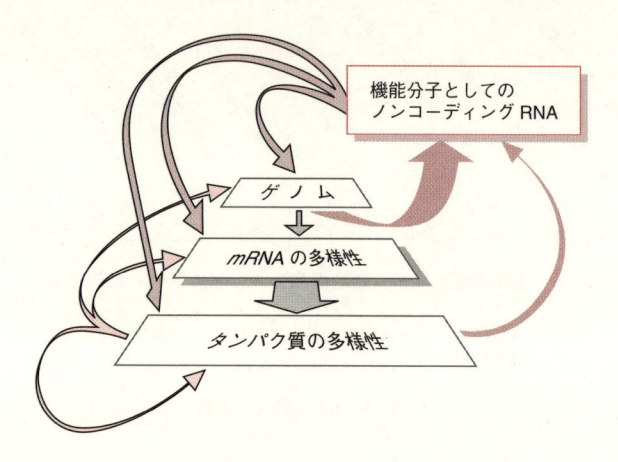

図5・2 セントラルドグマの修正 1998年のA. FireとC. MelloによるRNAiの発見が契機となり，RNAi類似の経路に働く各種内在性小分子ノンコーディングRNA（ncRNA）がつぎつぎに発見されてきた．また，網羅的な転写産物の解析から多数の長鎖ncRNAが見いだされた．しかも，生物が複雑になればなるほどこれらncRNAの種類が増えるようにみえるため，ncRNAが生物の複雑さを決めている仕組みの重要な一翼を担っているのではないかとの新しい概念が提唱された．

ラムが基本的遺伝情報の流れをさまざまなステップで修飾することで生物の多様性や複雑さを生み出していると考えられる．言い換えれば，古典的なセントラルドグマは不完全である．

個々のタンパク質の機能やそのネットワークを理解するだけでは，生物の多様性や複雑さを生み出す仕組みを説明することはもはや不可能であり，セントラルドグ

マは大きな修正の時を迎えている．RNA 研究はすでに大きな広がりと他の分野との急速な融合を見せており，そのすべての分野を含む概説を書くことは不可能である．したがって，ここでは，いくつかの重要と思われる問題をできるだけ大きな視点から解説することを試みる．なお，本章には多くの推測が含まれる．

5・2 進化の視点から

> "Nothing in biology makes sense except in light of evolution[1]."
>
> Theodosius Dobzhansky

5・2・1 RNA 分子の出現

生物進化における"RNA ワールド"仮説，つまり，RNA が触媒と遺伝物質としての両面の役割を担う原始的で単純な世界から，"RNA/タンパク質（RNP）ワールド"を経て，現在の"DNA/RNA/タンパク質ワールド"へ進化したとする説は，*Tetrahymena* rRNA の**自己切断** (self-splicing) **リボザイム***（グループ I イントロン）の発見に続き，tRNA 前駆体の 5′ 末端切断リボザイムである RN アーゼ P，投げ縄（ラリアット）型の分岐 RNA を形成する自己切断リボザイムであるグループ II イントロン，そしてハンマーヘッド型自己切断リボザイムがつぎつぎに発見され，さらに 2000 年を境にリボソームの結晶構造が解明された結果，rRNA がペプチド鎖形成を触媒することが明らかになったことで強く支持されることとなった．しかし，この仮説では，原始的な地球に RNA 分子が存在したことを前提としている．有名なミラーの放電実験が示唆するように，原始地球環境では比較的容易に各種アミノ酸が合成されたと考えられるが，RNA はリボース，塩基，リン酸基から成るそれ自体複雑な分子であり，しかも，試験管内で無生物的に合成される際は必ずエナンチオマー (D/L 体) が生成される．つまり，RNA は合成することがきわめて難しい分子である．RNA は"高等な"分子であり，もっと単純な分子からキラリティーを保証する無生物的な仕組みの出現とともに，奇跡的に生み出されたと考えざるをえない．

5・2・2 自己複製リボザイムの出現

RNA はワトソン・クリック型塩基対合のみならず，非ワトソン・クリック型塩基対合（ゆらぎ塩基対，たとえば GU 対）により一本鎖 RNA 間での分子内または

---

* **自己切断リボザイム**: グループ I イントロンでは G ヌクレオチドがイントロン内のスプライス部位を攻撃することでリン酸ジエステル結合の切断（自己スプライシング）が開始される．グループ II イントロンでは，イントロン内の A ヌクレオチドがグループ I イントロンの G ヌクレオチドの役割を担う．どちらの場合も，スプライシングは 2 段階のエステル転移反応により進む．

分子間相互作用が生まれ，さまざまな二次構造（たとえば，ステム-ループ/ヘアピン，バルジ，A型二本鎖ヘリックス，内部ループ，3または4ステム-ジャンクションなど）をとる（図5・3）．さらに，これら二次構造ユニットが近接または遠隔相互作用することで複雑な三次構造（たとえば，シュードノット）をとってコンパクトな構造を形成し，それを安定化できる．つまり，RNAはさまざまな"カタチ（モチーフまたはドメイン）"を安定にとることができる．このことがRNAがタンパク質のように酵素として機能することができる生化学的性状の一つである[2]．したがって，RNAワールドからRNPワールドを経てDNA/RNA/タンパク質ワールドに移行することで，タンパク質酵素は触媒反応の速度を大きく改善したが，RNA酵素（リボザイム）に比べ触媒の種類そのものを大きく増やしたわけではないと考えられている．

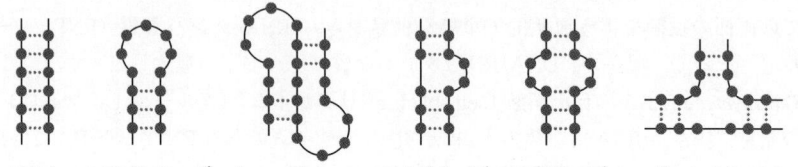

ステム　ヘアピンループ　シュードノット　バルジループ　内部ループ　ジャンクション

図5・3　RNAの高次構造

どのような高分子化合物であれ，それらはいずれ分解されるので，"記憶"または自分のコピーを作る機能をもたなければ消滅し，進化の対象にならない．RNA分子が出現すると，つぎにRNAモノマーまたはランダムな配列をもつオリゴマーのランダムな重合により，ある程度の長さをもつRNAポリマーが作り出され，さまざまな構造をもつRNAのプールができる．このプールの中のRNA量がある閾値（たとえば，20塩基長のRNAのすべての組合わせをカバーする確率論的に算出される量）を超えたときに奇跡的に**自己複製能をもつリボザイム**（鋳型依存的RNA合成酵素，つまり，地球の歴史上"最初の酵素"）が出現した，と考えられる．いったんそのような分子が出現すると，変異と選択により（つまり，自己複製リボザイムには複製機能の正確さと変異を生み出す不正確さの微妙なバランスが要求される）自己増殖性のより高いリボザイムが出現する一方で，おそらく，特定の共通タグ配列（認識配列）を複製開始点として用いることで，他のRNA分子を複製することができるリボザイム（つまり，トランスに作用するリボザイム）が出現したと予想される．多くの一本鎖RNAウイルスの3′末端にはtRNA様構造がみられ，複製開始の鋳型となる．また，レトロウイルスでは複製開始のプライマーとしてtRNAが機能する．どちらの場合もRNAゲノム複製開始にtRNAが関与する．これ

らの類推から，tRNA 様構造が RNA 複製のタグとして機能したとする**ゲノムタグ仮説**が提唱されている[3]．この仮説によると，RNA ウイルスの 3′ 末端 tRNA 様構造は"分子化石"または"進化の名残り"ということになり，tRNA は現存する最も古いタイプの RNA であるといえる．

5・2・3 RNA-ペプチド複合体の出現

RNA は化学的性状として負に帯電（リン酸骨格）しているため，低塩濃度で効率のよい酵素として機能するためには，基質（ここでは RNA）との結合（分子内または分子間）に際して電荷を**中和**する必要がある．この中和剤として**ペプチド**が使われるようになり（たとえば，RN アーゼ P における C5 タンパク質の役割[4]），さらに分解から守る役割や特定の構造を安定に形成することを助ける役割（シャペロン）をペプチドが担うようになり，ペプチド鎖形成を触媒するリボザイムが出現した．おそらく，ペプチドの最初の役割はこのようなむしろ補助的なものであった．自己複製能とペプチド合成能を併せもつリボザイムの出現，または自己複製能とペプチド合成能をもつ二つの別々のリボザイムが同じ微小環境に隔離されて存在する状況（原始的細胞）が出現し，つまり，遺伝子型と表現型の連携が確立され，"RNA ワールド"から"**RNP ワールド**"への移行が始まった（つまり，RNA と RNA 結合タンパク質の共進化が始まった）と考えられる．リボザイムとその産物（RNA，ペプチドまたはそれが何であれ）は一つのユニットとして存在しなければならない．これらがすぐに拡散して他の化合物と混ざってしまう環境では自然選択による進化はありえない．つまり，遺伝子型と表現型の対応が生まれない．

● **なぜ最初の酵素は RNA だったのだろうか？**

さて，ここで原始地球環境で比較的容易に合成されたと思われるアミノ酸，そしてそれらの重合体であるペプチドまたは低分子量タンパク質がなぜ最初から使われなかったのか考える必要があるかもしれない．もちろん，正解があるわけではないが，おそらく一つには酵素活性をもつタンパク質が出現する確率がきわめて低いことがあげられるであろう．たとえば，20 種類のアミノ酸（現在の地球でタンパク質の合成に使われるアミノ酸の種類）により構成される比較的小さな 20 kDa のタンパク質を想定した場合でも約 100 アミノ酸配列であり，20 の 100 乗の組合わせをすべて試み，そこから酵素活性または特定の機能をもつ配列を選択することは明らかに"不可能"である*．

---

* 確率 0.99 として，すべての可能な 100 アミノ酸配列を少なくとも 1 分子ずつ含むプールを合成するために必要な炭素または窒素の量を計算し，宇宙全体に存在する炭素または窒素の量と比較してみよう．一方，この計算からいえることは，可能なアミノ酸配列の組合わせのなかから，きわめて少ない配列しか"進化の検査"を受けておらず，まだ多くの機能性タンパク質を生み出す余地があることを意味する．

したがって，タンパク質の進化はおそらくせいぜい 15〜20 アミノ酸配列程度〔ランダムな 20 アミノ酸配列のすべての可能な配列（20 の 20 乗）を含む合成品の重量は約 15 kg〕の機能性ペプチドの連結・組合わせの繰返しと選択の結果と考えられる（§5・3・2 参照）．一方，4 種類の塩基（現在の地球における RNA 塩基組成；A，C，G，U）から成る RNA の場合，たとえば，40 連結してできる配列の組合わせは約 10 の 24 乗であり，これらのすべてを 1 コピー含む完全なライブラリーは重量が約 1 kg．しかも，5 塩基長の RNA が酵素活性をもつこと（つまり，約 1000 分子のプールがあれば ある酵素活性をもつ RNA の選択が可能）が示されている[5]．さらに自己複製を考えた場合，RNA の最大の強みは相補性，つまりワトソン・クリック型塩基対合[6]であり，アミノ酸にはこのような相補的な対合（片方が決まるともう片方が自動的に決まる関係）が存在しない，または存在しにくいことがあげられる．

5・2・4　タンパク質合成の起源と遺伝暗号の出現

つぎにタンパク質合成の起源とコドン（アミノ酸の配列を規定する RNA の配列）の出現を考えてみよう．ダーウィン的進化論では，複雑な複合体（たとえばリボソーム）はそれがどのようなものであれ，偶然新規に（by chance *de novo*）出現することは決してありえない．したがって，多くの機能的中間体が存在したはずである．アミノアシル化された tRNA（**アミノアシル tRNA**[*1]）において tRNA とアミノ酸のエステル結合はペプチド結合よりエネルギーの高い状態（アミノ酸の"活性化"状態）にあるため，アミノアシル tRNA 同士が十分近づけば自発的にペプチド鎖の形成反応が起こり，二つのアミノ酸が連結した tRNA（**ペプチジル tRNA**）が形成される．これに他のアミノアシル tRNA が十分近づけばつぎの反応が起こり，ペプチド鎖が伸びていく．このことから，原始的タンパク質合成装置の重要な機能は，アミノアシル tRNA とアミノアシル tRNA またはペプチジル tRNA を十分近づけて反応が起こりやすいように並べることであったと予想される．現在，細胞が使っているアミノアシル tRNA 合成酵素はタンパク質であるが，この反応を触媒することのできるリボザイムを SELEX 法[*2,7,8]を用いて単離することができる[5,9,10]．前節で述べたように，ペプチドははじめ RNA 触媒（リボザイム）とその基質との相互作用を促進するためのリン酸骨格の電荷の中和に使われたと考えられ，したがって，塩基性ペプチド（リシンまたはアルギニンのポリマー）の合成がまず選択されたであろう．たまたま偶然にリシンまたはアルギニンアミノアシル tRNA に結合し，しかもこれらを隣接させ整列させる配列をもった RNA が生じ，これが**原始リボソーム**（または原始 rRNA）となったのではないだろうか[3]．また，この"隣接さ

[*1] **アミノアシル tRNA**：アミノ酸が 3′ 末端にエステル結合している tRNA．
[*2] **SELEX**：systematic evolution of ligands by exponential enrichment.

せ整列させる"RNA配列が**コドン**，そしてそれと塩基対を形成するtRNA部分が**アンチコドン**の起源となった．つまり，原始リボソームはリシンまたはアルギニンアミノアシルtRNA結合部位を隣接してもつ鋳型RNAそのものであった[3),11)]．原始リボソームは，現在mRNAに書かれているコドン配列（これと相補的なtRNA側の配列がアンチコドンとなる）を組込んだ（built-in），したがって，個々のペプチド鎖特異的な（言い換えれば，特定のペプチド鎖しか合成できない）装置であったと考えられる．

　tRNAと原始リボソームRNAとの相互作用にはワトソン・クリック型塩基対合のみならず，二本鎖RNAヘリックスの溝に特定の塩基がはまり込み構造を安定化する二次構造間の相互作用が用いられ，この名残が"**A マイナー**"**モチーフ**＊と考えられる[2),12)]．現在のリボソームでは，このモチーフにより，たった3塩基対から成るコドン-アンチコドンの相互作用が正しい相互作用かどうかが読み取られているらしい．ペプチド鎖の伸長反応にはtRNAとコドンとの相互作用，そしてその移動と使用済みtRNAの解離が必要となるが，これはtRNAとリボソーム（rRNA）の構造変化と連動することでペプチド鎖合成速度が大幅に上昇する．このようなtRNAの移動の仕組みが出現すると鋳型RNAが組込まれていたリボソームから鋳型部分を切り離し，外に出すことにより，1種類のリボソームがいくつもの配列の違うペプチド鎖合成を担うようになった．鋳型部分を分離した過程の名残が現在のリボソームの二つの大小サブユニットであり，そして**tmRNA**（transfer-messenger RNA）なのかもしれない[13),14)]．現在，リボソームの小サブユニットはmRNAコドンとtRNAアンチコドンの相互作用を仲介し（つまり，アミノ酸の並びを決める），大サブユニットはペプチド鎖形成反応を担う．tmRNAはその名前が示すとおり，アンチコドンとコドンの両方をもつRNAであり，リボソーム内でアミノアシルtRNAとしてコドンを認識したのち，同じ分子内の配列がコドンとしてアミノアシルtRNAに認識される．つまり，アンチコドンからコドンへのスイッチが同一分子内で起こる．リボソームの役割はアミノアシルtRNAと鋳型RNAを取込み，これらを十分近づけてペプチド鎖結合反応が起こりやすいように並べることと，反応が進むにしたがってこれらを移動させることに変わっていった，と考えられる．mRNA上でコドンが3塩基から成り隣接し連続しているのは，この"十分近づける"ことと関係があるのかもしれない．すでに上に述べた理由で，リボソームはRNAからRNPへと進化した．現在でもリボソームの全質量の2/3がRNAで占められている．そして，2000年にリボソームの結晶構造解析から**ペプチド転移反応中心**

＊　**A マイナーモチーフ**は，二本鎖RNAヘリックスの副溝（minor groove）の先端に位置するアデニンが隣接するヘリックスの副溝にはまり込むことでRNA高次構造を安定化することに関与している．

(peptidyl transferase center；**PTC**) が rRNA でのみ構成されていること，つまり，rRNA がペプチド鎖形成を触媒する ("Ribosome is ribozyme.") ことが明らかとなった．

ここまでの議論からいえることは，進化において，まず tRNA 様分子が出現し，つぎにそれをアミノアシル化するリボザイム（アミノアシル tRNA 合成 RNA 酵素）が出現したと考えられる．おそらく，tRNA 様構造は RNA 複製の際のタグ/認識構造として出現し[3]（§5・2・2 参照），この構造がペプチド合成系に借用された．つぎにアミノアシル tRNA を隣接させ整列させる機能をもつ RNA が出現し，原始的なリボソームと遺伝暗号が生まれた．したがって，tRNA が翻訳装置の生みの親ということになり，しかもアミノアシル化（特定の tRNA に特定のアミノ酸を結合させる反応を担う）酵素の認識部位とアンチコドンとの関係，つまり，特定のアミノ酸の配列を規定するコドンを直接認識するアンチコドンとアミノアシル化の特異性は独立して出現したと考えられる．実際，アンチコドンの変異はアミノアシル化の特異性に（少数の例外を除いて）影響しないことが知られている[3]．アミノアシル化の特異性と遺伝暗号は独立して出現し，独立に進化したらしい．地球上のすべての（調べられた）生物は基本的に同じ遺伝コドンを用いている．つまり，われわれはすべて共通の先祖の子孫である．

以上は明らかに，仮定の上に仮定を重ねる苦しい仮説（しかも，生命の起源に関する RNA ワールド仮説はほかにもいろいろある）であるが，"RNA ワールド" の歴史において決定的かつ奇跡的なステップは，

1) RNA 分子の出現
2) 自己複製能をもつリボザイムの出現
3) tRNA の出現
4) アミノアシル tRNA 合成リボザイムの出現
5) 今日のリボソームの先祖となる RNA と遺伝暗号の出現
6) 表現型から遺伝子型が選択される仕組み，つまり，"細胞" の出現

であったと考えられる．"RNA ワールド" 仮説をさらに検証するためには，"RNA ワールド" の残存と思われる "それ自身が機能をもつ RNA 分子" を現在の生物のゲノムに見いだすことが重要である．したがって，ゲノムにコードされている機能性 RNA の数，それらの機能，そしてそのなかで進化的に古いものの数を知ることが "生命の起源" に関する手がかりとなる．

5・3 ゲノムの形成

5・3・1 遺伝子型-表現型

ゲノムの進化のためには，遺伝子型の変化（RNA 配列の変化）が表現型の変化

に直接結びつき，その変化の自然選択が再び直接その表現型の変化をもたらした遺伝子型の変化を選択しなければならない．表現型の選択がその表現型を生み出す遺伝子型の選択にならなければ，ゲノムの進化はありえない．よって，ゲノムにコードされている機能分子はそのゲノムと同じ微小環境に存在する必要がある．原始細胞（膜によって包まれる状況や水たまり，洞窟，そして岩石や粘土などの細孔，それがどのようなものであれ）はその役割を担ったと考えられる．

5・3・2 エキソン仮説

RNAの機能ユニット—触媒活性（リボザイム），リボスイッチ（RNAセンサー）（§5・4・2参照）または特定ペプチドをコードする領域—が形成され，ある程度長いRNAを複製できる酵素（リボザイムまたはRNP酵素）が選択されることで，機能ユニット（**エキソン**）の会合と連結によるゲノムの進化が始まったと考えられる．原始ゲノムは機能性分子（リボザイム，リボスイッチまたはペプチド）をコードするエキソンが連結された構造であったと考えられる．つまり，リボザイムをコードするエキソンともともとリボザイムの活性や構造の安定化に寄与することで選択されてきた20アミノ酸程度のペプチドをコードするエキソン，そしてセンサー機能をもつエキソンが連結されたものが原始ゲノムであったであろう．

遺伝子の進化はこれら短いエキソン同士の連結とそのシャッフルによって始まったと考えられ，これは**エキソン仮説**または**エキソンシャッフリング仮説**といわれる[15),16)]．この仮説によると，現在の真核生物のタンパク質をコードする遺伝子の多くはエキソン-イントロン構造をとっているが，これは進化の名残であり，原核生物では進化の結果，多くの遺伝子がイントロンを捨ててしまった，ということになる（たとえば，イントロンを失うことでゲノムサイズを縮小し複製速度を上げ，遺伝子発現効率を上げるという利点が考えられる）．エキソン仮説が支持される点は，いくつかの短いエキソンを"積み木またはレゴ（LEGO®）のピース"と考え，これらの組合わせと再分配，再構成によって多様な活性をもつリボザイムやタンパク質，つまり，遺伝子を効率よく作り出せることである．各種エキソンが連結したゲノムはRNA複製リボザイム（またはRNA複製RNP酵素）により多くのコピーが作られる．これらコピーの中から，エキソン間に介在するエキソンが自己切断リボザイム（グループIまたはIIイントロン）により切り出され，エキソン同士が連結されるものが出てくる*．この二つのエキソンが連結された配列は新しい機能を

---

*　切り出される配列はエキソンに対してイントロンとよばれる．グループIまたはIIイントロンはリボザイムであるので，それ自体機能ユニットでありエキソンということができる．したがって，エキソン/イントロンという呼び方は状況に応じて変わる．つまり，同じ配列が，エキソンの場合もあり，イントロンの場合もある．

もつリボザイムまたはペプチド（または低分子量タンパク質）として自然選択される種となる（図5・4上部）．さらにこのような あるエキソン配列が除去されたコピーが複製され，もとのコピーと部分的に配列が異なるゲノムが生まれる．つまり，原始イントロンはリボザイムそのものであった．

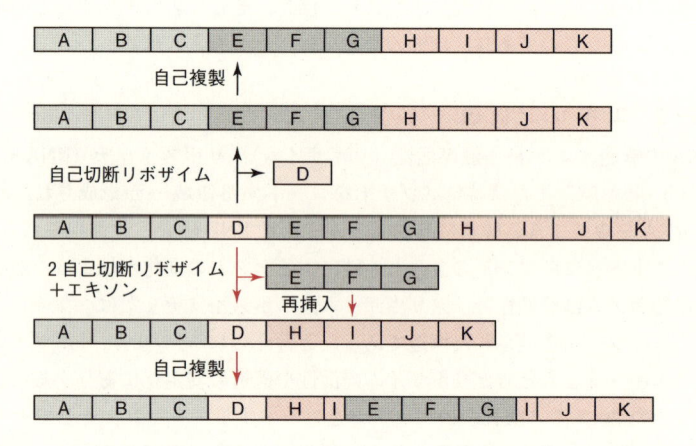

```
┌─┬─┬─┬─┬─┬─┬─┬─┬─┬─┬─┐
│A│B│C│E│F│G│H│I│J│K│
└─┴─┴─┴─┴─┴─┴─┴─┴─┴─┴─┘
       自己複製 ↑
┌─┬─┬─┬─┬─┬─┬─┬─┬─┬─┬─┐
│A│B│C│E│F│G│H│I│J│K│
└─┴─┴─┴─┴─┴─┴─┴─┴─┴─┴─┘
  自己切断リボザイム → │D│
┌─┬─┬─┬─┬─┬─┬─┬─┬─┬─┬─┐
│A│B│C│D│E│F│G│H│I│J│K│
└─┴─┴─┴─┴─┴─┴─┴─┴─┴─┴─┘
2 自己切断リボザイム → │E│F│G│
  +エキソン        再挿入 ↓
┌─┬─┬─┬─┬─┬─┬─┬─┐
│A│B│C│D│H│I│J│K│
└─┴─┴─┴─┴─┴─┴─┴─┘
       自己複製 ↓
┌─┬─┬─┬─┬─┬─┬─┬─┬─┬─┬─┐
│A│B│C│D│H│E│F│G│I│J│K│
└─┴─┴─┴─┴─┴─┴─┴─┴─┴─┴─┘
```

図5・4 エキソン仮説 エキソン仮説では，いくつかの短いエキソンの組合わせと再分配，再構成によって多様な活性をもつリボザイムやタンパク質，つまり，遺伝子を効率よく作り出せる．各種エキソンが連結したゲノムはRNA複製リボザイム（またはRNA複製RNP酵素）により多くのコピーが作られる．

自己切断反応はリン酸ジエステル結合を切る化学反応（2段階のエステル転移反応）であり，ある頻度で逆反応が起こるはずである．したがって，切り出されたRNA配列がゲノムの中に再び挿入されることもあったと予想される（たとえば，文献17）参照）．この逆反応には切り出された部位に戻る場合のみならず，他の部位，しかも他のRNAゲノムへの再挿入もあったであろう（図5・4下部）．これは新たな介在配列としてエキソン間のシャッフリングに寄与することができる．さらに，両端に自己切断リボザイム配列をもつエキソンはこのエキソンをも含めて切り出され，そして再挿入されることができるはずであり，これがもしかしたら**トランスポゾン**（転移因子；TE）の原型であるかもしれない．現在見つかるグループⅡイントロンには逆転写酵素をコードしているものがあり，これは**レトロトランスポゾン**への進化の中間体の姿を留めるものかもしれない．さらには，RNAゲノム間での組換えが起こることでエキソンシャッフリングが起こったであろう．おそらく，このように自己切断リボザイムがゲノムからの切り出し/除去とゲノムへの挿入を繰返し，さらに組換えも起こり，エキソンがシャッフルされ，このようなコピーが複製されることで遺伝子とゲノムの進化を促したのであろう．

5・3・3 RNA ゲノムから DNA ゲノムへ

　一本鎖 RNA は複製時における間違いを修復することが難しく，さらに環境ストレスからのダメージにも弱い．2011 年現在，RNA をゲノムにもつウイルスで最大のもの（コロナウイルス属）でもそのサイズは約 3 万塩基長（30 kb）である．一方，二本鎖 DNA は安定でかつ内在する冗長性（常に，片方の鎖がもう一方の鎖の修復の鋳型となる）のため間違いやダメージを修復することができる．このため，RNA ゲノムから DNA ゲノムへ進化したと考えられる．おそらく，DNA の出現には逆転写酵素とリボヌクレオチドをデオキシリボヌクレオチドに変換する酵素の出現が不可欠であり，したがって，DNA は進化的に "遅れて来た者" といえる．また，RNA が触媒する反応の速度はタンパク質が触媒する反応に比べ，一般に 2〜4 桁遅い．したがって，多くの生体内触媒反応が順次タンパク質酵素にとって代わられた．

5・3・4 多様性を生み出す仕組みの出現

　ミトコンドリアや葉緑体にみられるグループ II イントロンのエステル転移反応は mRNA 前駆体のスプライシング反応と基本的に同じ反応であり，どちらもイントロンは投げ縄型の分岐 RNA として切り出される．グループ II イントロンではイントロン自体がもつ構造がシスに働きエステル転移反応を触媒するが，mRNA 前駆体の場合，snRNA[*1]（または snRNP[*2]/スプライソソーム）がトランスにその触媒反応を担う．したがって，リボソームの進化のように，もともとグループ II イントロンの内部にあった配列（構造要素）が外に出されて，しかも分断されたものが各種 snRNA であり，これらが会合したものがスプライソソームとみなすことができるかもしれない．RNP となりトランスに働くことで，エステル転移反応速度の速い効率のよいスプライソソームが形成された．この変化により，イントロンは自己切断リボザイムである制約が解除され，配列や構造の変化が許容された結果，**遺伝的浮動**（genetic drift）により変異が蓄積し，そのなかから自然選択の結果，新しい機能配列（たとえば，選択的スプライシングの制御配列，snoRNA[*3] や miRNA などの小分子 RNA の前駆体配列など）が進化した．また，スプライソソームがトランスに働くことでイントロンのサイズにも制限がなくなり（たとえば，ヒトの場合，4500 kb 以上のイントロンをもつ遺伝子が知られている），したがって，ゲノムサイズの増大をもたらし，イントロンは遺伝子発現制御要素を提供する場，つまり，遺伝子発現の多様性を生み出すための自然選択を受ける場となったと考えられる．
　しかし，このことはスプライシングの正確さを保証する仕組み（たとえば，異な

---

*1　**snRNA**: 核内低分子 RNA（small nuclear RNA）
*2　**snRNP**: 核内低分子リボ核タンパク質（small nuclear ribonucleoprotein）
*3　**snoRNA**: 核小体内低分子リボ核タンパク質（small nucleolar ribonucleoprotein）

る mRNA 前駆体2分子間でのエステル転移反応が起こらないことを保証する仕組み)を要求する.一方で,イントロンのサイズ,配列そして遺伝子内の位置の違いは,同じタンパク質をコードする遺伝子であっても,種に特異的な環境応答を可能にする.さらに,スプライシングの正確さが保証されれば,1遺伝子当たりのイントロン(エキソン)数が多いほど複雑な制御が可能となり,また選択的スプライシングの結果として1遺伝子から2種類以上の機能の異なるタンパク質または機能性RNA の産生が可能となる("遺伝子"の定義に関しては参考文献 18) 参照).

高等な真核生物の mRNA 前駆体は,**選択的スプライシング**により激しくプロセスされ,一つの遺伝子から多種類の mRNA が産生される.しかも,その所産は外部環境からのシグナル,細胞のタイプ,位置,そして細胞系譜によって変わる.つまり,遺伝子の一次配列から抽出される情報は,mRNA 前駆体がどのようにプロセスされるかに依存し,これはさらに,一つの RNA プロセシングの所産が他のプロセシングに影響を与え,その結果が情報の内容とトランスクリプトーム(細胞が発現しているすべての転写産物の総体)を左右する制御ネットワークの形成となる.ヒトの場合,少なくとも全遺伝子の 90 %以上が選択的スプライシングを受ける[19].このような mRNA の多様性を生み出す仕組みが,たとえば,ヒトが2万個ほどの遺伝子から 30 万種類ともいわれるタンパク質の多様性を生み出す根幹となっている.

5・3・5 転移因子

> "They are there to allow genomes to change quickly and in a modular manner; evolution was their function[20]."
>
> W. F. Doolittle

§5・3・2で**トランスポゾン**(**TE**)の起源に関して言及したが,ヒトゲノムの実に 45 %以上が TE(特にレトロトランスポゾン)とその残骸(進化の過程で変異を蓄積し,すでに転移活性を失ってしまった TE およびそれら TE に由来する反復配列)で占められている[21].TE は,その名前が現しているように,ゲノムの中で複製し転移する因子である(細胞外へ飛び出すウイルスとはこの点が異なる).TE は大きく分類すると,コピーアンドペーストで転移するタイプ(LINE 因子,SINE 因子*など)とカットアンドペーストで転移するタイプがある.ゲノム中のコピー

---

* **LINE, SINE**: SINE とは哺乳類のゲノム中に多数のコピーが存在している 300 bp 程度の短い塩基配列を単位とした散在性の反復配列(short interspersed repetitive element)であり,よく知られているものとしてヒトの *Alu* 配列がある.一般的に SINE は tRNA に似た領域をもっており,このことから SINE は tRNA に由来していると考えられている.一方,LINE(long interspersed repetitive element)は逆転写酵素をコードしており,それを使って転移する.SINE はまったくタンパク質をコードしておらず,自律的に転移することはできない.

数は，後者は一般に少なく，前者はきわめて多い（たとえば，LINE 因子の一つ L1 はヒトゲノム中に約 85 万コピー，そのうち自律的増殖が可能なものは，たかだか 70 コピーであり，あとはすべて"残骸"[22]）．前者は転写産物を逆転写酵素を用いて DNA に変換したのち，ゲノムに挿入される．このなかには，逆転写酵素をコードし自律的に増える TE とその逆転写酵素を借用して増える非自律的 TE（たとえば，SINE 因子はヒトゲノム内に 150 万コピー以上存在し，そのうち Alu 因子が 105 万コピーを占める）が存在する．また，自律的 TE の残骸も転写されれば，そして逆転写酵素の認識部位が保存されていれば，コピー数を増やすことになる．

　最近，ヒトやマウスのゲノムがほぼ全域にわたって転写されていることが明らかになってきた[23]．したがって，非自律的な TE（自律的な TE の残骸も含まれる）が転写される機会は多いと予想され，転写された非自律的な TE が，自律的 TE がコードする逆転写酵素などの転移に必要な因子を奪うことで，非自律的な TE と自律的 TE の間に競争が起こる．しかも，宿主細胞にとっては逆転写酵素などの転移に必要な因子は中立的な因子であるため，これら因子のコード領域を保全する圧がかからない．その結果，非自律的な TE のコピー数が増えていき，自律的な TE はいずれ消滅を迎えることになる．非自律的な TE の代表である SINE 因子の多くが tRNA に由来しているが，これは前述のゲノムタグ仮説を考えると興味深い．

　しかし，なぜ，これほどまでに TE 配列がゲノム中に増殖したかを説明することは難しい．少なくとも，TE 配列が増殖した結果，ゲノム中に冗長な配列が増え，ゲノムサイズの増大と冗長な配列の"適応"—宿主にとって新しい遺伝子と遺伝子発現制御配列の選択—が起こった．たとえば，同じまたは類似の TE 配列間では相同組換えが起こり，エキソンの組換えが起こるのみならず，DNA 断片の重複が起こり，重複した領域に存在する遺伝子の重複がもたらされる（相同組換えの結果，DNA の欠失も起こる）．同じ配列が何コピーかある場合，そのなかの一つが機能すれば，他の多くのものは"失業"状態でもよく，その結果，変異を許容し"他の職場"に職を見つける可能性が出てくる．また，TE が宿主遺伝子の内部や近傍に転移することで新しい制御配列を宿主遺伝子に提供する．つまり，われわれのゲノムは TE という自然の変異源を内包している．宿主側から考えると，そのような挿入があることで"たまたまそれまでより具合がよくなった"ため，その細胞の増殖が盛んになったり，それをもつ個体がより多くの子孫を残す．これらの制御配列には転写のプロモーターやエンハンサー配列，スプライシング配列，ポリ(A)付加配列などがあり，おそらく，もっと微妙な制御を可能にする配列（mRNA の安定性，翻訳効率，局在化など）も含まれるであろう．一方で，TE のエキソンへの挿入はそれがコードするタンパク質や RNA の機能の異常または喪失を招くため，宿主は TE の転移活性を制限しなければならない．このため，宿主側は TE の活性を押さ

え込むさまざまな仕組みを進化させてきた．その代表例がDNAのメチル化であり，また染色体のヘテロクロマチン化である（第6章参照）．

最近の研究成果から，RNAiやmiRNAに代表される**RNAサイレンシング機構**[*,24),25)]がTEの抑制に関わる重要な生体防御機構の一翼を担っていることが明らかとなってきた．現在，多くのmiRNAとその標的部位がTE配列から進化してきたことが示唆されている[26)]．たとえば，同じTE配列が逆方向に反復配置された場合を想定すると，これが進化の過程で変異を蓄積し，その結果，その領域からの転写産物がmiRNA前駆体様のヘアピン構造をとるようになる．一方，同種のTEがゲノム中の他の領域にも存在すれば，それらが変異を蓄積していく過程で，もとのTE由来のmiRNAの標的部位にもなると考えられる（図5・5）．

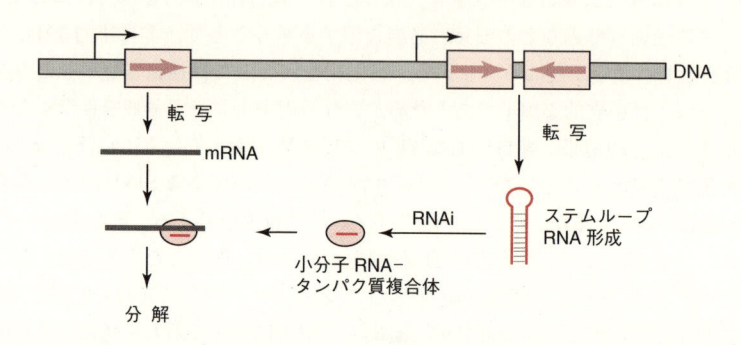

図5・5 miRNAの進化 miRNAとその標的部位はTE配列から進化してきた．同じTE配列（この図では長方形と矢印で表現されている）が逆方向に反復配置された場合，その領域からの転写産物がmiRNA前駆体様のヘアピン（ステムループ）構造をとる．一方，同種のTEがゲノム中の他の領域にも存在すれば，ヘアピンRNAがRNAi経路にてプロセスされ，小分子RNAが生成され，これがArgonauteタンパク質と複合体を形成する[24)]．このうち，もとのTEの転写産物にとってアンチセンスの小分子RNAを含む複合体はTEの転写産物と塩基対を形成し，それを分解に導く．

このように，TEとその残骸は宿主ゲノムにさまざまな変化を生み出し，進化の過程でその変化のなかからたまたま宿主の生存に都合のよいものが宿主ゲノム情報発現制御機構に組込まれてきた（'coöption'や'exaptation'などとよばれる）．いい換えれば，TEはゲノムにさまざまな（次世代に伝わる，そして遺伝的浮動と

---

* **RNAサイレンシング**：20〜30塩基長程度の小分子RNAがArgonauteタンパク質と複合体を形成し，特異的な遺伝子発現の抑制を行う仕組み．標的特異性は小分子RNAの配列（その配列と相補的な配列をもつ遺伝子が標的となる）が担い，Argonauteタンパク質は標的RNAの切断，分解，翻訳抑制，さらにはDNAメチル化やヒストン修飾に直接または間接的に関与する．

選択の対象となる）変化をひき起こすことでゲノム進化を駆動してきた．

5・4 遺伝子発現制御システム
5・4・1 制御因子としての RNA

DNA やタンパク質と比較した際，RNA の優れている点は，

1) 配列情報をもつことで他の核酸と特異的な相互作用（ワトソン・クリック型塩基対合）が可能（"高い認識能力"）
2) 同一の一次配列からさまざまな複雑なカタチをとることができる（"スイッチ/センサーまたはプラットホーム機能"）
3) 細胞内を移動できる（能動的輸送または拡散による"ネットワーク形成"）

ことである．これらの性状は RNA が特異的な遺伝子発現"制御"因子として機能できることを示唆する．

2011 年現在，ヒトのタンパク質をコードする遺伝子数は 2 万個ほどであり，これらはゲノム全体のたかだか 2 ％を占めるにすぎない．一方，トランスクリプトーム解析の結果，ヒトゲノムの大半が転写されていることが明らかとなり，その大きな部分をタンパク質をコードしない RNA〔ノンコーディング RNA（ncRNA）〕が占めることが明確になった．しかも，ここ数年，エピジェネティクスにおける ncRNA の役割や miRNA などの小分子 RNA の発生・分化や細胞増殖における役割とそれらがほぼすべてのタンパク質をコードする遺伝子を制御している（ヒト遺伝子全体の少なくとも 70 ％以上が miRNA の制御下にある）ことが明らかになるにつれて，急速に，ゲノムの非コード領域に重要な'遺伝学的活性'があり，それが ncRNA というかたちで情報を発信していることが見えてきた．つまり，これら膨大な数の ncRNA（その大半が未だ機能未知）こそがヒトを頂点とする複雑な生命の"陰のプログラム"ではないかと予想され，そしてその陰のプログラムが古典的なセントラルドグマを書き換えようとしている．

実際，ヒトのタンパク質をコードする遺伝子の 99 ％の相同遺伝子がマウスに存在し，ヒト（またはマウス）のみに存在する遺伝子はきわめて少ない．したがって，種の違いや表現型の変動はタンパク質をコードする配列内にあるのではなく，むしろ遺伝子発現の制御プログラムのなかにあることは確かである．たとえば，miRNA は基質特異性のない酵素（Argonaute タンパク質）と複合体を形成することでこのタンパク質を標的 RNA に塩基対形成を通してガイドする標的認識分子として機能する[24]（図 5・5 参照）．すでにヒトの場合，1000 種以上の miRNA が同定されており，これはつまり一つの基質特異性のない酵素が結合するパートナー miRNA を変えることで膨大な数の標的を制御する能力をもっていることを示唆する．さらに，

miRNAの数, miRNA認識配列そして遺伝子内の位置の違いは, 同じタンパク質をコードする遺伝子であっても, 種に特異的な発現パターンを可能にするであろう.

5・4・2 RNAセンサーとリボスイッチ

制御因子としてのRNAがすでに多く見つかってきているが, ここではRNAが**センサー**として働く2種類の制御機構についてさらに解説したい. RNAは代謝産

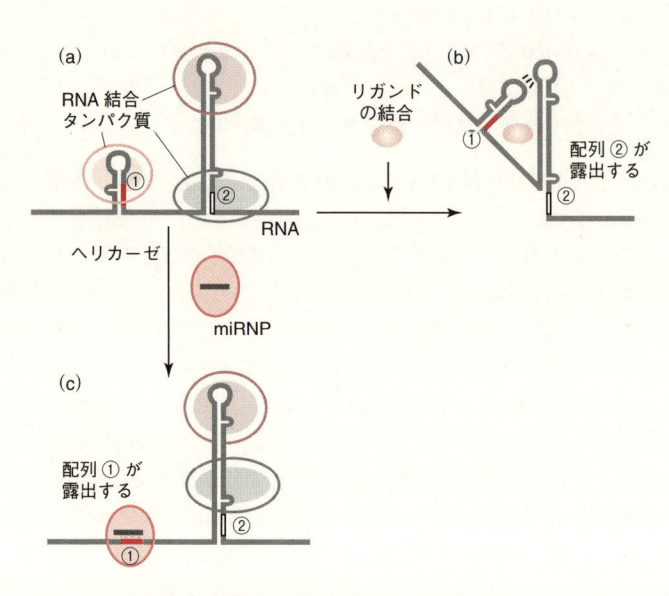

図5・6 RNAシス配列の機能は隠蔽と露出により制御される　ここでは①（赤色の線）と②（白色の線）の二つのRNAのシス配列を考えてみよう. (a) の場合, ①と②いずれも二次構造（ステム）の中に位置し, すでにそれぞれRNA結合タンパク質（赤と灰色の円で表現）により隠蔽されている. ①と②が位置するステムループ構造が相互作用し, あるリガンド（　）に高い親和性を示すアプタマーを形成することで構造が変化し (b), ②の配列が一本鎖化され, 露出される. この結果, ②の配列に別のRNA結合タンパク質（翻訳因子, スプライシング因子など）が結合できる. 一方, (c) ではRNAヘリカーゼによりステムループ構造が融解されることで①の配列が一本鎖化され, 露出される. ①の配列が, たとえばmiRNA結合部位を含んでいる場合, miRNA-Argonaute複合体（miRNP）がそこに結合することができ, その結果, この標的mRNAの発現を制御することができる.

物やアミノ酸などの小さな分子**リガンド**（ligand）と高い親和性をもって結合し, またその結合が大きな構造変化をひき起こす場合がある. したがって, 小分子リガンドとの結合がRNA構造のレパートリーを増やすことになる. 遺伝子発現制御は,

極言すれば，シス配列（DNAまたはRNAの特定の配列）とそれを特異的に認識するトランス因子（タンパク質，RNA，代謝産物）の組合わせである（図5・6）．RNAシス配列の機能は状況（文脈）に依存（context-dependent）する．つまり，RNAシス配列の機能はそれがどのような三次構造のなかに存在するか，そしてそれらにどのようなトランス因子（RNA結合タンパク質）が結合するかによって決まる．RNAシス配列がスイッチ（ここでは，単純な発現のオン・オフのみならず，細胞内局在の変化や発現量の閾値を決めるような調節機能も含める）として機能する場合，一つの構造を安定に保ち，かつ別の構造にも変化できる構造上の微妙なバランスが要求される．RNAシス配列が形成するある一つの構造とそれを認識するトランス因子が別のトランス因子にとっては競合の対象となる．おそらく，そのような構造変換が可能な微妙なバランスを保つRNA配列（進化の検証を受けた結果，折りたたみ動態，熱力学的安定性，結合の親和性と特異性などのパラメーターを満たす配列）が選択されてきた．さらに，そのようなRNA構造変換を促すために特別なタンパク質〔構造形成を助けるもの（シャペロン）と構造を壊すことを助けるもの（ヘリカーゼ）〕が（おそらく，エキソンシャッフリングの結果，たまたま）選択されてきた．

特定の小分子リガンドと選択的に高い親和性をもって直接結合するRNA高次構造は**アプタマー**とよばれる．SELEX法にて特定のアプタマーを作り出すことができる．一方，'天然アプタマー'も見いだされており，これらは遺伝子発現制御のセンサーとして機能し，遺伝子発現の際のスイッチになることができる．スイッチ機能をもつアプタマーは，**リボスイッチ**（riboswitch）とよばれる[27]．アプタマーは，タンパク質における抗体や細胞膜受容体に相当するものであり，原始RNAゲノムにおいて，環境応答の際の受容体または代謝産物の存在状況を読み取るセンサーとして機能したかもしれない．つまり，RNAは情報をもち，酵素として機能し，しかもきわめて高い特異的分子認識機能をももつことができる．天然のリボスイッチはアプタマーと"発現プラットホーム"が対になって存在しており，これらは分子認識部位（センサー）と構造変化による遺伝子発現スイッチに対応する（図5・6参照）．

タンパク質酵素におけるアロステリック効果のように，典型的なリボスイッチではアプタマー部分が特定のリガンドと結合することで隣接する発現プラットホームのRNA高次構造変化が誘導され，その結果，発現プラットホーム部分に含まれている発現制御シス配列（転写終結，翻訳開始，スプライシングなどにおいてトランス因子が直接認識する重要な配列）が露出または隠蔽される．その結果，遺伝子発現のスイッチが入る．原始RNAゲノムではアプタマーがリボザイムと隣接することで，小分子リガンドによるリボザイムの活性調節が選択されていたかもしれない．

5・4・3 長鎖ノンコーディングRNA

RNAがセンサーとして機能するもう一つの例として**長鎖ノンコーディングRNA（長鎖ncRNA）**の機能を考えてみよう[28),29)]．長鎖ncRNAにはさまざまなタンパク質がさまざまな組合わせで会合するため，これらRNP複合体の"核"またはプラットホームとなることができる．これは長鎖ncRNAが発生や生理学的なシグナルの読み取り，そしてそれらを統合する場所となることを示唆する．RNA結合タンパク質のRNA結合活性はリン酸化などの修飾や他のタンパク質との相互作用によって変化し，さらに，RNAに結合した結果，そのタンパク質の構造やリボスイッチのように隣接するRNA構造の変化を誘導することもあると推測される．タンパク質の修飾やタンパク質間相互作用はシグナル伝達系による制御を受けるため，長鎖ncRNAとその相互作用タンパク質は細胞がおかれている環境の変化を読み取り，それを遺伝子発現の変化に導くプラットホームとなる．また，いくつものタンパク質複合体が（同時に）結合できるため，種々のシグナル伝達系を統合するプラットホームともなる．さらにこのような長鎖ncRNAの発現を制御（転写，スプライシングおよび安定性のレベル）することでRNPの会合そのものや特定シス配列の有無も調節できる．タンパク質やRNAの構造変化はそれらと相互作用する因子（タンパク質やRNA）の種類を変化させる．

また，多くのRNA結合タンパク質は二つ以上のRNA結合ドメイン（RNPモチーフ，KHドメイン，RGGボックスなど）をもっており，それらがそれぞれ特定のシス配列を認識する．したがって，ある種のRNA結合タンパク質はRNA2分子間を架橋することができる．長鎖ncRNAの場合，その長さゆえに多くのシス配列を提供できるため，タンパク質-タンパク質，タンパク質-RNAおよびRNA-RNA相互作用の連鎖はタンパク質-RNA（RNP）の重合から成るRNP顆粒形成にまで至ることもある．これら相互作用因子の変化やRNP顆粒形成はスプライシングなどの遺伝子発現制御に関与するRNA結合タンパク質の細胞内の利用可能濃度を調整する．つまり，長鎖ncRNA上にRNA結合タンパク質を捉えてしばりつけ，状況の変化に対応して，それらを放出する隔離部屋の機能をもつ．いい換えれば，長鎖ncRNAはRNA結合タンパク質（およびそれに結合する因子）の活性と局在を制御できる．発生過程において，各種長鎖ncRNAは組織（細胞）特異的な，そして特徴的な細胞局在パターンを示すが，これは長鎖ncRNAの発現を制御することで，一度に多くのRNA結合タンパク質を調節できる利点があるためと考えられる．さらに，この利点は特定の場所（特定の染色体部位や核内の特定の場所）に正確に必要な複合体を濃縮する，またはつなぎ止めることにも用いることができる．たとえば，長鎖ncRNAがもつ配列の相補性（RNA-RNAまたはRNA-DNA）を用いて，これに結合する多くのタンパク質を特定の染色体上に配置することも可能であろ

う．つまり，それ自体では局在できないタンパク質群を一挙にまとめて特定の場所に配置することが可能となる．このことが長鎖 ncRNA がしばしばエピジェネティックな制御に関与する理由の一つであると考えられる．

また，長鎖 ncRNA のなかには miRNA などの小分子 ncRNA と相補的な配列を（複数箇所）もち，これら小分子 ncRNA が関わる遺伝子発現制御（RNA サイレンシング）の活性調節にも関与していることが知られている[24]．前述したように，これらトランス因子は特定の RNA 配列に関して競合状態にあるため，長鎖 ncRNA-小分子 ncRNA-RNA 結合タンパク質間に複雑な制御ネットワークが形成されることになる．おそらく，同様の制御ネットワークは mRNA-小分子 ncRNA-RNA 結合タンパク質間にも形成されるであろう．

以上のいくつかの例からすでに明らかなように，ncRNA が実は今まで見逃されてきた重要な制御因子であること，しかもわれわれのゲノムのほぼ全域が転写されていることを考えると，その数はタンパク質をコードする遺伝子の数よりはるかに多いことが予想される（図 5・2 参照）．これら多種多様な ncRNA の役割とその相違点を明らかにすることで，生命を理解するための新しいコンセプトや仮説，さらには方法論が生まれることが期待される．

5・5 おわりに

以上，生物進化から最新の ncRNA の機能まで考察してみたが，すでに明白なように記述の多くが推測である．また，当然論文を引用するところで引用されていない文章が多々あることにも気付かれていると思う．引用文献のないところは，"The RNA World (3rd ed.)[30]" に基づいている．

この本の扉には，つぎの言葉が記載されている:

> The nature of modern RNA suggests a prebiotic RNA world.

最後に L. E. Orgel と F. C. Crick の言葉を引用して終わりにしたい．

> "The lesson is clear: speculation is fun, but even correct hypotheses without experimental follow-up are unlikely to have much effect on the development of biology.[31]"
>
> Leslie Orgel and Francis Crick

文　献

1) T. Dobzhansky, *Am. Biol. Teach.*, March, 125 (1973).
2) N. B. Leontis, E. Westhof, *Curr. Opin. Struct. Biol.*, **13**, 300 (2003).

3) N. Maizels, A. M. Weiner, *Cold Spring Harb. Symp. Quant. Biol.*, **52**, 743 (1987).
4) A. V. Kazentsev, N. R. Pace, *Nat. Rev. Microbiol.*, **4**, 729 (2006).
5) R. M. Turk, N. V. Chumachenko, M. Yarus, *Proc. Natl. Acad. Sci., U. S. A.*, **107**, 4585 (2010).
6) J. D. Watson, F. H. Crick, *Nature*, **171**, 737 (1953).
7) A. D. Ellington, J. W. Szostak, *Nature*, **346**, 818 (1990).
8) C. Tuerk, L. Gold, *Science*, **249**, 505 (1990).
9) M. Illangasekare, G. Sanchez, T. Nickles, M. Yarus, *Science*, **267**, 643 (1995).
10) N. Lee, H. Suga, *RNA*, **7**, 1043 (2001).
11) T. Gibson, A. I. Lamond, *J. Mol. Evol.*, **30**, 7 (1990).
12) P. Nissen, J. A. Ippolito, N. Ban, P. B. Moore, T. A. Steitz, *Proc. Natl. Acad. Sci., U. S. A.*, **98**, 4899 (2001).
13) A. Muto, C. Ushida, H. Himeno, *Trends Biochem. Sci.*, **23**, 25 (1998).
14) M. Di Giulio, *Org. Life Evol. Biosph.*, **33**, 479 (2003).
15) W. F. Doolittele, *Nature*, **272**, 581 (1978).
16) W. Gilbert, *Nature*, **271**, 501 (1978).
17) C. K. Tseng, S. C. Cheng, *Science*, **320**, 1782 (2008).
18) M. B. Gerstein, C. Bruce, J. S. Rozowsky, D. Zheng, J. Du, *Genome Res.*, **17**, 669 (2007).
19) H. Keren, G. Lev-Maor, G. Ast, *Nat. Rev. Genet.*, **11**, 345 (2010).
20) W. F. Doolittele, *Cold Spring Harb. Symp. Quant. Biol.*, **52**, 907 (1987).
21) C. Biémont, C. Vieira, *Nature*, **443**, 521 (2006).
22) J. R. Lupski, *Cell*, **141**, 1110 (2010).
23) A. Jacquier, *Nat. Rev. Genet.*, **10**, 833 (2009).
24) H. Siomi, M. C. Siomi, *Nature*, **457**, 396 (2009).
25) H. Siomi, M. C. Siomi, *Curr. Opin. Genet. Dev.*, **18**, 181 (2008).
26) J. Jurka, V. V. Kapitonov, O. Kohany, M. V. Jurka, *Annu. Rev. Genomics Hum. Genet.*, **8**, 241 (2007).
27) R. R. Breaker, *Cold Spring Harb. Perspect Biol.*, Nov 24 (Epub) (2010).
28) J. E. Wilusz, H. Sunwoo, D. L. Spector, *Genes Dev.*, **23**, 1494 (2009).
29) X. Wang, X. Song, C. K. Glass, M. G. Rosenfeld, *Cold Spring Harb. Perspect Biol.*, Jan, 1(Epub) (2011).
30) "The RNA World (3rd ed.)", ed. by R. F. Gesteland, T. R. Cech, J. F. Atkins, Cold Spring Harbor Laboratory Press, Cold Spring Harbor, New York (2006).
31) L. E. Orgel, F. H. C. Crick, *FASEB J.*, **7**, 238 (1993).

第 II 部

生命の維持と継承

6

代謝調節と細胞間情報伝達の分子機序

6・1 はじめに

　ヒトをはじめとした高等哺乳類は最も高度に進化した恒常性維持機構をもっている．長寿を全うするために，栄養状態や外気温などのさまざまな環境の変化に対応しつつ，体内には，代謝調節をはじめとする異なるレベルでの独立した，あるいは総合的な恒常性維持のためのシステムが存在する．これらさまざまなシステムのなかで，概念的にも実証的にも最も確立している制御システムに，**内分泌系**と**神経系**があげられる．**内分泌系**では産生臓器からつくり出される**ホルモン**が血液に乗り，標的臓器や標的細胞に存在する**受容体**（レセプター）に結合することで，特異的な細胞応答をひき起こす．すなわち臓器や細胞間連絡システムの一つである．一方，**神経系**は内分泌系に比べ，きわめて近接した神経細胞間でのより局部的な細胞間連絡システムである．神経伝達上流の神経細胞から**神経伝達物質**が分泌され，下流の神経細胞の受容体に結合することで，シグナルがリレーされることになる．この二つのシステムは，細胞応答という点や，細胞応答の結果ひき起こされる生物現象という点ではまったく異なるが，概念的かつ分子レベルではきわめて酷似したシステムである．いずれもいわゆる化学情報伝達に属し，両者を一般化すれば**リガンド–受容体システム**といえる[1]．

　このリガンド–受容体システムは，内分泌系/神経系のみならず，免疫系，細胞接着因子による細胞間情報伝達，さらに炎症反応においても，中心的な役割を果たしている．ここでは，一般的な生物学でもなじみの深い内分泌システムを紹介することで，臓器・細胞間連絡の分子機序や恒常性分子機構維持について，理解してもらいたい．

6・2 恒常性維持の中核を担う内分泌系

　古典的な内分泌系は，ホルモン産生臓器から異なる標的臓器へシグナルを伝達する臓器間連絡システムととらえられてきた（図6・1a）．一方，内分泌の分子細胞生物学の進展により，内分泌系はより局所的な微小環境でも重要なシグナル伝達を

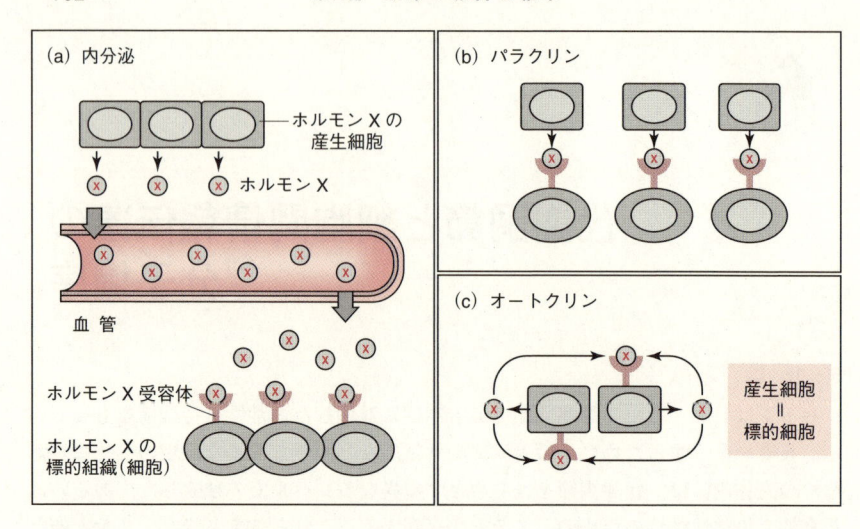

図6・1　内分泌系の概要　ホルモン産生組織（細胞）から分泌されたホルモンは血流に乗り標的細胞もしくは臓器に到達し，受容体に結合することでその生理作用を発揮する（a）．これら古典的なホルモン作用機序に加え，局所的にホルモンが作用するパラクリン（b）やオートクリン（c）も知られている．

行っていることが明らかにされている．すなわち，隣接した細胞へ作用する**パラクリン**（傍分泌）やホルモン産生細胞自身に作用する**オートクリン**（自己分泌）システムの存在が明らかになっている（図6・1b, c）．

おのおののホルモンの詳細な生理作用については成書に譲ることにして，ここではホルモン結合により活性化される受容体からの細胞内シグナル伝達を概観したい．

6・3　水溶性ホルモン-細胞膜受容体システム

ホルモン-受容体システムは，ホルモンの化学的性質によって，大きく二つに分類される（図6・2）．

水溶性ホルモンは，細胞膜を透過できないために，その受容体は細胞膜上に存在する．これら内分泌ホルモンには，インスリン，グルカゴンなど血糖の恒常性維持に働くものや，成長ホルモン，インスリン様増殖因子（IGF-I，IGF-II）に代表される栄養状態に呼応して成長を維持するものが例としてあげられる．これらのホルモンはタンパク質であるが，より小分子量のペプチドホルモンも存在する．例としては，ホルモン産生刺激ホルモン群や，消化器系ホルモン群があげられる．これらタンパク質（ペプチド）ホルモンの最小構成単位はアミノ酸である．アミノ酸が

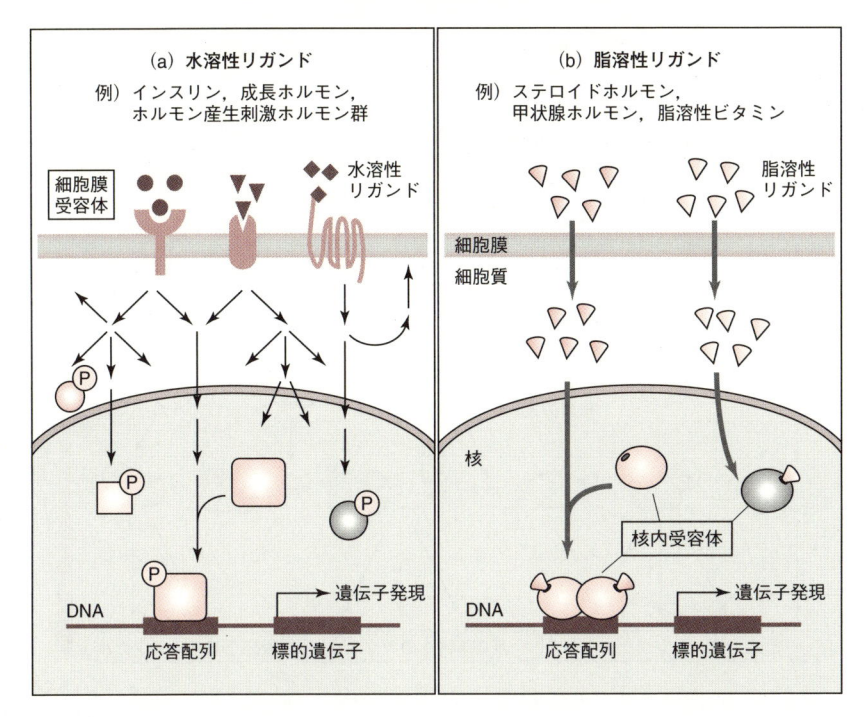

図6・2 リガンド-受容体システム リガンドの種類によって受容体は2種類に大別される．アミノ酸もしくはその代謝物を最小単位にする水溶性リガンド（a）は，細胞膜を透過できないため受容体は膜表面に存在する．一方，低分子量の脂溶性リガンド（b）は細胞膜を透過できるため受容体は核内に存在する．各受容体からのシグナルの流れを矢印で示した．

水溶性であるので，その重合体は水溶性である．膜受容体群のタンパク質構造はさまざまであり，異なる立体構造やサブユニット構成をとっているが，一般にホルモン結合により活性化されたホルモン受容体は，秒から分単位の速い細胞内反応をひき起こす．これには細胞膜での物質変換の促進や，細胞骨格の再編成などが知られている．さらに時間単位での細胞反応としては，細胞周期，情報伝達の発現制御や染色体構造調節をひき起こし，細胞増殖や細胞死などの細胞の運命決定に関する例も知られている．受容体からの細胞内シグナル伝達にはさまざまなシステムが知られているが（図6・3），いずれもシグナルはつぎつぎとリレーされ，細胞内で増幅される．また一般に過剰な細胞内応答を抑制するため，活性化されたシグナルは一定期間ののち，不活性化されるシステムが存在する[1]．

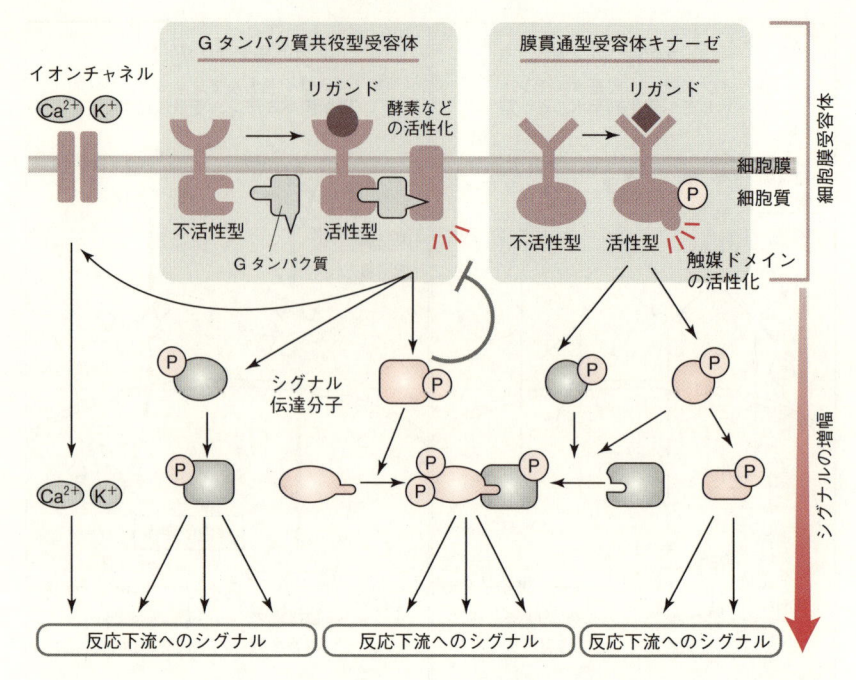

図6・3 水溶性ホルモン-細胞膜受容体システム（概要） 細胞膜受容体群の概念的な構造と細胞内シグナルを示す．あくまでも代表的なシグナル伝達を簡略化して示す．シグナルの流れは矢印で示した．なお，シグナル下流に位置する因子群の数は，通常上流の因子より多いので，結果としてシグナルは増幅する．

6・4 脂溶性ホルモン-核内受容体システム

　古典的なホルモンとして古くから生理作用が知られているステロイドホルモンや甲状腺ホルモン類は**脂溶性リガンド**として，核内に存在する受容体を活性化する(図6・2b，図6・4)．

　これらのホルモン類には，有性生殖を担う女性ホルモンや男性ホルモン（エストロゲン，アンドロゲン）およびプロゲステロンや，糖新生と抗炎症作用を示すグルココルチコイド（糖質コルチコイド），ミネラルコルチコイド（鉱質コルチコイド），成長とエネルギー代謝を調節する甲状腺ホルモンが含まれる．カルシウム出納を正にするビタミンD，個体発生に必須なビタミンA（レチノイン酸），エイコサノイド誘導体，さらにはコレステロール代謝産物もステロイドホルモンと同様，核内受容体リガンドとして作用する[1],[2]．核内受容体は，リガンド依存性転写制御因子であり，おのおのの受容体に特異的な標的遺伝子群の発現を転写レベルで正負に制御

第6章 代謝調節と細胞間情報伝達の分子機序　　　　105

(a) 核内受容体タンパク質の構造

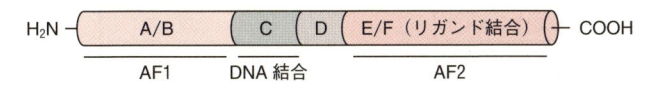

H₂N ─[A/B │ C │ D │ E/F（リガンド結合）]─ COOH
　　　　AF1　　DNA結合　　　　AF2

(b) 核内受容体スーパーファミリー

| ステロイドホルモン受容体 | | アミノ酸数 | リガンド |

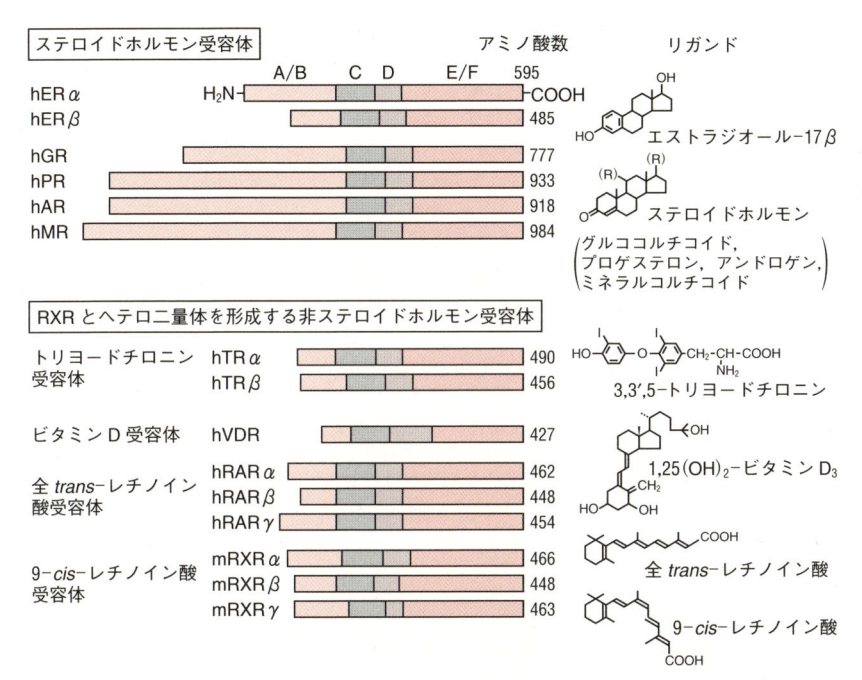

	A/B　C D　E/F		
hERα	H₂N—	595 COOH	エストラジオール-17β
hERβ		485	
hGR		777	ステロイドホルモン
hPR		933	（グルココルチコイド,
hAR		918	プロゲステロン, アンドロゲン,
hMR		984	ミネラルコルチコイド）

RXRとヘテロ二量体を形成する非ステロイドホルモン受容体			
トリヨードチロニン受容体	hTRα	490	3,3',5-トリヨードチロニン
	hTRβ	456	
ビタミンD受容体	hVDR	427	1,25(OH)₂-ビタミンD₃
全trans-レチノイン酸受容体	hRARα	462	全trans-レチノイン酸
	hRARβ	448	
	hRARγ	454	
9-cis-レチノイン酸受容体	mRXRα	466	9-cis-レチノイン酸
	mRXRβ	448	
	mRXRγ	463	

図6・4　核内受容体タンパク質の構造 (a) と核内受容体スーパーファミリー (b)　(a) 受容体タンパク質の構造はA～Fの領域に分けることができ，中央のCがDNA結合領域，C末端側のEがリガンド結合領域である．転写共役因子とドッキングする転写調節領域はA/B，Eの2箇所（AF1, AF2）にある．(b) 核内受容体タンパク質群を (a) にならって左側に示した．右側にリガンドの化学構造を示した．本文に記したように核内受容体にはリガンド未同定のオーファン受容体も多数存在するが，ここではリガンドの生理作用が証明されている受容体群を示す．h: ヒト，ER: エストロゲン受容体，GR: グルココルチコイド受容体，PR: プロゲステロン受容体，AR: アンドロゲン受容体，MR: ミネラルコルチコイド受容体．

する[3]．標的遺伝子産物がリガンドの実際の生理作用を発揮するのである（図6・5）．標的遺伝子群には，タンパク質のほか低分子RNA（miRNA）をコードする遺伝子群が同定されている[4]．

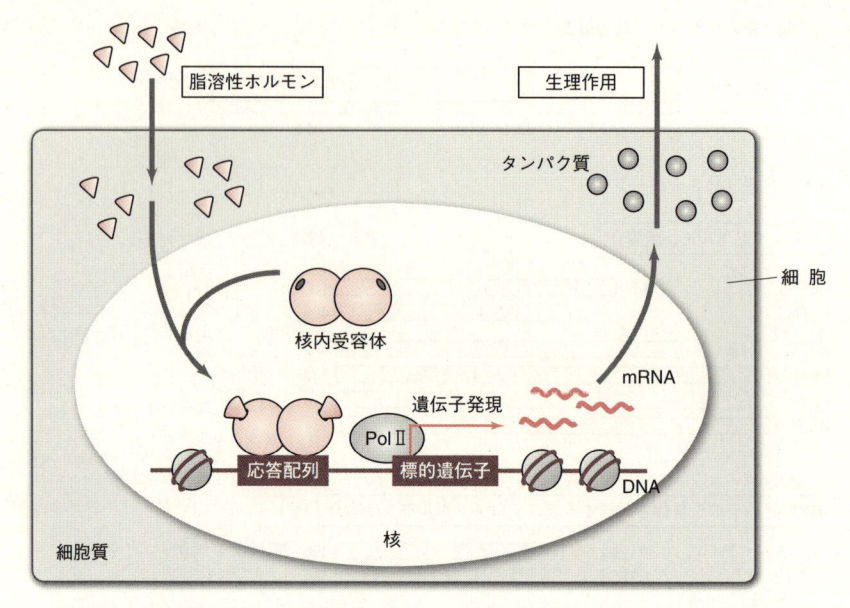

図 6・5　脂溶性ホルモン-核内受容体システム（概要）　核内受容体を介した脂溶性ホルモンの作用機序を模式図で示した．標的遺伝子産物群が実際の生理作用を発揮する．脂溶性ホルモンの多彩な生理作用は標的遺伝子群の多様性に起因しているが，細胞内シグナル伝達機構の基本は同様と考えられている．PolⅡ：RNAポリメラーゼⅡ．

6・5　核内受容体スーパーファミリー

　核内受容体は，一つの原初遺伝子から派生した遺伝子スーパーファミリーを形成しているため，互いの構造と機能は酷似している（コラム5,図6・4b参照）．動物界に広く存在し，線虫にはこのファミリーに属する遺伝子が200種近くも見いだされているが，植物界には存在しない．ヒトでは48種類存在し，受容体タンパク質の構造と機能は詳細に調べられている．

　核内受容体は，ステロイドホルモン受容体や甲状腺ホルモン受容体群のようにホルモン（リガンド）が同定され，かつリガンド依存的に受容体機能が調節されているもののほかに，リガンド未知の**オーファン**(孤児)**受容体**群も多数存在する[3]．オーファン受容体群は，内因性リガンドが同定されないのか，もしくはリガンドを受容しないのか判然としないものも多い[5]．一方，線虫をはじめとする下等動物では，オーファン受容体型の受容体種がほとんどである[6]．このことは，原初核内受容体が単量体でDNAに結合するリガンド非依存性転写制御因子であることを示唆して

第6章 代謝調節と細胞間情報伝達の分子機序

おり，進化の過程で二量体化やリガンド結合能を獲得したものと考えられている（図6・6）．したがってステロイドホルモン受容体群が分子進化で最も進化したタイプの受容体であると考えられている．実際に，受容体のリガンド結合特異性は，このタイプの受容体群が最も高い（リガンド結合のポケットが狭い）[7]．

このような受容体群の分子進化は，結合する DNA 配列の類似性からも推察することができる．図6・6に示すように，最も進化したタイプのステロイドホルモン受容体群は，ホモ二量体として DNA に結合するが，標的配列は回文（パリンドローム）様配列である．一方，甲状腺ホルモン，ビタミン A，ビタミン D の受容体群はヘテロ二量体*として，二つの直列繰返しのコア配列に結合する．その他単量体として結合するオーファン受容体群の標的配列を含め，すべての受容体群の DNA 結合配列を比較すると，いずれも 6 塩基のコア配列（5′-AGGTCA-3′）から構成

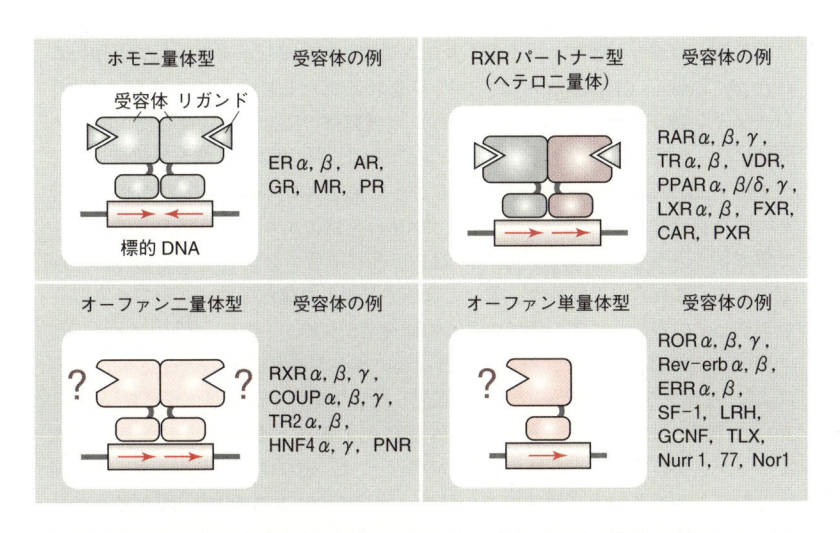

ホモ二量体型	受容体の例	RXR パートナー型（ヘテロ二量体）	受容体の例
受容体 リガンド／標的 DNA	ERα, β, AR, GR, MR, PR		RARα, β, γ, TRα, β, VDR, PPARα, β/δ, γ, LXRα, β, FXR, CAR, PXR
オーファン二量体型	受容体の例	オーファン単量体型	受容体の例
? ?	RXRα, β, γ, COUPα, β, γ, TR2α, β, HNF4α, γ, PNR	?	RORα, β, γ, Rev-erbα, β, ERRα, β, SF-1, LRH, GCNF, TLX, Nurr 1, 77, Nor1

図6・6 核内受容体の構造と機能 受容体タンパク質の構造を模式図で示した．また標的 DNA 塩基配列についても記した．（コア配列は矢印で示した．）

されていることがわかる．このことは一つのコア配列が基本となって二つのコア配列が重複または反転することで，さまざまな DNA 結合部位を構成し，受容体種の多様性に呼応するようにみえる．したがって，あたかも受容体タンパク種と標的DNA 配列は，共進化したかのようである．

---

* これらヘテロ二量体では，RXR が 5′ 側に位置し，共受容体として機能する．この場合，RXR へのリガンド結合はヘテロ二量体の機能には影響はない．

コラム5　核内受容体スーパーファミリーの発見

　ステロイドホルモンは，内分泌学の中心のホルモンの一つであるため，古くからその生理作用については膨大な研究が行われてきた．しかしながら，その分子作用機序については長い間不明であり，1980年前後に，核内に受容体が存在し遺伝子の発現制御を介し生理作用を発揮するモデルがE. Jensenにより初めて提唱されていた．このような状況下，分子生物学の興隆と相まって，1986年暮れに，米国のR. Evansによるグルココルチコイド受容体（GR），フランスのP. Chambonによるエストロゲン受容体（ER）の遺伝子クローニングの成功が報じられ，GR/ERともにホルモン依存性転写制御因子であることが証明された．このことから，ステロイドホルモン類は標的遺伝子の発現制御によりその生理作用を発揮するという概念が確立された．これらの功績により，この3人の博士には，米国で最も権威のあるラスカー賞が2006年に与えられている．

　その後，つぎつぎとステロイドホルモン受容体群の遺伝子クローニングが行われたが，Evans, Chambonらは，1987年暮れにまたしてもおのおの独立して，**レチノイン酸**（ビタミンAの活性本体）の**受容体**（RAR）を発見した．RARの発見には，当時二つの大きなインパクトがあった．レチノイン酸が個体発生に必須であり，かつ強力な催奇性物質であることは発生学の世界では有名であったが，その作用機序については謎であった．RARの発見により，この謎が分子レベルで解き明かされたのである．また，RARの存在や他のステロイド受容体群の同定により，これらの受容体が，構造と機能が酷似した**遺伝子スーパーファミリー**を形成していることにこの領域の多くの研究者が気づいた．

　1990年以降は，この考えを逆手にとったいわゆる逆遺伝学（reverse genetics）により，リガンド未知のオーファン（孤児）受容体遺伝子がつぎつぎと見つかり，2011年現在，ヒトでは48種の受容体が存在することがわかっている．当初オーファン受容体と考えられた受容体のなかには，逆に受容体からリガンドが同定されたものも多数存在する．その結果，胆汁酸やコレステロール/エイコサノイド代謝中間体など生体内もしくは食物中に微量に存在し，かつ化学的に不安定な脂溶性生理活性物質が，これら受容体のリガンドとして作用することが明らかになった．なかでもエイコサノイド代謝中間体をリガンドとするPPARα，β，γは脂質代謝や脂肪細胞分化決定因子としての機能が注目されている．実際，抗糖尿病作用のある合成薬剤が，後になってPPARγのリガンドであることが判明している．

　このように，核内受容体スーパーファミリー存在の発見により，これまで作用機構が不明であった脂溶性の天然および合成生理活性物質の作用機序が分子レベルで理解できるようになったのである．

6・6　核内受容体の構造と機能

　受容体タンパク質の構造はタンパク質アミノ末端よりA～Fまでの領域構造に分割することができ，おのおのの領域が特徴的な機能をもっている（図6・4a）．中央に位置するC領域は **DNA結合領域** であり，E領域は **リガンド結合領域** である．また転写共役因子とドッキングする **転写調節領域**（AF）は，A/BとE領域の2箇所存在する．おのおのの転写調節活性の比は細胞種で異なり，さらに同じ細胞でも細胞の状態により活性比が変動する．このことから，相互作用する転写共役因子の種類と発現量は細胞種特異的であることがうかがえる．リガンド結合により受容体タンパク質全体の立体構造が変化するが，最も顕著な変化はリガンド結合E領域にみられる．この領域は12個のαヘリックスで構成される球状構造をとっており，中央の疎水性ポケットにリガンドが収納される．リガンドが結合すると12番目のαヘリックス（H12）が大きくシフトすることがX線回折から解明されている．このリガンド結合依存的なH12のシフトは受容体全体の構造変化や転写共役因子群とのリガンド依存的な相互作用に必須であることがわかっている．また後で述べるように，リガンドの種類によってこのH12のシフトする角度が異なっており，転写共役因子との相互作用においても質的，量的に変わることが示されている[8]．

6・7　核内受容体による転写制御の分子機構

　核内受容体は，**DNA結合性転写制御因子** であり，標的遺伝子プロモーター上の特異的DNA結合配列（サイレンサーもしくはエンハンサー）に結合する．結合した受容体は，基本転写因子群とともに，RNAポリメラーゼIIをリクルートすることで転写をリガンド依存的に制御する．最近染色体上での核内受容体の結合部位が網羅的に調べられ，1細胞当たり2万箇所と予想以上に存在することがわかった[9]．このことは，§6・5で述べたような特異的標的DNA配列への強固な結合以外にも，他のDNA（染色体）結合性因子群との相互作用により，染色体上へリクルートされると考えられるようになってきている．このようなDNA（染色体）との結合様式はまだ不明な点も多いが，いずれにしても結果としてはリガンド（ホルモン）に応答し，受容体は転写を制御する[10]．標的遺伝子群は，リガンド依存的に正と負に転写が制御される[11]が，分子機序がより詳細に解明されている正の転写制御について以下に概説したい[12]．

　リガンドに結合していない状態の核内受容体は，転写反応へ抑制的に働く．リガンド結合は，受容体の転写制御を解除し，積極的に転写を活性化する[10]．このようなリガンド依存的な転写の活性化には，二つのクラスの **転写共役因子** 群（coregulator）が関与する．リガンド未結合状態では **コリプレッサー** が，リガンド

結合状態では**コアクチベーター**が，核内受容体に入れ替わるように相互作用するのである．このようなリガンド依存的に解離や相互作用する転写共役因子群の存在の予想は，1990年代前半に提唱され，実際1995年には最初のコアクチベーター群が同定されている[10),12]．一つは，基本転写因子群との橋渡しをするアダプター複合体群であり，核内受容体群のみならず他のクラスのDNA結合性転写制御因子群に対してもコアクチベーター活性を示す．このような基本転写因子と性質が近いアダプター複合体には，メディエーターやDRIP/TRAP複合体群がある[13]．一方，同じ時期に核内受容体特異的な転写共役因子，NCoRやSRC-1が見いだされている．

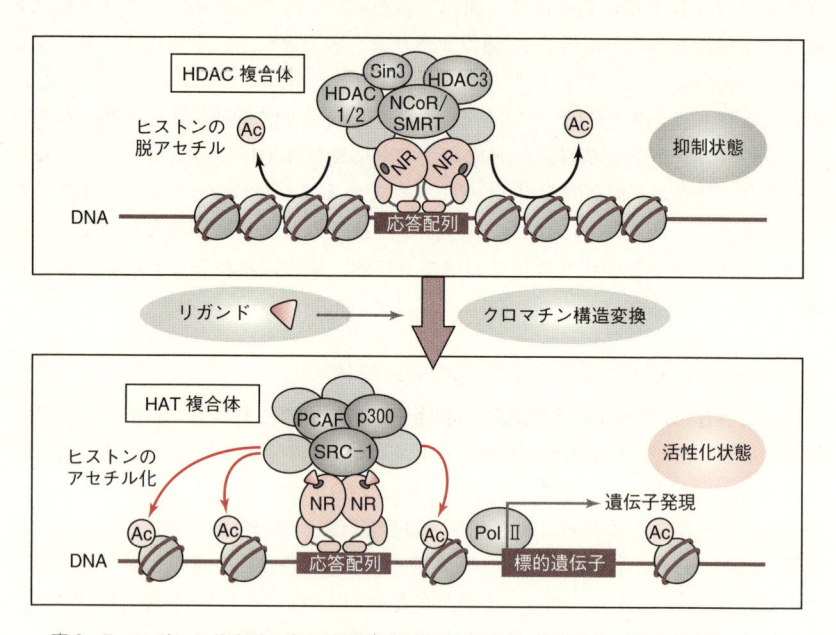

図6・7　リガンド依存的な転写制御と転写共役因子群（概念図）　核内受容体（NR）のリガンド依存的な転写制御の分子機構は，正負に機能する転写共役因子群との相互作用により理解される．最初に同定された転写共役因子群はヒストンアセチル化関連の酵素群である．HDACによる脱アセチルによる染色体の不活性化を上段に，HATによる染色体活性化を下段に示した．

NCoRはヒストンデアセチラーゼ（HDAC）と複合体を形成しており，コリプレッサー複合体として機能する[14]．一方，SRC-1はヒストンアセチラーゼ（HAT）と複合体を形成することでコアクチベーターとして機能する（図6・7）[15]．このような正負に作用する転写共役因子群の機能解析から，リガンド依存性の転写制御にはヒストンの可逆的な**アセチル化**を伴うことが最初に証明されている．ヒストンがア

セチル化されると，ヒストンタンパク質間の電荷反発により，染色体構造がゆるむことがわかっている．核内受容体を介したリガンド依存的な転写制御は染色体の構造変化を伴うことがこれらヒストンアセチル化の研究により解明されたのである．

ヒストンのアセチル化を介した染色体構造変化は，当初はホルモンやリガンドによる転写制御の中核と考えられた[10),12)]．しかし，最近の染色体構造調節やエピゲノム研究の進展（§4・10・5参照）から，ヒストンのアセチル化のみではリガンド（ホルモン）に呼応した染色体構造調節全般を説明できないことがわかってきている[16)]．

6・8 脂溶性ホルモン（リガンド）による染色体構造調節の分子機序

古典的なステロイドホルモンの作用機序の一つに，1970年代から，**染色体メモリー**の考察がある．古典的な性ホルモン作用の実験では，ホルモン未曝露の標的器官では，ホルモンの生理作用発現には日単位の時間を要するが，2回目のホルモン処理では時間単位での応答がひき起こされることが知られている．このように，性ホルモンは可塑的な変化を染色体上にメモリーとして残すメカニズムが存在するこ

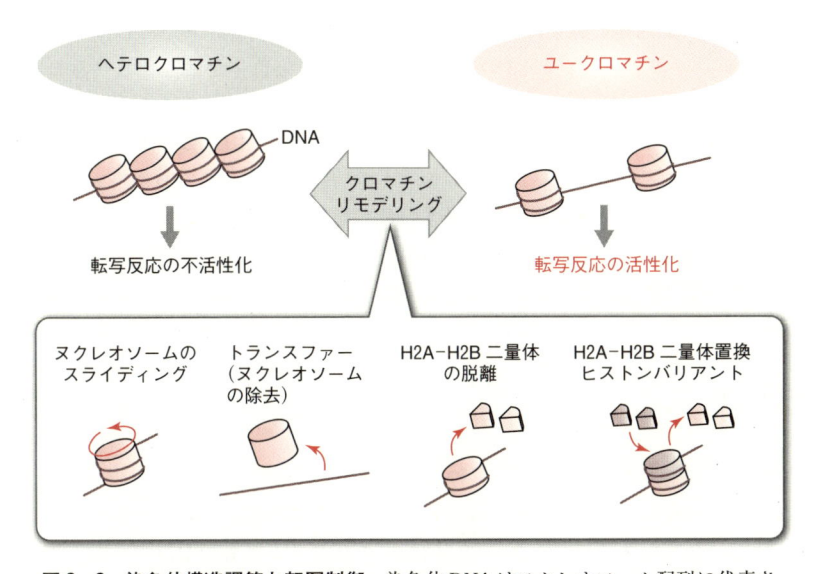

図6・8 染色体構造調節と転写制御 染色体DNAはヌクレオソーム配列に代表されるように密な構造をとっており，一般に転写反応は阻害されている．そのため核内受容体などのDNA結合性転写制御因子群が特異的染色体部位に結合するためには，染色体構造がゆるんで，DNAが細胞核内に曝露される必要がある．逆に染色体構造を密にすることで転写反応は不活性化される．下段では，クロマチンリモデリングの詳細な分子機序4パターンを示した．染色体上では，これら現象は独立したイベントではなく，複合的に進行すると考えられている．

とが指摘されてきた．このような染色体メモリーの実体は長い間不明であったが，最近のエピゲノムや染色体の構造調節の研究から，分子レベルで理解されようとしている．すなわち，ユークロマチンやヘテロクロマチンに代表されるような染色体の構造調節は，転写制御のみならず，他の染色体上での生物反応にも必須であることが明らかになっている[17]．このようなダイナミックな染色体構造調節は，**クロマチンリモデリング**とよばれ，ヒストン八量体のスライディングやトランスファーとよばれる反応により達成される（図6・8）．

染色体構造調節は，染色体上の特異的な領域で行われ，またその制御様式や機構も複雑であるが，最近この調節を指示する仕組みがわかりつつある．いわゆる"ヒストンコード"とよばれる仮説であり，巻き付いている染色体DNAの外側に位置するヒストンタンパク質末端に導入されるタンパク質修飾の組合わせがシグナルになるという考え方である[18]．ヒストンタンパク質の可逆的な修飾は，前述したアセチル化のほかに2011年現在計7種の修飾が知られており，なかでも**メチル化**がきわめて重要であることが証明されつつある[19]．ヒストンのメチル化では，同じリシンもしくはアルギニン残基に最大三つのメチル基が導入される．また，メチル化部位によって，染色体の機能が反対に制御される．転写制御においては，ヒストンH3のリシン4およびリシン36のメチル化が周辺の染色体を活性化させると考えられている．一方，ヒストンH3のリシン9およびリシン27のメチル化は，染色体の不活性化をひき起こすことがわかっている[20]（図6・9）．このように，ヒストンメチル化は，アセチル化に比べより複雑かつ巧妙に制御されており，またすべてのヒストン修飾の上流に位置すると考えられている．したがって完全に不活性化状態の染色体領域で遺伝子が活性化される場合には，ヒストンのメチル化パターンの改変を伴った染色体の構造調節が必須と考えられる．このことにより，染色体上の標的部位でのホルモン応答においては，ダイナミックな染色体構造調節を伴うことが理解でき，ヒストンアセチル化のみならずメチル化関連の修飾が必須であると予想される[16]．

6・9　染色体の構造調節を伴う転写とエピゲノムの共制御

このようなヒストンタンパク質修飾による染色体の構造調節は，ホルモンによる転写制御に必須なステップであるが，同時にエピゲノム制御の中核でもある[16]．次世代への遺伝情報の伝達には，このヒストンタンパク質修飾のパターン形成の伝播が必須である．このことは，染色体の構造調節やヒストンタンパク質修飾パターン形成は，染色体上での転写制御反応とエピゲノム形成の二つのプラットホームであり，かつ共制御であると考えられる．言い方を変えると，脂溶性ホルモンによる染色体構造再構築は，エピゲノム制御の一部であるといえよう．

実際，このような考え方が成立する前に，核内受容体の転写共役因子として，ヒストンメチル化/脱メチル酵素群が報告されており[21)〜23)]，2011年現在なお新たなメチル化関連酵素群の共役活性が報告されている．このことは，他のヒストンタンパク質修飾酵素群も核内受容体の転写共役因子として機能する可能性を強く支持するものである（図6・9）．

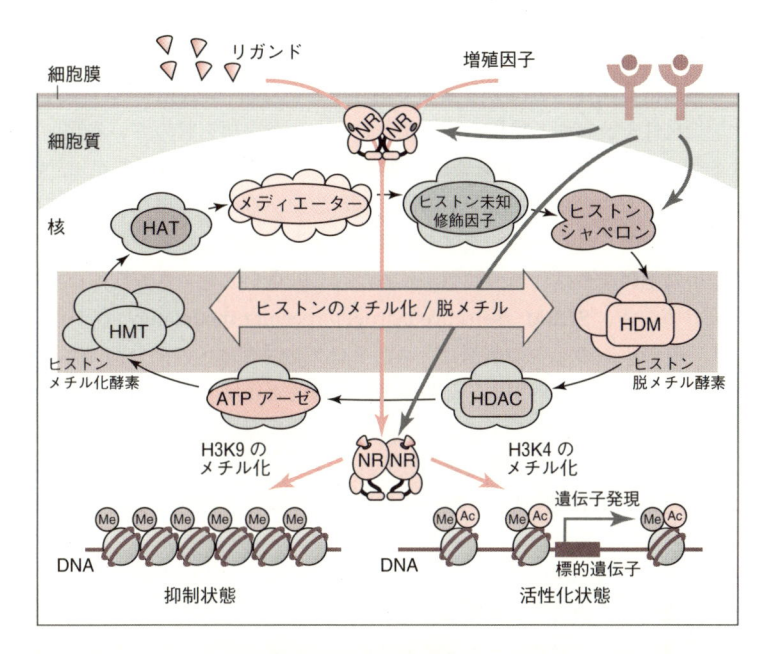

図6・9 ヒストンタンパク質修飾と染色体構造調節 さまざまなヒストンタンパク質の修飾の組合わせが染色体上の位置情報を規定し，周辺の染色体の活性度を決定すると考えられている．転写制御に必須な染色体構造調節において，ヒストンタンパク質修飾のなかでもメチル化が最上流の最も重要な修飾と考えられている．したがってアセチル化関連酵素（HAT, HDAC）に加え，他のタンパク質修飾酵素群も転写共役活性をもつと予想されている．実際ヒストンメチル化関連酵素群（HMT, HDM）が，核内受容体（NR）の重要な転写共役因子であることが最近明らかになっている．Me: メチル基，Ac: アセチル基，H3K9: ヒストン H3 のリシン 9，H3K4: ヒストン H3 のリシン 4

6・10 核内受容体の分子医学・分子創薬

1990年代前後に受容体遺伝子の先天性変異が同定され，ステロイド・甲状腺ホルモン不応症は受容体の先天性機能不全であることが証明されている[24)]．さらに受容体遺伝子群欠損マウスでの変異観察から，脂溶性ホルモン類の生理作用発現にお

ける核内受容体群の生理的重要性については,動物個体レベルで確かめられている.その結果,これら動物モデルを用いることで脂溶性ホルモン類に関連するさまざまな疾患に関して病態が分子レベルで理解できるようになり[25]，さらに治療戦略も拓かれた.

一方，核内受容体リガンドは脂溶性で低分子量なので創薬の標的分子として最適なため，数多くの合成リガンドが合成され，治療薬として実際に数多く上市されている[26]．グルココルチコイドアゴニスト[*1]はアトピーや臓器移植後の抗炎症薬として最も臨床的に汎用されている薬剤であり[27]，また弱いPPARγアゴニストはインスリン抵抗性を改善する糖尿病治療薬として大きな成功を収めている[28]．アンタゴニスト[*2]としての性ホルモン薬は，性ホルモン依存性の腫瘍（乳がん，前立腺がん）の中心的な内分泌療法薬である[29]．しかしながらこれら現在使用されている合成リガンドの多くは，生理的濃度を大幅に上回る薬理量を必要とするため，本来の生理作用に起因する副作用の問題が残った．この点を改善する画期的な女性ホルモン合成リガンド，**SERM**（selective estrogen receptor modulator）群が創出されている[30]．そのうちの一つの薬剤は，エストロゲン受容体への部分的アゴニスト・アンタゴニストとして作用する．その結果，薬理の副作用である女性生殖器への増殖作用にはむしろ女性ホルモンに拮抗し，骨・脂質代謝へは女性ホルモン様に作用するため，閉経後のホルモン補充薬として汎用されている（コラム6）．SERMの成功により，同様な作用機序をもつ核内受容体合成リガンドの創出は熾烈な競争が繰広げられているところである．

6・11 エピゲノムと代謝調節

内分泌系を中心に代謝調節と恒常性維持の分子機構を概説した．なかでも核内受容体に焦点を当ててその機能と細胞内情報伝達の仕組みの詳細を述べた．このシステムでは究極的には，核内にシグナルが到達し遺伝子の発現制御を行う．細胞膜受容体からのシグナルも最終的には核内に到達し，同様に遺伝情報の取捨選択を行う例が多い．このように真核細胞では，細胞外の刺激に応答し，遺伝情報の読替えを行うことで，代謝調節し恒常性を維持しているようにみえる．最近この分子機構に関する研究が進み，このような遺伝情報の取捨選択の制御がヒストンタンパク質の修飾に収斂されることが見えてきた．すなわちエピゲノムと転写は少なくとも一部は共制御されているのである．しかしながら，この共制御の分子機構や，この制御に関わる因子群の実態は不明であり，今後の研究の進展を待たなくてはならない．なかでも共制御に関与する因子群は，単独因子ではなく，巨大複合体として機能す

[*1] グルココルチコイド様の作用を示す人工作動薬.
[*2] ここでは，抗ホルモン作用を示す人工拮抗薬.

第6章 代謝調節と細胞間情報伝達の分子機序

コラム6　夢の女性ホルモン薬か？

　先進諸国では例外なく長寿高齢化社会であるため，女性の**骨粗鬆症**が顕在化している．骨粗鬆症は，性別を超えて骨折の最大リスクであり，また骨折による寝たきりへの潜在要因である．特に，女性の高齢化に伴う閉経期後の存命期間の長期化により，**女性ホルモン欠乏**による骨粗鬆症発症は免れない．古典的には，これら閉経期後の病態改善のため女性ホルモンの補充療法が行われてきたが，薬理量の女性ホルモンは，性ホルモン依存性腫瘍に対するリスク因子となる可能性が危惧されていた．

　一方，代表的な性ホルモン依存性腫瘍である乳がんには，1980年代より女性ホルモン拮抗薬である**タモキシフェン**（TAM）が臨床的に多用されてきた．この過程で，TAM投与の乳がん患者においては，疫学的に骨量や骨代謝が改善されることが報告された．1980年代後半には，ERの受容体としての分子機能が詳細に解析された結果，TAMは完全な女性ホルモン拮抗薬ではなく，骨組織や脂質代謝に対してはむしろ女性ホルモン様アゴニスト活性を示すことが分子生物学的に証明されている．

　その後，さらにこのような組織特異的な作用をもつER合成リガンドの検索が行われ，**ラロキシフェン**（RAL）が見いだされた．RALは，現在わが国を含め世界中で骨粗鬆症治療薬として大きな成功を収めている．このSERMの成功を受けて，同様に組織特異的に生理活性を示し，副作用を軽減した理想的な合成リガンド作出を目指し，さまざまな核内受容体が創薬の対象となっている．このように核内受容体群の分子生物学的研究の成果は，すでに疾患患者へ大きな福音となっているのである．

るようである．しかしながら，その複合体の構成因子群や機能制御は，その大部分が未だ不明である．加えて，コラム6で述べたように生活習慣病に代表されるような加齢に伴う病態発症では，これらエピゲノムと転写の共制御因子・複合体群が鍵を握るようであり，疾患制御や再生医学という観点からも将来が最も期待されている研究対象なのである．

文　献

1) "受容体がわかる—シグナル伝達を司る受容体の機能から多様な生命現象まで（わかる実験医学シリーズ）"，加藤茂明 編，羊土社（2003）．
2) "シグナル受容機構の解明が導く創薬・治療への躍進（実験医学増刊24）"，加藤茂明・植田和光 編，羊土社，（2006）．

3) D. J. Mangelsdorf *et al.*, *Cell*, **83**, 835 (1995).
4) A. Bethke, N. Fielenbach, Z. Wang, D. J. Mangelsdorf, A. Antebi, *Science*, **324**, 95 (2009).
5) V. Giguere, *Endocr. Rev.*, **20**, 689 (1999).
6) R. B. Beckstead, C. S. Thummel, *Cell*, **124**, 1137 (2006).
7) V. Chandra, P. Huang, Y. Hamuro, S. Raghuram, Y. Wang, T. P. Burris, F. Rastinejad, *Nature*, **456**, 350 (2008).
8) P. Huang, V. Chandra, F. Rastinejad, *Annu. Rev. Physiol.*, **72**, 247 (2010).
9) Q. Wang *et al.*, *Cell*, **138**, 245 (2009).
10) M. G. Rosenfeld *et al.*, *Genes Dev.*, **20**, 1405 (2006).
11) C. K. Glass, K. Saijo, *Nat. Rev. Immunol.*, **10**, 365 (2010).
12) B. W. O' Malley, *Mol. Endocrinol.*, **21**, 1009 (2007).
13) C. Rachez *et al.*, *Nature*, **398**, 824 (1999).
14) T. Heinzel *et al.*, *Nature*, **387**, 43 (1997).
15) S. A. Onate *et al.*, *Science*, **270**, 1354 (1995).
16) S. Kato *et al.*, *Trends Biochem. Sci.*, **36**, 272 (2011).
17) T. Kouzarides, *Cell*, **128**, 693 (2007).
18) B. D. Strahl, C. D. Allis, *Nature*, **403**, 41 (2000).
19) E. I. Campos, D. Reinberg, *Annu. Rev. Genet.*, **43**, 559 (2009).
20) R. J. Klose, Y. Zhang, *Nat. Rev. Mol. Cell Biol.*, **8**, 307 (2007).
21) I. Garcia-Bassets *et al.*, *Cell*, **128**, 505 (2007).
22) R. Fujiki *et al.*, *Nature*, **459**, 455 (2009).
23) I. Takada *et al.*, *Nat. Cell Biol.*, **9**, 1273 (2007).
24) M. C. Zennaro, M. Lombès, *Endocrinol. Metab.*, **15**, 264 (2004).
25) J. F. Couse, K. S. Korach, *Endocr. Rev.*, **20**, 358 (1999).
26) K. W. Nettles, G. L. Greene, *Annu. Rev. Physiol.*, **67**, 309 (2005).
27) J. Rosen, J. N. Miner, *Endocrinol. Rev.*, **26**, 452 (2005).
28) D. Jones, *Nat. Rev. Drug Discov.*, **9**, 668 (2010).
29) B. J. Deroo, K. S. Korach, *J. Clin. Invest.*, **116**, 561 (2006).
30) V. C. Jordan, *Nat. Rev. Cancer*, **7**, 46 (2007).

7 細胞分裂
細胞周期と減数分裂の制御

7・1 はじめに

　生き物はすべて**細胞**を生命活動の単位としている．現存している生物のなかで最も原初の生命体に近いと考えられる細菌（原核生物）では，一つの細胞が一つの生命体である．より進化を遂げた真核生物のグループでも，酵母や原生動物などの下等生物では一つの細胞が一つの生命体として活動する．これらは**単細胞生物**だ．一方，高等動物や高等植物は**多細胞生物**で，役割に応じた多様な形態や機能をもった多数の細胞が協調して一つの生命体を組立てている．生物と無生物のはざまにあるウイルスは細胞をもたないが，ウイルスが増殖するためには，細胞に感染してその機能を利用することが必要不可欠だ．このように，生命の本質を理解するうえで細胞の仕組みやその働きを知ることはきわめて重要である．人間がもつ認識や記憶や思考のような究極の生命活動も，脳神経を構成する細胞の基本的な性格が十分に解き明かされてはじめて理解できると思われる．

　細胞は生命を形成する微小な単位であるが，化学的には，細胞で起こっているできごとは"超"がいくつもつく複雑な反応の集合である．細胞の微細構造やダイナミックな変化を理解する試みは多数の研究者によってなされてきており，その集大成が"細胞生物学"であって，今日までの膨大な知識を概観するだけで細胞生物学の分厚い教科書が出来上がる．細胞のもつ基本構造や興味深い振舞いはそうした教科書に譲ることとし（第1章も参照），本章では，生命を成立させている細胞のもろもろの重要な性質のなかから，細胞がいかにして自分自身と同様の子孫を生み出し，その数を増やしていくのかという問題，すなわち細胞周期と細胞分裂の問題に絞って話を進める．

7・2 細胞周期とは

　細胞は周囲から栄養を取入れてさまざまな生体分子を生合成し，構成成分が倍加した後に細胞分裂を行って，自分とそっくりか，形態や機能の面でいくらか分化した子孫の細胞をつくり出す．細胞分裂する前の細胞を**母細胞**，分裂後に生じた二つの細胞を**娘細胞**とよぶ．分裂直後の一つの細胞（つぎの世代の母細胞）が新たな二

つの娘細胞を生み出すまでの期間を**細胞周期**とよぶ．細胞が自己複製能力を獲得したことは生命の起源に関わる重要なできごとであり，細胞周期がどのように組立てられているのか，研究が進められてきた．

皆さんのなかにはタマネギなどを使って細胞分裂の観察をした人があるかもしれない．細胞の増殖過程を光学顕微鏡で観察していると，目につく最も大きな変化は，細胞分裂の際に染色体が凝縮して分裂装置の中央（赤道面）に整列し，一斉に二分されて二つの極に分配されていく様子だ．この時期に細胞を塩基性色素で染色すると，遺伝子の担い手である染色体が糸状に染まって観察されることから，この染色体の分配様式を**有糸分裂**（mitosis）とよんでいる．また有糸分裂を，生殖細胞の行う**減数分裂**（meiosis）と区別して，**体細胞分裂**とよぶこともある．かつては，細胞

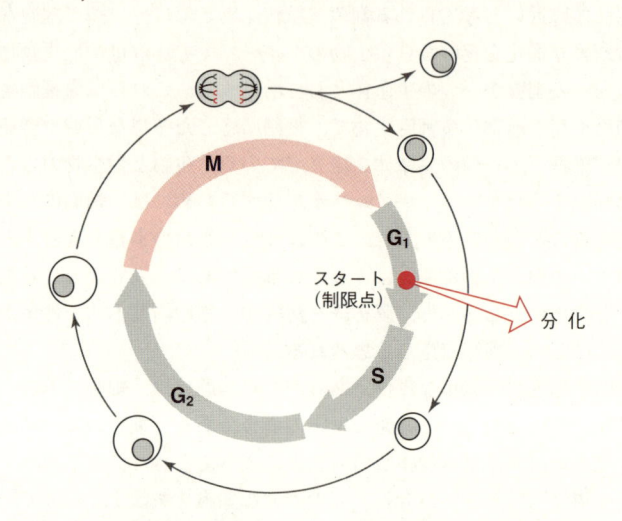

図7・1 細胞周期の概念図 多くの細胞では新たな細胞周期を開始するか否かを決定するポイントが G_1 期にあり，いったんS期に移行すると通常細胞周期は1周するまで止まらない．この決断をする地点を酵母では**スタート**（start），動物細胞では**制限点**（restriction point）とよんでいる．この地点はまた細胞周期を回して増殖するか，細胞機能を変化させて分化するかの分岐点でもある．

周期において有糸分裂が最も顕著な現象で，その他の時期には細胞は大きな変化を示さないように見えたため，細胞周期を**分裂期**（M期；mitosis phase）と残りの**間期**（interphase）に大きく二分した．その後DNAが染色体を構成する遺伝物質の本体であり，細胞分裂に先立って複製され倍加することがわかってくると，間期のなかにDNA合成が進行する時期**S期**（synthesis phase）が定義された（図7・1）．

染色体（DNA）を複製するS期と，複製した染色体を分配するM期が定義されると，細胞周期にはどちらにも含まれない時期が残った．この時期に対して，M期の終了からS期の開始までの間隙（gap）には**G_1期**，S期の終了からM期の開始までの間隙には**G_2期**という命名がなされた．名前は単なるgapという言葉に由来するが，細胞周期の制御という点では，これらG_1期とG_2期は非常に重要な役割を負っている．

細胞は1細胞周期の間に構成成分を2倍にし，それをきちんと二分し，なおかつ生み出された娘細胞は母細胞と同じ初期状態に戻ることを成し遂げている．細胞周期では時系列に従ってさまざまな事象が順序正しく進行する．動物細胞を例にとると，G_1期に中心体の複製が行われ，S期にはDNA合成が進行し，それが完了すると核膜は崩壊し，複製された中心体を両極として微小管が重合して紡錘体を形成する．M期に入ると，複製を終えてまだ互いに接着した姉妹染色分体は凝縮して赤道面に整列し，整列が完了すると微小管が姉妹染色分体を両極へと分離する．このように，細胞周期では定まった事象が一定のタイミングで，しかも1回に限って起こることが大きな特徴である．

分子生物学的な研究が進む以前は，この特徴を説明するのに二つの仮説が考えられていた．**ドミノ説**と**時計説**である（コラム7）．ドミノ説では，細胞周期の一つの事象が完了することでつぎの事象の引き金が引かれ，ドミノ倒しのように，つぎつぎと事象が進行し，それらが円環をつくって出発点に戻ってくると想定した．一方，時計説では，細胞には内在的な時計が存在し，それが今は何時であると指示を

コラム7　ドミノ説と時計説

細胞周期を動かしている分子の実態がわからなかった時代には，一定の事象が順番どおりに進行していくという細胞周期の特徴を説明するのに二つの考えがあった．ドミノ倒しのように，ある事象が完了するとつぎの事象がひき起こされるという考えは，分子的実態としては代謝経路である酵素反応の産物がつぎの反応の基質となる，というような例になぞらえることができる．また，バクテリオファージの形態形成において，各構成タンパク質がアセンブリー（組立て）されるのには順番があり，あるタンパク質が構造に取込まれることでつぎのタンパク質の取込みが可能になるということにもなぞらえられる．一方，細胞が時計をもつとする考えは，細胞周期に応じて細胞内で特定の物質の量が増減するとか，特定のタンパク質の活性が変動するというような例になぞらえられる．細胞周期はどちらかの説だけで説明しきれるものではないと明らかになったが，後者の時計説は生物のもつ概日時計（第13章参照）の分子実態によく当てはまっている．

出すことによって，時間に対応した事象が起こると想定した．分子レベルの研究が進んだ今日では，細胞周期の制御はこれらの両者を折衷した形で行われているとみなすのが最も適切である．

細胞周期がどのように制御されているかという初期の研究で興味深い成果をあげたのが P. N. Rao と R. T. Johnson による細胞融合の実験である[1),2)]．彼らは細胞周期の異なる時期にある二つのヒト由来細胞（HeLa 細胞）を融合させ，できてくる融合細胞が細胞周期に関してどのような状態になるかを調べた．M 期の細胞を G_1, S, G_2 のどの細胞と融合させても，後者由来の染色体に凝縮が起こり，M 期には何か強く活性化した誘導因子が存在することが示唆された．一方 G_1 と S, あるいは S と G_2 を融合させた場合は，やや全体の進行が速まったものの，全体の DNA 合成が完了してはじめて M 期に入った．G_1 と G_2 の融合の場合は G_1 側由来の染色体がほぼ通常どおり複製してはじめて M 期に進行した．この観察では M 期に入るためには S 期の完了が条件となることが示唆されている．

7・3 酵母を用いた細胞周期の研究

7・3・1 *cdc* 変異株

酵母はカビ（真菌）の仲間の単細胞生物で，真核生物のなかで最も下等な位置に分類される．酵母は今日では細胞周期研究に不可欠のモデル生物だが，かつては M 期に核膜が崩壊しないこと，外側が堅い細胞壁で覆われていること，多くの種は出芽によって増えることなどから，細胞分裂研究に適した材料か疑問視された時期もある．そのような時代背景の1970年ごろから，出芽で増えるサッカロミセス酵母（*Saccharomyces cerevisiae*）を用いて細胞周期の分子遺伝学的研究を開始した人物が L. Hartwell である．彼は遺伝学が使える酵母の利点を活かして，細胞周期が進行しなくなる突然変異株（***cdc* 変異株**; cell division cycle 変異株）を多数分離した．細胞周期が損なわれると細胞は分裂せず増殖できないため，Hartwell は，低温では野生株と同様に生育し高温でのみ表現型が表れる温度感受性株として *cdc* 変異株を単離した．細胞周期が停止してもタンパク質合成などは必ずしも直ちに阻害されないので，それぞれの変異株が高温で最終的に示す形状〔Hartwell は終末表現型（terminal phenotype）とよんでいる〕から細胞周期のどこが損なわれているかを見極めるのには細心の注意が必要とされた．Hartwell と共同研究者らは，個々の変異株の詳しい解析，二つの変異を組合わせた株の解析などを通じて，1981年ごろまでにはどの *cdc* 遺伝子の産物が細胞周期のどの部分を進行させるのに不可欠な働きをしているかをまとめた概観図（図7・2）を完成させた[3)]．

一方，P. Nurse とその共同研究者らは，均等な二分裂で増殖する分裂酵母（*Schizosaccharomyces pombe*）を用いて，*cdc* 変異株を分離した．図7・2に代表さ

第7章 細胞分裂

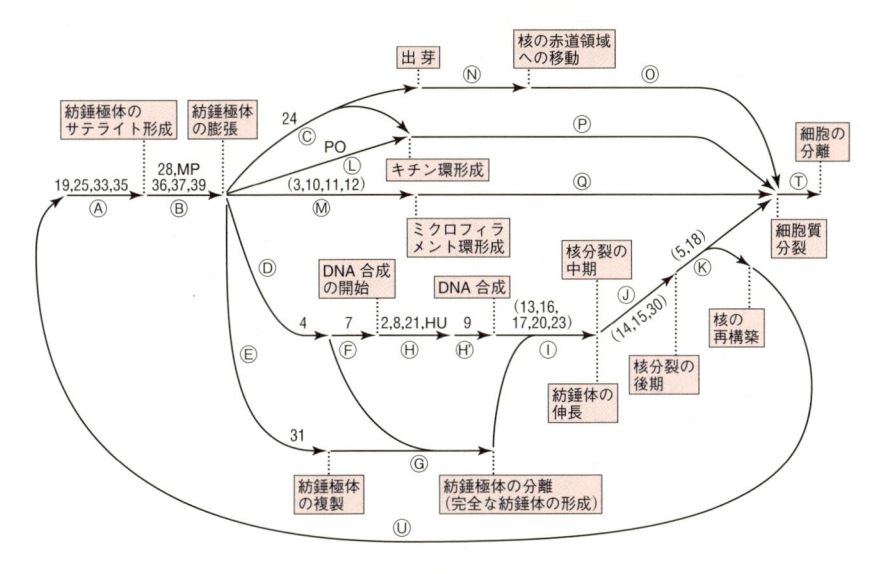

図7・2 サッカロミセス酵母の細胞周期におけるCDC遺伝子の作用点の相関図
Hartwellがランドマークとよんだ，顕微鏡で観察したり測定によって確認したりできる，サッカロミセス酵母の細胞周期上の顕著な事象を四角い枠で囲んで示した．(紡錘極体は動物細胞の中心体に相当するものである．) ランドマークの間を結ぶ矢印は，前者の事象が完結してはじめてつぎの事象が起こりうることを示す．ランドマークの間のそれぞれの区間はⒶ，Ⓑなどと区分され，その時期に働きが必要なCDC遺伝子名を数字（CDC28であれば28）で表記してある．遺伝子名に混ざって記載のあるMP，PO，HUは，それぞれ接合フェロモン，ポリオキシンD，ヒドロキシ尿素が阻害する細胞周期上の地点を示す．紡錘極体膨張のあと経路は五つに別れ，それぞれが独立に進行できる（たとえば出芽とDNA合成は一方が阻害されていても他方は進行する）．これに対して細胞質分裂は四つの前提条件がすべて満たされていなければ進行しない．(J. R. Pringle, L. H. Hartwell, "The Molecular Biology of the Yeast Saccharomyces: Life Cycle and Inheritance", ed. by J. N. Strathern, E. W. Jones, J. R. Broach, p.97, Cold Spring Harbor Press（1981）より）

れるように，サッカロミセス酵母および分裂酵母でcdc遺伝子の遺伝学的な解析は進められたが，1970年代には個々の遺伝子がどのような分子機能を果たしているかを調べる有効な手法がなかった．遺伝子クローニングが可能な時代に突入して，それぞれのcdc変異の原因遺伝子がどのようなタンパク質をコードしているかが容易に突き止められるようになった．こうして1980年代にcdc遺伝子の研究は大きなブレークを迎えることとなった（コラム8）．

7・3・2 細胞周期のスタートと CDC28/cdc2

細胞は G_1 期において，細胞周期を開始する条件が整っているか否かの判断を

コラム 8　サッカロミセス酵母の CDC 遺伝子と分裂酵母の cdc 遺伝子：類似と相違

　サッカロミセス酵母では50あまりの，分裂酵母では30あまりの cdc 遺伝子（サッカロミセス酵母では大文字で CDC と表記）が知られている．それぞれ cdc1 から順番に遺伝子名がふられているが，研究は二つの酵母で独立に進められたため，同じ番号が対応する遺伝子を指し示していない．採取した遺伝子を比べると，CDK などの細胞周期制御の基本因子（§7・4参照）や，DNA 合成に必要とされる因子はどちらの酵母でも cdc 変異株として単離されている．

　一方，サッカロミセス酵母では G_1 期の早い時期に cAMP の働きが不可欠なため，cAMP を合成するアデニル酸シクラーゼなどが cdc 変異株として分離されたのに対し，分裂酵母では cAMP は有性生殖の開始を抑制するために不可欠であるものの，欠けても細胞周期の進行自体は停止しないため cdc 変異株にはならないというような相違もみられる．また，分裂酵母では必ずしも cdc と命名されてはいないが，高温では正常で，低温で培養すると細胞周期に異常がみられる cut などの低温感受性株が柳田充弘らによって分離されている．

行っている．周囲に十分な栄養源あるいは成長因子が存在し，自己のサイズがある閾値を超えた場合にだけ新たな細胞周期を開始する．また多くの細胞では，新たな細胞周期を開始して増殖に向かうか，細胞周期を停止して分化の方向に向かうかの選択が G_1 期に行われている．このような G_1 期における制御の分子的実態を解明するうえでサッカロミセス酵母の CDC28 遺伝子が大きな鍵を握ると目されていた．その理由の一つは，cdc28 変異株は G_1 期で細胞周期を停止し，初期の研究では CDC28 が G_1 期のなかで最も早期に働くと思われたためである（のちに，より早期に働く cAMP に関係する CDC 遺伝子などが同定された）．さらに重要な理由は，一倍体の酵母は接合相手からの接合フェロモンを感知すると細胞周期を G_1 に止めて，接合，減数分裂，胞子形成という分化の過程に入るが，他の cdc 変異株と違って cdc28 変異株のみは，高温で停止させた状態から接合過程に入ることができたことである．すなわち，CDC28 が機能せずに停止する細胞周期の地点は，細胞の増殖と分化の分岐点であると考えられた．このため CDC28 は細胞周期の"スタート"の遺伝子（図7・1参照）とよばれ，その機能に特別の注目が注がれた．

　一方，分裂酵母では，Nurse らが同定した cdc2 遺伝子が注目された．cdc2 変異株は DNA 合成を完了した後，M 期に入れず G_2 期で停止する．細胞は G_2 期にもサイズなど自己の条件を検討し，M 期に入るかどうかを判定している．分裂酵母細胞は栄養が豊富で活発に増殖しているときには，細胞質分裂直後にすでに $G_1 \to S$ 移行に必要な細胞サイズを満たしており，G_1 期はごく短い．一方，G_2 期は相対的

に長く，ここで条件を検討してM期に入るタイミングを決定している．Nurseはこのタイミングがくるって小さな細胞のままM期に突入すると考えられる*wee1*変異株を以前に単離していたが，興味深いことに，ある種の*cdc2*変異株はG_2期で停止するのではなく，*wee1*変異株とよく似た小さな細胞のままM期を開始することがわかった．このことから，*cdc2*遺伝子産物が活性を失うとM期に入れないが，過剰に活性化するとM期に早く入ってしまうと考えられた．このため，*cdc2*が$G_2 \to M$の移行の鍵を握ると想定された．

7・3・3 サッカロミセス酵母 *CDC28* と分裂酵母 *cdc2* は同種のプロテインキナーゼをコードしヒトにもホモログがある

G_1期で重要な役割を果たすサッカロミセス酵母*CDC28*遺伝子とG_2期で重要な役割を果たす分裂酵母*cdc2*遺伝子のそれぞれの塩基配列が1984年に決定されると，それらは互いによく似たプロテインキナーゼをコードしていることが判明した[4),5)]．1982年には*CDC28*が分裂酵母*cdc2*変異株を相補すると報告されており[6)]，塩基配列の相同性はこの報告と符合した．また*cdc2*も，イントロンを取除くと，サッカロミセス酵母の*cdc28*変異株を相補することができた．二つの遺伝子はもともと細胞周期の異なる時期に働くとされていたから，これらは一見奇妙な結果である．しかしその後，*CDC28*はG_2期にも役割を果たし，また*cdc2*はG_1期にも役割を果たしていることがわかった．Nurseらはさらに，ヒトのcDNAライブラリーから分裂酵母*cdc2*変異株を相補する遺伝子クローンを取出すことに成功した[7)]．この遺伝子はやはりCDC28/cdc2とよく似たプロテインキナーゼをコードしており，ヒト*cdc2*遺伝子とよばれている．ヒトと酵母が同じ細胞周期制御遺伝子をもつことは，細胞周期を動かしている仕組みが生物種を超えて広く保存されていることを予感させるものであった．

7・4 CDKとサイクリン

7・4・1 カエルの卵成熟促進因子の研究

酵母の研究とならんで細胞周期の理解に大きく貢献したのがカエルを用いた**卵成熟**の研究である．脊椎動物の雌では卵母細胞は発生の早い時期に減数分裂を開始し，第一分裂の前期で減数分裂過程を停止した状態で個体が成長するのを待つ．生殖可能な成体にまで成長すると，プロゲステロンの働きで減数分裂が再開し，第二分裂の中期まで進んで受精可能な卵をつくり出す．減数分裂再開前の卵を**未成熟卵**，再開後を**成熟卵**とよび，その変化の過程を卵成熟という．

1971年に増井禎夫とC. Markertは，プロゲステロン刺激で成熟させたヒョウガエルの卵の細胞質の一部をとって未成熟卵に入れると未成熟卵が卵成熟を起こすこ

とを発見した[8]. すなわち成熟卵には未成熟卵にない, 卵成熟を誘導する新たな因子が含まれていると考えられ, 彼らはこの因子を**卵成熟促進因子**（**MPF**; maturation-promoting factor）とよぶことにした.

当初は卵の減数分裂に特異的な因子とみなされたMPFは, 体細胞分裂を行っている細胞にも広く存在していることが示されるなど, 徐々にその働きに注目が広まった. しかしMPFを精製して化学的実体を調べることはなかなか難しく, 1988年になってようやく, M. J. LohkaとJ. L. Mallerらによりアフリカツメガエルからが精製された. 同定されたMPFは分子質量32,000のp32と分子質量45,000のp45から成るタンパク質複合体であった[9]. そして興味深いことに, カエルのMPFに含まれるp32は, 分裂酵母の*cdc2*遺伝子産物p34^{cdc2}のホモログであることが明らかになった[10].

7・4・2 サイクリン

MPFのもう一方の構成因子p45も, すでに報告されているタンパク質の**サイクリン**（cyclin）の一種であることが明らかになった. サイクリンは, T. Huntが発見した, ウニやホッキガイなど海産生物の初期発生の際に卵割に同期して周期的にその量を増減させる一群のタンパク質で, A, Bなどのサブタイプに分かれることが知られていた[11]. MPFに含まれていたのはサイクリンBであった. すなわちMPFの実体はcdc2キナーゼとサイクリンBの複合体であった. 分裂酵母では*cdc2*変異とよく似た表現型を示す*cdc13*変異が知られていたが, *cdc13*遺伝子の産物がサイクリンBであった. ここに至って, MPFは減数分裂のみでなく体細胞分裂にも不可欠な因子であることが明らかになり, M-phase promoting factorの略称ともみなされるようになった.

酵母ではcdc2キナーゼは1種類であったが, 高等生物ではcdc2キナーゼは類似のキナーゼとファミリーを形成している. またサイクリンも, A, Bに加えてC, D, Eなどが発見された. cdc2キナーゼのように, サイクリンと結合することで活性化するプロテインキナーゼを**サイクリン依存性キナーゼ**（**CDK**; cyclin-dependent kinase）と総称することが提案され, cdc2キナーゼには新たにCDK1という名前が与えられた. しかしcdc2という呼称もまだ広く通用している.

7・4・3 G_1期に働くCDK

サイクリンBが$G_2 \to M$の移行に必要なCDKを活性化するMサイクリンであるのに対して, 動物のサイクリンDやサイクリンE, サッカロミセス酵母のサイクリンであるCLN1, CLN2, CLN3などは, $G_1 \to S$の移行に必要なCDKを活性化し

ていて，G_1 サイクリンとよばれている．また動物細胞で G_1 期に働く CDK は CDK2 や CDK4 である．

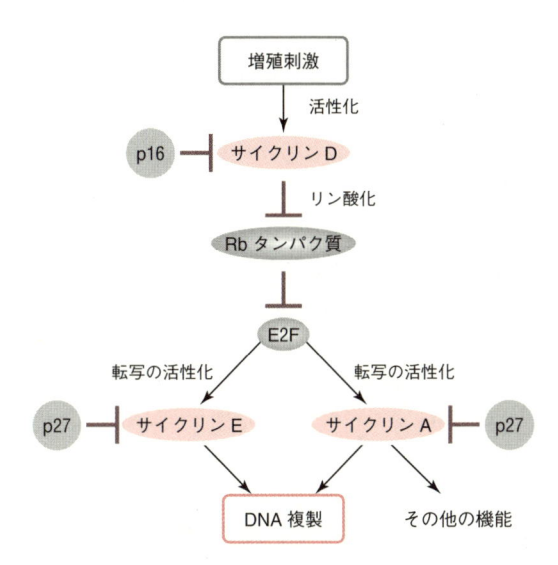

図 7・3　G_1 から S への移行時のサイクリンの働き　増殖刺激があるとサイクリン D-CDK4 複合体が活性化し，Rb タンパク質をリン酸化する．リン酸化された Rb タンパク質は E2F への親和性を失い，活性のある E2F を放出する．E2F は転写因子でサイクリン E やサイクリン A の発現を増加させ，S 期の開始に必要なサイクリン E-CDK2，S 期の進行に必要なサイクリン A-CDK2 が働いて，G_1/S 移行が起こる．サイクリン E-CDK2 はまた Rb タンパク質に働きかけてその不活性化に加担する．p16, p27 は CDK 活性を抑える阻害因子である．⊢：抑制．（A. W. Murray, *Cell*, **116**, 221（2004）より）

　動物細胞ではつぎのような機構で G_1 期から S 期への移行が起こると考えられている（図 7・3）．細胞周期を G_1 期で止めている細胞（G_0 期にあるともいう）に増殖刺激が加わると，サイクリン D-CDK4 複合体が活性化し，Rb タンパク質をリン酸化する．Rb タンパク質はもともと網膜芽細胞種の原因遺伝子産物として発見された細胞周期の重要な制御因子である．非リン酸化型の Rb タンパク質は転写因子 E2F の阻害因子であり，CDK によってリン酸化されることで E2F から離れ，E2F はその活性を発揮できるようになる．E2F はサイクリン E やサイクリン A を含む S 期開始に必要な因子群の遺伝子の転写を活性化し，細胞を S 期へと導く．サイクリン E は CDK2 と結合して，DNA 複製のための複合体を活性化するとともに，Rb に働きかけて S 期への移行を確実にする．

動物ではサイクリンと CDK のさまざまな組合わせがあり複雑な様相がみられるが，人為的にこれらの組合わせを変えたり複合体を入換えたりしても機能が相補される場合が多い．この状況を受けて，ユビキチン-プロテアソーム系によるサイクリンの分解が M 期の進行に不可欠なことを発見した A. Murray は，サイクリン-CDK 複合体は基質に対するそれぞれの特異性の差異が問題なのではなく，活性には互換性があり，むしろそれらが細胞内のどこでどの時期に活性化しているかということが細胞周期の進行に重要なのだという説を提唱している[12]．

7・5　DNA 複製のライセンス化

真核細胞では一般に染色体上の複数の複製開始点から DNA 複製が開始されるが，一細胞周期で一つの複製開始点が二度活性化したり，DNA のある領域が何度も複製されたりすることはない．このような仕組みを保障しているのが**ライセンス化**（licensing）とよばれる機構である．サッカロミセス酵母では，G_1 期にのみ合成される **Cdc6** および **Cdt1** タンパク質が複製開始点に結合し，それによって複製のための DNA 二本鎖巻戻し反応やその後の複製反応のためのタンパク質複合体が複製開始点に呼び込まれる．それらの反応が順次進行する間に Cdc6 と Cdt1 は複製開始点から離脱し，分解されたり核外に運び出されたりし，それ以降 複製開始点が新たに活性化することはない．このように，Cdc6 と Cdt1 は一細胞周期内での複製開始点の活性化を 1 回に限定しており，**ライセンス化因子**とよばれている．

7・6　チェックポイント制御

DNA 複製が完了していないのに紡錘体が染色体の分配を開始すれば細胞は混乱に陥る．一方，化学反応としての DNA 複製と染色体分配には直接の接点はなく，反応自体は互いに独立に起こりうるものである．基本的に独立の事象を順序正しく進めるために，細胞周期の要所要所でその進行を監視する機構が働いていると T. A. Weinert と Hartwell は考えた．そのような機構を彼らは**細胞周期チェックポイント**とよんだ[13]．最初の例として提出されたのはサッカロミセス酵母の *rad9* 変異株の挙動である．*rad9* 変異株は紫外線や放射線を浴びると死にやすい．野生型株，すなわち *RAD9* 遺伝子が働いている細胞では，M 期に入る前に DNA に放射線による傷がついていると染色体分配の開始が抑えられ，傷が修復されてから染色体分配が進行する．ところが *rad9* 変異株では，DNA に傷が残ったまま染色体分配が開始し，その結果 染色体の不均等な分配などがもたらされ，異常な娘細胞が生じてくる．この観察から Weinert と Hartwell は，*RAD9* 遺伝子の産物は染色体の分配反応に直接必要なものではないが，複製し終わった DNA に傷がないことを確認して染色体分配にゴーサインを出す，チェックポイント機構の重要な因子であると推定した．

DNA損傷チェックポイントとよばれる前述のような機構は，G_2/M移行期だけではなく，G_1/S移行期やS期の進行時にも働いていることが知られている．また，M期に入る前にDNAの複製が完了していることを検知する**DNA複製チェックポイント**や，染色体の分離が始まる前に紡錘体の微小管が確実に染色体を捉えていることを検知する**スピンドルチェックポイント**などの存在も知られている．このようなチェックポイント制御機構が舞台裏で支えることで，正常な細胞周期の進行が保障されている．

7・7 細 胞 質 分 裂

M期に紡錘体による染色体の分配が完了すると，細胞を二つに分裂させる**細胞質分裂**（cytokinesis）が行われる．動物細胞では，分配のために染色体が整列した赤道面の細胞表層部分に**収縮環**が準備され，M期の終期ごろから収縮を始め，最終的に母細胞を二つの娘細胞へとくびり切る．一方，植物細胞では収縮環は形成されず，染色体の分配後に赤道面に小胞が集まってきて**細胞板**を形成し，それが細胞壁になることで細胞質分裂が行われる．

分裂酵母は中央に隔壁をつくって娘細胞を分離するが，隔壁の形成の前に細胞中央部分に動物細胞と同様のアクチンとミオシンから成る収縮環を形成し，それが絞り込まれることで細胞質が分離されていることがわかった．細胞質分裂の制御機構にはまだ不明な点が多いが，研究のしやすい酵母で動物細胞と基本的に同一のメカニズムが働いていることがわかり，さまざまな問題に分子レベルでの取組みがなされている．たとえばどのようにして収縮環の位置が決まるのか，どのようにきれいな環状構造がつくり上げられるのか，どのようにして収縮のタイミングが制御されているのか，そしてくびり切りの最終段階に切断点に作られる**中央体**（midbody）の構造と役割などに興味が集中している．

7・8 減 数 分 裂

7・8・1 減数分裂の細胞周期

減数分裂は生殖細胞が行う，染色体数を半減させ，またその過程で相同染色体間に高頻度の組換えを誘発する特殊な分裂様式である．減数分裂と受精が組合わさることで，一定数の染色体を子孫に継承する有性生殖が可能となった．また進化の観点からは，減数分裂のおかげで新たな遺伝子の組合わせをもつ子孫の出現が容易となり，現在みられる多様な生命世界が生み出されたともいえよう．ただし今日の研究では，科学的に当然な冷静な結論でありなおかつ皮肉なことではあるが，高頻度の染色体組換えは減数分裂が"目的"としたものではなく，2回の連続した染色体分配を可能にするためのメカニズムから派生してくる副産物的な"結果"である

とみなされている．

減数分裂の細胞周期では，卵母細胞や精母細胞など，もととなる二倍体細胞がまず染色体複製（減数分裂前DNA合成）を行う（図7・4）．体細胞分裂ではこの後に複製された姉妹染色体が分離されるが，減数分裂の場合それらは分離せずに姉妹染色分体として一つの染色体を構成したまま，1対の相同染色体（受精時に母親と父親からそれぞれ由来したもの）が互いを認識して**対合**し，4本の染色分体がひとまとまりになった状態（**二価染色体**あるいは**四分子**とよばれる）が出現する．この対合の際に相同染色体間で染色分体の組換えが高頻度で起こり，母親由来の遺伝子と父親由来の遺伝子がシャッフルされる．その後の第一分裂でまず相同染色体が分離され，ひき続いて起こる第二分裂で体細胞分裂のときのように姉妹染色分体が分離される．これらの過程を経て，もとの細胞の染色体数が $2n$ であれば，それぞれ染色体数 n の四つの細胞が生み出される．これらの産物は通常形態を大きく変え

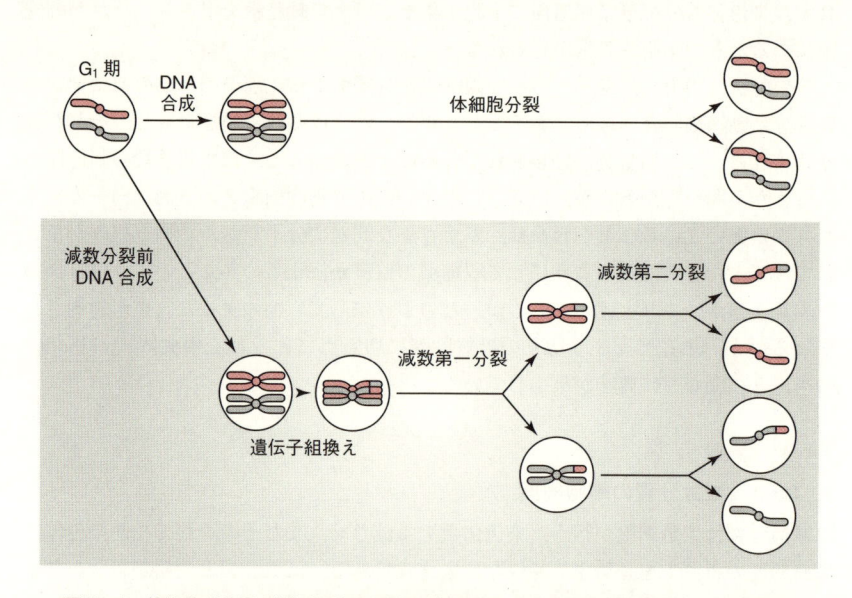

図7・4 体細胞分裂と減数分裂の比較の模式図 1対の相同染色体をもつ仮想的な二倍体細胞が示されている．体細胞分裂ではS期に複製した姉妹染色分体がM期に分離され，母細胞と同じ娘細胞が二つ生じる．これに対して減数分裂ではS期（減数分裂前DNA合成期）に複製された染色分体は分離せず，相同染色体が対合して高頻度の染色体組換えを起こした後，第一分裂で相同染色体同士が分離する．この分裂を**還元分裂**とよぶ．ひき続き起こる第二分裂では，一部組換えた部分はあるが，基本的に複製で生じた姉妹染色分体が分離され，もとの細胞からは数が半減した染色体をもつ細胞が4個生じる．

て，動物であれば卵と精子，高等植物であれば卵と花粉，酵母やカビでは胞子になる．ただし卵形成では，第一分裂，第二分裂ともに細胞の大きさが不均等な分裂が起こり，減数分裂の結果生じるのは1個の卵のみで，他は極体として捨てられる．

　生命の進化の歴史を考えると，減数分裂が体細胞分裂の変形として生み出されたものであることは疑いようがない．しかし今日みられる減数分裂には体細胞分裂にはみられない多くの特徴が組込まれており，一体いかにしてそのような減数分裂の細胞周期が確立されていったのかは大変興味深い問題である．

7・8・2　減数分裂の制御機構

　動植物における減数分裂の研究には長い歴史があって，染色体の形状変化など，形態学的に詳細な記述がなされている．しかし高等動植物では減数分裂を人為的に誘導するよい実験系がないためもあって，分子レベルでは多くが未知のまま残されている．例外的によく研究が進んでいるのが，前述したカエルやヒトデの卵成熟におけるMPFと**細胞分裂抑制因子**（**CSF**；cytostatic factor）の働きであり，これらはCDKやMAPキナーゼによる細胞周期制御の理解の基盤を与えた重要な成果である．本章では深くはふれないが，S→M→Mという減数分裂型の細胞周期を確立するためにはCDK活性が精密にコントロールされている必要があり，第一分裂（MⅠ）でサイクリンが完全に分解されることを防ぎ，第二分裂（MⅡ）のためのCDK活性を確保する仕組みがあることがカエルや分裂酵母で証明されている．ただし，そこで用いられている分子機構は生物間で異なっている．

　分子レベルでの減数分裂研究を先導してきたのは，遺伝解析と遺伝子工学が駆使できる2種の酵母，サッカロミセス酵母と分裂酵母である．サッカロミセス酵母では，1970年ごろから減数分裂期組換えの分子機構を中心として詳細な研究成果があり，また，細胞周期の観点からは，I. Herskowitzらによって，環境の栄養状態を識別して減数分裂を開始する機構の解析が進められた．この酵母で解明された減数分裂開始の仕組みはほとんどが転写開始の制御機構に帰着している[14]．サッカロミセス酵母は栄養源の枯渇に応答して減数分裂を開始するが，そのシグナルは減数分裂のマスター制御因子である**Ime1**の発現誘導と活性化にいきつく．Ime1は転写因子であり，初期減数分裂遺伝子群のプロモーター領域に存在するURS1配列を認識するUme6と会合して，これら遺伝子の発現を誘導する．Ime1の標的にはNdt80などつぎの段階を支配する主要な転写因子の遺伝子が含まれ，転写因子のカスケードによって減数分裂プログラムが進行する．減数分裂に入らない一倍体細胞ではリプレッサーRme1が発現していてIme1が発現できず，クロマチンリモデリング因子の働きで減数分裂遺伝子の転写が抑えられている．

　分裂酵母でも鍵になる転写因子の働きで減数分裂のための遺伝子発現がつぎつぎ

と波状に起こることが示されている[15]．しかし，筆者らのグループの研究により，減数分裂開始のためには情報伝達や転写制御機構に加えて，mRNA の分解制御機構が大きな鍵を握っていることが明らかになってきた．分裂酵母における減数分裂開始のマスター制御因子 **Mei2** は RNA 結合タンパク質であり，栄養条件がよく細胞が体細胞分裂で増殖しているときには，発現が転写レベルで抑制されるとともに Pat1 キナーゼによるリン酸化を受けて活性をもたない．栄養が枯渇してくると脱リン酸型 Mei2 が細胞内に蓄積し，それによって細胞周期が体細胞分裂型から減数分裂型に切換わる[16]．Mei2 は第一分裂の前期に，*sme2* 遺伝子から読まれる RNA に結合して，染色体上 *sme2* 遺伝子座位に特異な点状構造（Mei2 ドット）を構築した（図7・5）．

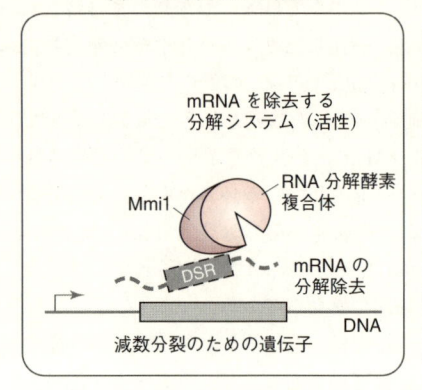

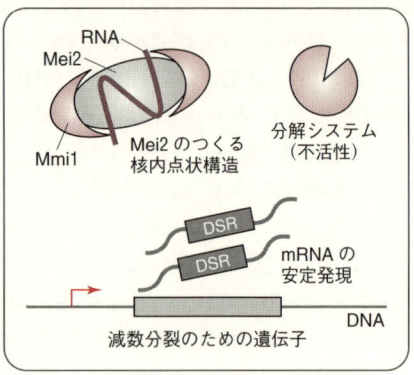

図7・5 分裂酵母の減数分裂における"選択的除去"制御機構の模式図 図の説明については本文参照．文献18) にはより詳しい解説がなされている．(Y. Harigaya, H. Tanaka *et al.*, *Nature*, **442**, 45（2006）より）

Mei2 の分子機能を解明する手がかりはつぎのような思いがけない方向から得られた．減数分裂に必要とされる数百もの遺伝子の転写因子をコードする *mei4* など，減数分裂に特異的に働くいくつかの遺伝子には，転写されてくる mRNA にそれらを積極的に不安定化する領域（**DSR**）が組込まれていることがわかった．また，体細胞分裂周期では RNA 結合タンパク質 **Mmi1** が DSR を認識し，RNA 分解酵素複合体（exosome）と協力して，それらの mRNA を転写直後に取除いてしまうこともわかった．さらに，Mmi1 は栄養増殖時には核内に散在しているが，減数分裂時には Mei2 ドットに集結してきた．これらの発見より，減数分裂の際には Mei2 ドットが Mmi1 を引きつけて減数分裂特異的遺伝子の mRNA から隔離し，これらの mRNA が安定に働けるようにするという，"選択的除去"制御機構を筆者らは提

唱している[17),18)].

　前述の二つの酵母では，体細胞分裂時の染色体分離のメカニズムの解明が進んだことを背景に，減数分裂の際に特異的に働く姉妹染色体接着因子コヒーシン（Rec8）が同定され，分裂酵母ではその制御因子シュゴシンも発見されて，これらの働きにより減数第一分裂で姉妹染色体が分離せず，相同染色体が対合して両極へと分離（還元分裂）するメカニズムが明らかになっている[19)]．酵母における減数分裂研究の進展を受けて，より高等なモデル生物の線虫やショウジョウバエでも減数分裂に関わる基本因子の機能解析が近年急速に進んでいる．体細胞分裂周期の制御機構が生物間で非常によく保存されているのに対して，減数分裂の制御には生物ごとの多様性が付け加わっている様相が見受けられるが，どこまでが共通な機構でどこから各生物の独自性が始まるのかを究めることは，今後に残された挑戦的な研究課題である．

文　献

1) P. N. Rao, R. T. Johnson, *Nature*, **225**, 159 (1970).
2) R. T. Johnson, P. N. Rao, *Nature*, **226**, 717 (1970).
3) J. R. Pringle, L. H. Hartwell, "The Molecular Biology of the Yeast Saccharomyces: Life Cycle and Inheritance", ed. by J. N. Strathern, E. W. Jones, J. R. Broach, p.97, Cold Spring Harbor Press (1981).
4) A. T. Lörincz, S. I. Reed, *Nature*, **307**, 183 (1984).
5) J. Hindley, G. A. Phear, *Gene*, **31**, 129 (1984).
6) D. Beach, B. Durkacz, P. Nurse, *Nature*, **300**, 706 (1982).
7) M. G. Lee, P. Nurse, *Nature*, **327**, 31 (1987).
8) Y. Masui, C. L. Markert, *J. Exp. Zool.*, **177**, 129 (1971).
9) M. J. Lohka, M. K. Hayes, J. L. Maller, *Proc. Natl. Acad. Sci., U.S.A.*, **85**, 3009 (1988).
10) J. Gautier, C. Norbury, M. Lohka, P. Nurse, J. Maller, *Cell*, **54**, 433 (1988).
11) T. Evans, E. T. Rosenthal, J. Youngblom, D. Distel, T. Hunt, *Cell*, **33**, 389 (1983).
12) A. W. Murray, *Cell*, **116**, 221 (2004).
13) L. H. Hartwell, T. A. Weinert, *Science*, **246**, 629 (1989).
14) S. Chu, J. DeRisi, M. Eisen, J. Mulholland, D. Botstein, P. O. Brown, I. Herskowitz, *Science*, **282**, 699 (1998)；修正版 **282**, 1421 (1998).
15) J. Mata, R. Lyne, G. Burns, J. Bähler, *Nat. Genet.*, **32**, 143 (2002).
16) Y. Watanabe, S. Shinozaki-Yabana, Y. Chikashige, Y. Hiraoka, M. Yamamoto, *Nature*, **386**, 187 (1997).
17) Y. Harigaya, H. Tanaka, S. Yamanaka, K. Tanaka, Y. Watanabe, C. Tsutsumi, Y. Chikashige, Y. Hiraoka, A. Yamashita, M. Yamamoto, *Nature*, **442**, 45 (2006).
18) M. Yamamoto, *Proc. Jpn. Acad. Ser. B, Phys. Biol. Sci.*, **86**, 788 (2010).
19) Y. Watanabe, *Cell*, **126**, 1030 (2006).

8 がん

8・1 はじめに

がんは遺伝子に異常が生じて発症し進展する疾患である．特定の遺伝子の異常により細胞内シグナルに異変がもたらされ，またその下流遺伝子発現の制御が乱される．その結果，細胞周期と分裂，細胞運動，血管新生，転移，免疫監視機構などが正常から逸脱し，最終的には個体は死に至る．がんのこのように多様な側面をすべて網羅することは不可能なので，ここでは，がんの主因であるがん遺伝子について，近年の研究のブレイクスルーのいくつかを紹介する．

8・2 がん研究の歴史

改めて記すまでもないことだが，がんは太古の昔からあり，長い間人類を悩ませ続けている疾患である．がん罹患率が年齢とともに増加することから推察できるが，近年，平均寿命が長くなることでがんが目立ってくるようになった．がんをヒト特有のものではなく，細胞の異常増殖という視点で見ると，がんとはいわないまでも，がんのような細胞増殖異常による形質は，多細胞生物に共通にみられる生命現象であるといえる．

人類の歴史のなかでは，古代エジプトの絵文字の中にがんを意味する表記が見られ，エドウィン・スミス・パピルスやエーベルス・パピルス*といわれる書物の中にがんに関する記載がある．そこでは，紀元前2000〜3000年ころの乳がんを焼灼術で治療している様子が描かれている．また，紀元前400年ごろには，Hippocratesは良性腫瘍を"oncos"，悪性腫瘍を"carcinos"とよんでいた．もっと新しいところでは中世の乳がんにかかった修道尼を診察している絵や，江戸時代の舌がんや乳がんの治療の絵が残っている．このなかでも Hippocrates の書は，科学的にがんを分析していることで注目されている．

研究に位置づけされる最も古いものは，おそらく1775年の英国のP. Pottによる

---

* エドウィン・スミス・パピルス（Edwin Smith Papyrus）は，紀元前17世紀ごろ，エーベルス・パピルス（Ebers Papyrus）は紀元前16世紀ごろに書かれたと考えられ，ともに古代エジプトの医療に関する書物である．

陰嚢がんについての報告である．彼は煙突掃除夫に陰嚢がん患者が多いことに着目し，煤の中に発がん物質があると指摘した．学術的ながん研究の第一歩であるといえる．この知見を受けて19世紀と20世紀半ばまでのがん研究は，**化学発がん研究**が主力であった．そのなかにはわが国の山極勝三郎のコールタールをウサギに塗布して発がんさせることに成功した研究（1915年ごろ）や，近年の杉村 隆がニトロソグアニジンでラットの胃がんを発症させた実験などがある．このような化学発がん研究が国際的にも大々的に展開され，化学発がん物質が，正常細胞ががん化する過程に関わる発がんイニシエーターと，悪性化に関わる発がんプロモーターに分類され，化学発がん2段階仮説が提唱されるに至っている．

一方，山極の研究が成果を上げているころに別の側面からのがん研究，つまり**ウイルス発がん研究**の芽が見え始めた．1914年にロックフェラー大学のF. P. Rousがトリに急性に腫瘍をひき起こすラウス肉腫ウイルスを同定した．ラウス肉腫ウイルス（RSV）は，RNAをゲノムにもつレトロウイルスの一種で，RNA腫瘍ウイルス亜科に属するトリに感染するウイルスである．またほぼ同じころ，同じようにトリに肉腫をつくる藤浪肉腫ウイルスが京都大学の藤浪 鑑により同定されている．これらウイルスの同定がもととなって，ウイルス発がん研究が，化学発がん研究と並行して進展したが，1970年代まではどちらかというとヒトのがん研究の主流は化学発がん研究であり，ウイルス発がん研究はむしろ亜流で，マウスやネコなどの動物のがん研究として発展してきた．

しかしながら，1970年代後半になされた，J. M. BishopとH. E. Varmusらや，花房秀三郎と河井貞明らによる，ウイルスのもつがん遺伝子がもともと細胞内にあることを示した二つの優れた研究により（後述），がんが遺伝子の異常に基づく疾患であるという現在の概念が形成された．現在では，多くの**がん遺伝子**や**がん抑制遺伝子**が見いだされ，がんが遺伝子の異常に基づく疾患であるという考えが定着している．さらにゲノム研究が進展し，ゲノムワイドながん関連遺伝子の解析が進んで，がんの発症や悪性化が分子レベルで明らかにされようとしている．当然のことながら，そこで得られた知見は，がんの診断や治療に活かされてきている．

本章では，多くのがん遺伝子のなかでも最初に見いだされたことから，"mother of oncogenes"の別名をもつ*src*遺伝子とそのファミリー遺伝子産物について概説し，その後Srcタンパク質同様にチロシンキナーゼ活性をもち，幅広いヒトがんの発症・進展に関わるEGF受容体を中心に，近年のがん研究の進展の一面を紹介する．がん遺伝子やがん抑制遺伝子についての多くの研究が進められるなかで，正常細胞の増殖・分化に関わりながら，がん遺伝子として機能することが示され，かつ，がん治療の有効な標的となっている点で，ErbBファミリーは近年のがん研究の基礎から臨床までにわたって中心的存在であるといえる．

8・3 がん遺伝子の発見
8・3・1 DNA腫瘍ウイルスがん遺伝子とがん抑制遺伝子

前述のように,20世紀前半のがん研究は化学発がん研究が主体であった.それが,しだいにウイルス発がん研究に重きが置かれるようになってきたが,最初に研究対象になったのはヒトや動物に感染する**DNA腫瘍ウイルス**である.ヘルペスウイルス,アデノウイルス,パポーバウイルス,ヘパドナウイルス,ポリオーマウイルスなど,DNAをゲノムにもつウイルスによるがん化機構の研究が進んだ.アデノウ

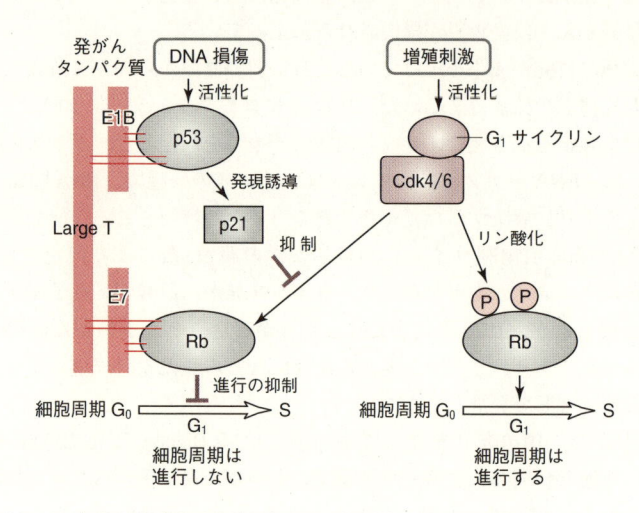

図8・1 細胞周期進行を調節するがん抑制性 p53 タンパク質や Rb タンパク質とウイルスがんタンパク質の相互作用(⊐:相互作用) がん抑制タンパク質 p53 や Rb は細胞周期 G_1 期の進行を抑制する.Rb は Cdk/サイクリンによってリン酸化されるとその抑制活性が阻害され G_1 期への進行が可能になる.p53 は発現が増大すると Cdk 阻害活性をもつ p21 の発現を誘導する.その結果,Rb がリン酸化されず G_1 期進行が阻害される.当然,p53 や Rb がなくなると G_1 期チェックポイントがはずれ,細胞は増殖を続ける.DNA腫瘍ウイルスがんタンパク質(ここでは E1B,E7,LargeT)が発現すると,これらのがんタンパク質は p53 や Rb と会合して機能を阻害し,G_1 期停止ができなくなる.

イルス,ポリオーマウイルスは,おもに培養細胞や実験小動物をがん化するが,パポーバウイルス科のパピローマウイルスはヒトに子宮頸がんをひき起こすことから注目されている.また,ヘルペスウイルスのあるものはヒトのバーキットリンパ腫をひき起こすし,ヘパドナウイルス科に属するものでは肝がん発症に関わる B 型肝炎ウイルスがある.

DNA腫瘍ウイルスゲノム中には細胞がん化能をもつ遺伝子が存在する．たとえば，ポリオーマウイルスの一種SV40ウイルスでは*LargeT*や*smallT*が，パピローマウイルスでは*E6*や*E7*が，またアデノウイルスでは*E1A*や*E1B*ががん遺伝子として機能している．これらがん遺伝子はウイルス特有の遺伝子であるが，興味深いことにそれらがつくるタンパク質は，細胞遺伝子からつくられるp53やRbタンパク質といった**がん抑制タンパク質**と相互作用している．つまり，これらDNA腫瘍ウイルスは，細胞に感染するとLargeT, E6, E1Aなどの**がんタンパク質**をつくり，それらが本来細胞内で細胞周期進行を抑制している，いわゆるがん抑制タンパク質の機能を阻害するために細胞をがん化できるようになっている（図8・1）．

8・3・2 RNA腫瘍ウイルスがん遺伝子と細胞性がん遺伝子

一方，ラウス肉腫ウイルスに代表される**RNA腫瘍ウイルス**にもがん遺伝子が見いだされている．表8・1におもなものをまとめているが，興味深いことにウイルスがん遺伝子がつくるタンパク質の半分近くが**チロシンキナーゼ活性**をもっている．つまり，チロシンキナーゼ活性が発がんに貢献することが示唆されたのである．

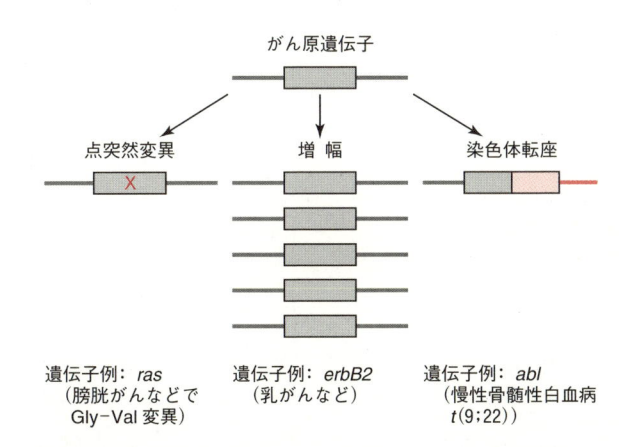

図8・2 がん原遺伝子活性化の様式 細胞内がん原遺伝子は，点突然変異，遺伝子増幅，染色体転座などによって細胞がん化能をもつように活性化される．代表的な例を図に示した．点突然変異は1塩基が変異してアミノ酸が変換される．遺伝子増幅はさまざまな仕組みでひき起こされうることが知られているが詳細は不明である．染色体転座が起こると異なる染色体間で融合が起こり，本来存在しなかった融合遺伝子ができる．その融合遺伝子の産物が強い発がん性を示す場合や，本来発現レベルの低い遺伝子が，強いプロモーターの支配下に入り高い発現を示してがん化に関わることが知られている．このほかにも欠失変異もがん化を誘導する場合があるが，その場合は遺伝子の一部が欠失することで，欠失遺伝子からできるタンパク質は構造変化してがん化能をもつようになる．

表 8・1 RNA 腫瘍ウイルスにみられるがん遺伝子

がん遺伝子	ウイルス	腫瘍	活性
src	ラウス肉腫ウイルス	肉腫	チロシンキナーゼ
yes	Y73 肉腫ウイルス	肉腫	チロシンキナーゼ
fps	藤浪肉腫ウイルス	肉腫	チロシンキナーゼ
ros	UR2 肉腫ウイルス	肉腫	チロシンキナーゼ
fgr	Gardner-Rasheed 肉腫ウイルス	肉腫	チロシンキナーゼ
fes	ネコ肉腫ウイルス	肉腫	チロシンキナーゼ
fms	ネコ McDonough 肉腫ウイルス	肉腫	チロシンキナーゼ
kit	Hardy-Zuckerman4 ネコ肉腫ウイルス	肉腫	チロシンキナーゼ
erbB	トリ赤芽球症ウイルス	肉腫/赤芽球症	チロシンキナーゼ
abl	Abelson 白血病ウイルス	白血病	チロシンキナーゼ
sea	S13 肉腫ウイルス	肉腫/赤芽球症	チロシンキナーゼ
crk	CT10 肉腫ウイルス	肉腫	チロシンキナーゼアダプター
cbl	マウス Cas-NS1 ウイルス	白血病	チロシンキナーゼ下流ユビキチンリガーゼ
mos	Moloney マウス肉腫ウイルス	肉腫	セリン-トレオニンキナーゼ
raf	3611 マウス肉腫ウイルス	肉腫	セリン-トレオニンキナーゼ
akt	Akt8 マウス白血病ウイルス	白血病	セリン-トレオニンキナーゼ
H-ras	Harvey マウス肉腫ウイルス	肉腫	低分子量 G タンパク質
K-ras	Kirstein マウス肉腫ウイルス	肉腫	低分子量 G タンパク質
myc	MC29 骨髄球症ウイルス	肉腫/白血病	転写制御因子
myb	骨髄芽球症ウイルス	白血病	転写制御因子
fos	FBJ 骨肉腫ウイルス	骨肉腫	転写制御因子
jun	トリ肉腫ウイルス 17	肉腫	転写制御因子
ski	SKB770 ウイルス	扁平上皮がん	転写制御因子
maf	AS42 トリ肉腫ウイルス	肉腫	転写制御因子
qin	トリ肉腫ウイルス 31	肉腫	転写制御因子
rel	網状内皮腫症ウイルス	白血病	転写制御因子
erbA	トリ赤芽球症ウイルス ES4	赤芽球症	転写制御因子（甲状腺ホルモン受容体）
ets	トリ E26 骨髄芽球症ウイルス	白血病	転写制御因子
sis	サル肉腫ウイルス	肉腫	血小板由来増殖因子

LargeT や *E6* 遺伝子がウイルス固有の遺伝子であるのとは異なり，RNA 腫瘍ウイルスのがん遺伝子はすべて宿主動物の細胞に由来している．このことは，ラウス肉腫ウイルスの *src* 遺伝子からつくられた DNA プローブが細胞の染色体上の特定の DNA と相補的であることを示した D. Stehelin らの実験データや，*src* 遺伝子を大幅に欠損（Δ*src*）して発がん能を失ったラウス肉腫ウイルスが感染した細胞内で，

Δ*src* と細胞遺伝子が置き換わって発がん能を獲得したウイルスが作られることを示した花房らの研究から明らかになった[1),2)]．この細胞染色体上の遺伝子は c-*src* とよばれるようなった．これらはきわめて画期的な研究成果であり，細胞内にはウイルスゲノムに取込まれることで発がん能を獲得する遺伝子があることを明らかにしている．(これを Bishop は"enemies within"と表現した.) この二つの研究は同時期に行われたが，前者にのみノーベル賞が授けられた．c-*src* の発見にひき続き，他の RNA 腫瘍ウイルスのがん遺伝子も細胞内遺伝子（**がん原遺伝子**といわれる）に由来することが示されている．

がん原遺伝子は本来どのような機能をもっているのか，そして，いつ どのようにがん化能を示すようになるのかについて多くの研究がなされた．その結果，

1) がん原遺伝子が多様な生理機能に関わること
2) がん原遺伝子がいくつかのメカニズム（図 8・2）でがん化能を獲得することがわかってきた．

8・4 *src* ファミリー遺伝子と細胞内シグナル

ラウス肉腫ウイルスの **src** はトリに肉腫を発症させる強力ながん遺伝子として見いだされた．また，表 8・1 にある *yes* や *fgr* もまた発がん能をもつウイルスからがん遺伝子として見いだされ，*src* がん遺伝子と類似していることがわかった．これらがん遺伝子が強力な発がん能を示すことから，対応するヒトがん原遺伝子もまたヒトがんの発症進展に関わっていることが予想された．ヒトがんへの c-*src*, c-*yes* の関与を探る研究から，細胞内には *src* 類似遺伝子として *yes*, *fgr*, *fyn*, *lyn*, *lck*, *hck*, *blk* があることがわかった．つまり，これら 8 種の遺伝子はファミリーを形成しているわけである．予期に反して **src ファミリー遺伝子**がヒトがんで変異していたり，遺伝子増幅している例はほとんど見つかっていない．ただ，大腸がんやリンパ腫では過剰に発現していることが散見され，がんの発症進展に無関係ではないと考えられる．

では，*src* ファミリー遺伝子は正常細胞ではどのような役割を果たしているのだろうか？ X 線結晶構造解析から，Src ファミリータンパク質はいずれも自律的に折りたたまれた構造をとることが示された．この構造をとるときはキナーゼ活性を示さない．自己のアミノ (N) 末端側にある SH2 ドメインとカルボキシ (C) 末端近傍のリン酸化チロシンの会合によりこの折りたたみ構造ができている（図 8・3）．C 末端のチロシン残基 (Y) のリン酸化が外されると会合できなくなって開いた構造をとり，基質タンパク質をリン酸化できるようになる．ウイルスの Src では C 末端近傍の配列が欠失しているため，折りたたみ構造をとれず高い活性を示し細胞をがん化することができるようになっている．

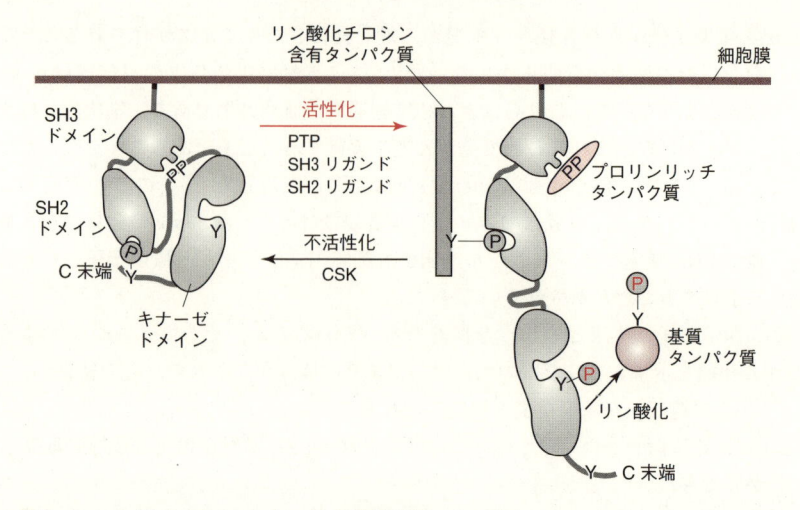

図 8・3 Src 型チロシンキナーゼの活性制御　Src 型チロシンキナーゼの Src, Fyn, Lyn, Lck, Yes, Hck, Blk, Fgr は基本的にすべて同じような立体構造をとり，共通の仕組みで活性化される．ただ発現する組織はそれぞれ特異的である．不活性型では C 末端近傍のチロシン（Y）残基が Src ファミリータンパク質に類似する CSK（C 末端 Src キナーゼ）でリン酸化されている．そのために，SH2 ドメイン内のリン酸化チロシン結合配列と会合し折りたたみ構造をとりやすくする．またキナーゼドメインと SH2 ドメインの間のプロリンに富む配列が自己の SH3 ドメインと会合し折りたたみ構造維持に貢献する．活性化の際には C 末端近傍のチロシン残基が PTP（チロシン残基脱リン酸酵素）によって脱リン酸される．また，プロリンに富む他のタンパク質やリン酸化チロシンを含む他のタンパク質が競合的に作用して折りたたみ構造を壊すことでも活性化される．

　遺伝子欠損マウスなどの解析から，Src ファミリータンパク質のあるものは神経細胞や免疫細胞で重要な役割を果たしていることがわかった．たとえば B リンパ球では，Lyn が自己抗原や異物を認識する細胞表面の抗原受容体分子からのシグナル伝達に関わっている[3]．抗原受容体は細胞内ドメインが 3 アミノ酸残基ときわめて短く，細胞膜近辺で他のシグナル分子と会合することで細胞内に情報を伝達する．そのようなシグナル分子の一つが Lyn であり，抗原刺激を受けた細胞の免疫応答に関わる細胞内シグナルを作動させる．別のファミリーメンバーである Fyn は T リンパ球や神経組織で高度に発現しており，T リンパ球では抗原受容体を介するシグナル伝達に関わる．また Fyn は神経組織で多様なタンパク質をリン酸化し，神経組織の構造や機能を制御していることが示されている．標的の一つに神経細胞シナプスで機能する興奮性神経伝達に関わる NMDA（*N*-メチル-D-アスパラギン酸）受容体がある．筆者らは Fyn によってリン酸化されるチロシン残基を変異させた

NMDA 受容体を発現するマウスを作成し，それらがストレス応答や情動学習などに異常を示すことを見いだして，Fyn が神経機能に関わることを明らかにした．

8・5 *erbB* ファミリー遺伝子
8・5・1 *erbB* がん遺伝子

1980 年代初頭に家畜衛生試験場の日原 宏らはがん遺伝子をもたない RNA 腫瘍ウイルスをある系統のニワトリに感染させると，低い頻度だがまれに未分化な赤血球ががん化する赤芽球症を発症することを見いだした．筆者らは日原らと共同して赤芽球症を発症したトリの肝臓からウイルスを回収し，このウイルスのゲノムが初めに感染させたウイルスゲノムとは異なることを見いだした．つまり生体内で感染を繰返しているうちに，細胞ゲノム上の遺伝子を取込んだ新たなウイルスができていたわけである．この新たにつくられたウイルスをトリに感染させるときわめて高い頻度で急性に赤芽球症が発症する．がん化能をもつようになったウイルスゲノム上には ***erbB*** というがん遺伝子が存在していた[4]．遺伝子配列の解析から，*erbB* は細胞膜貫通型のチロシンキナーゼ活性をもつタンパク質をつくることがわかり，このタンパク質は何らかの外来因子の受容体ではないかと推測された．

一方で M. D. Waterfield らは上皮増殖因子（EGF）の受容体タンパク質の作用機構を解析するために **EGF 受容体**を精製しアミノ酸配列を決めようとしていた．部分的に配列を決めたところ，それがウイルス ErbB タンパク質の配列と一致することがわかった[5]．ひき続き EGF 受容体 cDNA の配列が決められ，ウイルス *erbB* 遺伝子が細胞ゲノム上の EGF 受容体遺伝子に由来することが示された．EGF 刺激を受けた細胞では EGF 受容体が作動して増殖シグナルを細胞内に伝えるが，ウイルス ErbB タンパク質は EGF に反応するドメインをもたず恒常的に活性化されていて増殖シグナルを伝えていることでがん化能をもつと判断された．

このように，EGF 受容体遺伝子が *erbB* がん原遺伝子であることが示されたのちにも，少なからぬ細胞増殖因子やその受容体，そして受容体下流シグナル分子をコードする遺伝子ががん原遺伝子であることが示された．たとえばネコ肉腫ウイルスのがん遺伝子 *fms* に対応するがん原遺伝子の産物は，CSF1（colony stimulating factor 1）の受容体である．これらの発見で細胞増殖シグナル伝達系分子の異常活性化が発がんにつながることが明らかとなった．

8・5・2 ヒトがんと ErbB

ウイルス ErbB ががん化能をもつことから，EGF 受容体はがんウイルスに取込まれなくても，変異したり過剰に発現するなどしてがん化作用をもつようになるのではないかと考えられた．実際，さまざまながん組織やがん由来の培養細胞の EGF

受容体遺伝子を解析してみると，口腔組織の扁平上皮がんで遺伝子増幅していたり，また脳腫瘍で欠失変異があったりしていることがわかった．この欠失変異ではEGF受容体の二量体化を調節する細胞外ドメインが欠失している．特定の培養細胞に EGF 受容体遺伝子を過剰発現させたり，このような欠失変異体を発現させると細胞ががん化することが示された．

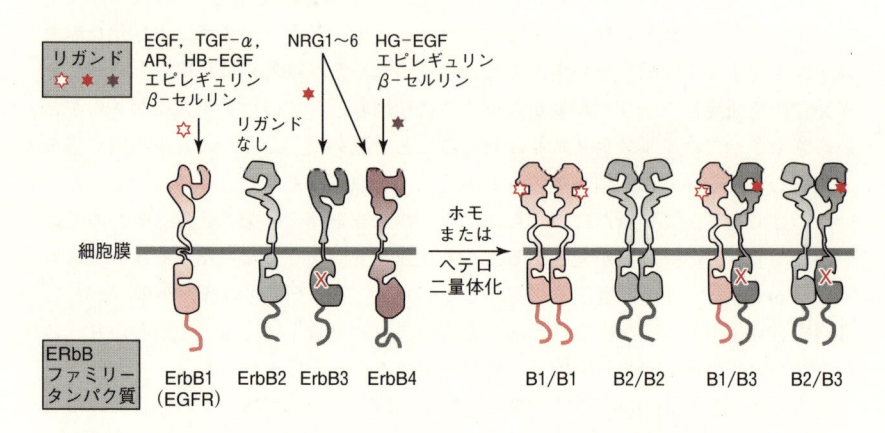

図 8・4　ErbB ファミリーメンバー　上部に示したさまざまなペプチド性リガンドが受容体タンパク質に会合すると，受容体の細胞外ドメインの構造変化が起こる．この構造変化は受容体の二量体化（ホモの場合もヘテロの場合もある）を導き，その結果，受容体がチロシンリン酸化される．ErbB2 はリガンド非依存的に細胞外ドメインが二量体化しやすい構造をとっている．また ErbB3 はキナーゼドメインの全体構造は他のファミリーメンバーと変わりがないが，チロシンキナーゼ活性をもたない（×で示す）．

がんとの関わりで EGF 受容体遺伝子の解析が進むなかで，それに類似する遺伝子が見いだされた．最初に見いだされたのは *erbB2* 遺伝子である．この遺伝子には発見の経緯からいくつかの名前が付いている．まず R. A. Weinberg らによりラット脳腫瘍で変異して発がん能をもつようになっている *neu* 遺伝子が見いだされた．同じころ筆者らは EGF 受容体遺伝子と類似する *c-erbB-2* 遺伝子を見いだし，それがヒト顎下腺がん，胃がん，乳がんなどで増幅していることを明らかにするとともに *neu* と同一の遺伝子であることを示した[6),7)]．さらに，A. Ullrich らも EGF 受容体遺伝子に類似する遺伝子として *HER2* を見いだし，大規模な乳がん患者試料の解析から *HER2* の発現が乳がんの予後と相関することを見いだした[8)]．*neu*, *c-erbB-2*, *HER2* は同一遺伝子であるが，ここでは *erbB2* と統一的に記載する．

ラット脳腫瘍では，突然変異によりラット Neu タンパク質の細胞膜貫通部分のバリンがグルタミン酸に置換され（V664E 変異），がん化能をもつようになってい

る．ヒト ErbB2 タンパク質に実験的に同じような変異を導入すると細胞をがん化するようになるが，ヒトのがんでは同様の変異は見つけられていない．それにひきかえヒトではさまざまながんの 10〜20 % で *erbB2* 遺伝子が増幅している．つまり過剰発現によりがん化能をもつように活性化されていることがわかった．膜貫通部分の V664E 変異によっても，また過剰発現によっても，Neu/ErbB2 タンパク質はホモ二量体化し，細胞内に増殖シグナルが伝えられるようになっている．その後まもなく EGF 受容体遺伝子に類似する *erbB3*, *erbB4* 遺伝子が見いだされ，**erbB ファミリー**を形成することがわかった（図 8・4）．ErbB3 タンパク質はキナーゼ活性を失っているもののその発現とがんとの強い相関が指摘されている（次節参照）．

8・5・3 ErbB ファミリーと細胞内シグナル

これらの遺伝子がつくる **ErbB ファミリータンパク質**は，EGF やその類縁分子である TGF-α（トランスフォーミング増殖因子-α），AR（アンフィレギュリン），HB-EGF（ヘパリン結合性 EGF），β-セルリン，エピレギュリン，エピジェン，NRG1〜6（ニューレギュリン 1〜6）などの多様なリガンドに応答することが知られている（図 8・4）．増殖因子や分化因子であるリガンドが作用すると，細胞外ドメインに構造変化が誘導され，**ホモ**あるいは**ヘテロ二量体化**して細胞内に増殖や分

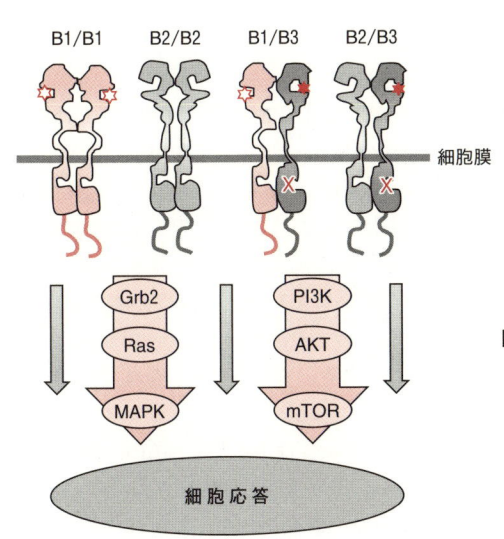

図 8・5 ErbB ファミリーシグナル伝達 ErbB ファミリー下流ではおもに Grb2-Ras-MAPK 経路と PI3K-AKT-mTOR が作動している．悪性度の高いがんでみられる ErbB2/ErbB3 ヘテロ二量体下流では，PI3K（PI 3-キナーゼ）経路がよく働いている．

化などの情報が伝えられる．ErbB2 はリガンド非依存的に二量体化できる構造になっており，対応するリガンドは存在しない．そのため過剰に発現すると容易にホモ二量体化し，またリガンドに応答した EGF 受容体や ErbB3 とはヘテロ二量体を形成し，細胞内にシグナルを伝える．ErbB ファミリー分子はこのような二量体化により自らの**チロシンキナーゼ活性**を亢進させ，MAP キナーゼ経路や PI 3-キナーゼ経路を活性化している（図 8・5）．前述のように ErbB3 にはキナーゼ活性がほとんど見いだされないものの，NRG を受容した ErbB3 は ErbB2/ErbB3 ヘテロ二量体を形成し，ErbB2 キナーゼを用いて強力に PI 3-キナーゼ経路を活性化して増殖シグナルを誘導している．

ErbB ファミリーのうちの EGF 受容体（＝ErbB1）が上皮細胞の増殖制御に関わることは古くから示されていた．EGF 受容体のリガンドである EGF は，1962 年にマウスの顎下腺から眼瞼開裂と切歯発生を促す因子として精製されたが，その後さまざまな細胞の増殖・分化・生存を調節することが明らかとなっている．ErbB ファミリーが多様な生命現象に関わっていることは，そのリガンドが多くの生命現象を支配しているという知見からも明らかである（図 8・6）．たとえば HB-EGF は表皮細胞，心筋細胞，血管内皮細胞，平滑筋細胞，マクロファージなど種々の組織，細胞より分泌され，細胞の増殖や分化，炎症反応などに関わっている．また NRG ファミリー分子の多くは神経系細胞の増殖・分化を制御し神経組織の形成に関わっている．またこれらリガンドは，心筋の形成，乳腺の形成，血管平滑筋の分化などを制御していることも知られ，実に多様な機能を，ErbB ファミリーを介して発揮している．

8・5・4　ErbB ファミリーシグナルとヒトがん

ヒトがんでは前述のように口腔の扁平上皮がんなどで EGF 受容体遺伝子（*erbB1*）が，また乳がんや顎下腺などの腺がんで *erbB2* が遺伝子増幅して過剰に発現している．Slamon らの研究[8]) を代表例として数多くの研究から *erbB2* 遺伝子の過剰発現が乳がんなどの予後を悪くしていることが示されており，ErbB2 の二量体化によりシグナル伝達が増強されているものと考えられる．また ErbB2 を過剰発現しているヒトがんでは ErbB3 がよくチロシンリン酸化されている．このことは ErbB2 がホモ二量体を形成するのみならず，チロシンキナーゼ活性をもたない ErbB3 とヘテロ二量体を形成していることを強く示唆している．このヘテロ二量体は PI 3-キナーゼ経路をよく活性化し，がんの悪性化に大きく貢献している．ちなみに，EGF 受容体ホモ二量体や EGF 受容体/ErbB2 ヘテロ二量体は主として MAP キナーゼ経路を活性化する．ErbB ファミリーが細胞がん化を促進し，悪性化を導いていることは，培養細胞に ErbB ファミリータンパク質を過剰発現させると細胞内シグナル

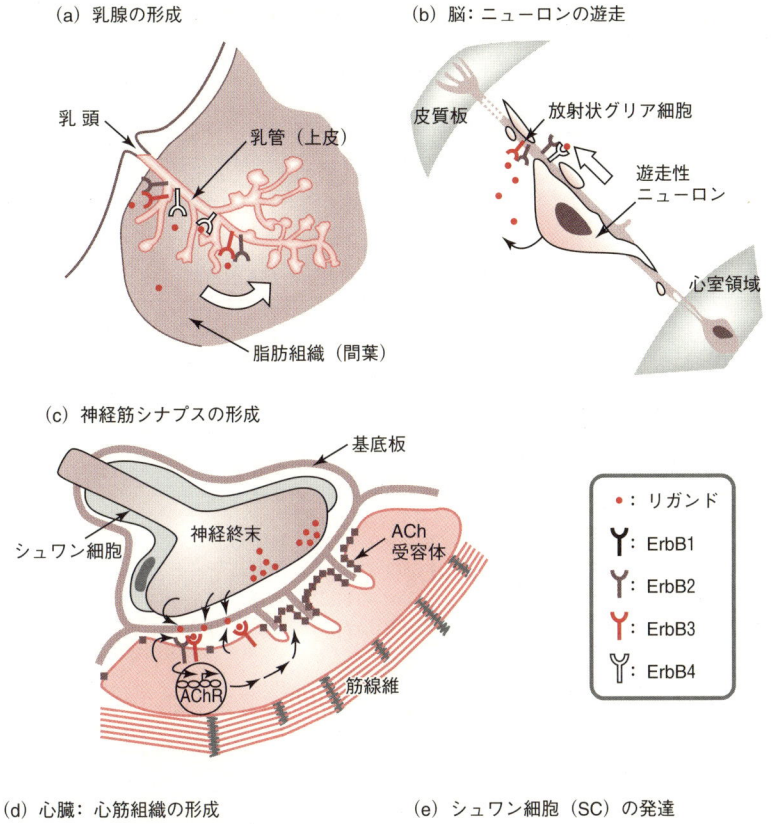

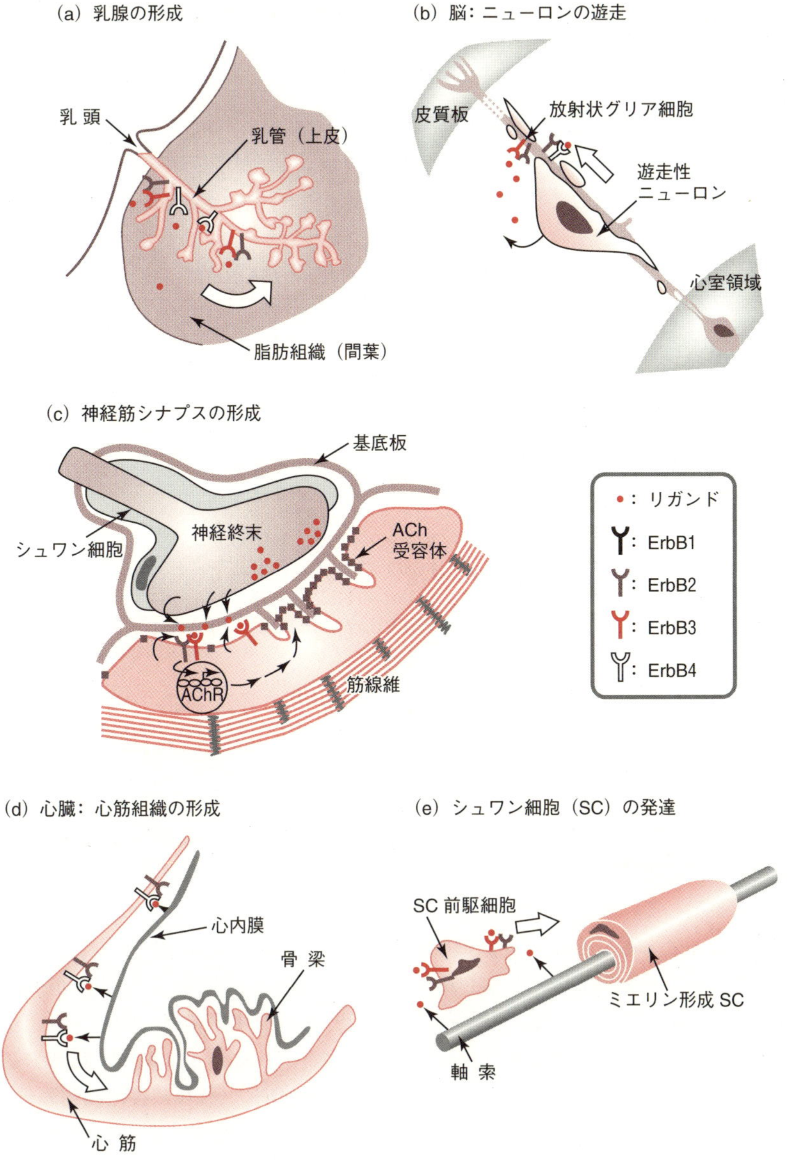

図 8・6　ErbB ファミリーの多様な機能　ErbB ファミリーメンバーが対応するリガンドに呼応して二量体化し，乳腺形成（a），脳でのニューロンの遊走（b），神経筋シナプスの形成（c），心筋組織の形成（d），シュワン細胞の発達（e）に関わる様子を示している．ACh: アセチルコリン．(S. Burden, Y. Yarden, *Neuron*, **18**, 847（1997）より)

伝達系が作動し，細胞増殖が亢進していることから明らかにされている．ただ，ErbB4 は例外で過剰に発現してもがん化能を示さない．

8・5・5　ErbB ファミリーを標的としたがん治療

ErbB ファミリーがヒトがんの発症・進展に関わることが示されると，ErbB ファミリータンパク質を標的とした診断薬や治療薬（表 8・2）の開発が進められた[9]．

表 8・2　ErbB ファミリーを標的としたがん治療薬

一般名	商品名	標的分子	対象腫瘍
(a) 抗体製剤			
トラスツズマブ	ハーセプチン®	ErbB2	乳がん
ペルツズマブ	オムニターグ	ErbB2	乳がん（第Ⅲ相臨床試験段階*）
セツキシマブ	エルビタックス®	EGFR	大腸がん
パニツムマブ	ベクティビックス®	EGFR	大腸がん
(b) 化合物阻害剤			
ゲフィチニブ	イレッサ®	EGFR	肺がん
エルロチニブ	タルセバ®	EGFR	肺がん
ラパチニブ	タイケルブ®	EGFR/ErbB2	乳がん
アファチニブ	トムトボック	EGFR/ErbB2	乳がん/肺がん（第Ⅲ相臨床試験段階*）
AZD8931		EGFR/ErbB2/ErbB3	乳がんなど（第Ⅰ/Ⅱ相臨床試験段階*）
バンデタニブ	ザクチマ	EGFR/VEGFR	肺がん（第Ⅲ相臨床試験段階*）

* 2011 年 11 月現在．

erbB2 遺伝子の発現が乳がんの予後と相関することが示されたことから，**抗 ErbB2 抗体**ががんの診断薬として開発された．この抗体を用いて，乳がん患者で ErbB2 が過剰に発現していることがわかると，どのような治療が適しているかが検討されるようになるとともに ErbB2 を標的とした治療薬の開発が進んだ．まずヒト化抗 ErbB2 モノクローナル抗体であるトラスツズマブ（商品名ハーセプチン®）が抗体治療薬として開発され，ErbB2 過剰発現乳がん患者らの治療に有効に使われるようになった．トラスツズマブは ErbB2 の細胞外ドメイン（ドメインⅣ）を認識する抗体で，ErbB2 を過剰発現している腫瘍に対して，ADCC（抗体依存性細胞障害）をひき起こしたり，また ErbB2 の二量体化を阻害したり，さらには ErbB2 タンパク質の構造変化を誘導し細胞内シグナル伝達を抑制したりすることが報告されている．いずれにしてもトラスツズマブは抗がん性化合物との併用で転移性の乳がん患者に有効な治療薬となっている．しかしながら，すべての ErbB2 過剰発現がん患者に有効なわけではなく，ErbB2 あるいは他の因子を標的とする新たな抗がん剤の

開発が必要となっている．実際にErbB2の二量体化を阻害するペルツズマブ（商品名オムニターグ®）が開発されている．ErbB2のみならず，EGF受容体を標的とした抗がん剤としては，大腸がんに効果を示すセツキシマブ（商品名エルビタックス®）が知られている．ただ，大腸がんではK-*ras*に変異をもつ場合がしばしばみられ，そのようながんではセツキシマブは効果がない．セツキシマブでEGF受容体を阻害しても，下流でK-*ras*が活性化されていれば細胞は増殖を続けるからである．したがってセツキシマブはK-*ras*に変異をもたない大腸がん患者の治療に供されている．

一方，抗体以外のErbBファミリーの活性阻害化合物も開発されている．代表的なものとして肺がんの治療に用いられるゲフィチニブ（商品名イレッサ®）がある．EGF受容体に変異がある場合はゲフィチニブがよりよくキナーゼ活性を抑制することが示されており，EGF受容体にがんによる変異があるかないかを診断したうえで治療薬として用いられるようになっている．ゲフィチニブはATPの構造模倣体でありATPを利用したキナーゼ活性を阻害するが，キナーゼドメインに点変異や欠失変異が起こると構造的にゲフィチニブが作用しやすくなることが，構造生物学的な研究からわかってきている．また，ラパチニブ（商品名タイケレブ®）が，EGF受容体にもErbB2にも作用する経口治療薬として開発された．これは，EGF受容体のキナーゼドメインとErbB2のキナーゼドメインのATP結合部位を認識して双方のキナーゼ活性を抑制することが知られている．このほかにもErbBファミリーを標的とする治療薬の開発はまだまだ続けられている．またK-rasやそのエフェクターであるMEKキナーゼを標的とするなどでErbBファミリー下流シグナルを阻害する治療薬の開発が進められている．

8・6 おわりに

本章では主としてチロシンキナーゼがん遺伝子の発見の経緯にふれながら，その正常機能やがんの発症・進展における役割を紹介してきた．そのなかで，がん発症にはチロシンキナーゼ下流シグナルを細胞内で制御するRasやPI3Kが重要であることなどについても言及した．チロシンキナーゼ活性はこれらRas, PI3Kシグナルを介して細胞膜のダイナミクスを制御するとともに，最終的には遺伝子発現を制御する．そのような制御に関わる分子の機能を阻害するような薬剤を開発することで効果的ながん制圧も可能になると考えられる．

筆者らが，ErbB2などの受容体チロシンキナーゼ下流シグナルを研究するなかで見いだしたTobタンパク質は，ある場合には抗細胞増殖活性を示し[10]，ある場合には，抗細胞死活性を示す[11]．たとえばTobが存在しているとDNA損傷依存的な細胞死は阻害される．このTobの抗アポトーシス活性に注目して，細胞にTob活

性阻害薬やアンチセンス Tob を導入すると，DNA 損傷に伴う細胞死が阻害されなくなる．したがって，がん細胞内で Tob の機能を阻害しておくと DNA に作用する抗がん剤が効果を示しやすくなることが期待される．

このような下流シグナル分子を標的とする抗がん作用物質の開発を目指した，受容体チロシンキナーゼ下流シグナルの網羅的解析が，質量分析計を併用した SILAC 法や酵母ツーハイブリッド法などで大々的に進められている[12),13)]．その結果，たとえば EGF 受容体下流シグナルについては経時的なネットワークを描くことが可能になってきている．一つの抗がん剤では十分に効果が示せなかったり，またそれに抵抗性を示すようになることがあるが，このような網羅的シグナル研究から，異なる作用点をもつ複数の抗がん剤を開発するための基盤情報が得られると期待される[14),15)]．もちろんそのような研究の成果が生命現象のより深い理解を導くものであることはいうまでもない．

文　献

1) H. Hanafusa, C. C. Halpwern, D. L. Buchhagen, S. Kawai, *J. Exp. Med.*, **146**, 1735 (1977).
2) D. Stehelin, H. E. Varnus, J. M. Bishop, P. K. Vogt, *Nature*, **260**, 170 (1976).
3) Y. Yamanashi, T. Kakiuchi, J. Mizuguchi, T. Yamamoto, K. Toyoshima, *Science*, **251**, 192 (1991).
4) T. Yamamoto, H. Hihara, T. Nishida, S. Kawai, K. Toyoshima, *Cell*, **34**, 225 (1983).
5) J. Downward, Y. Yarden, E. Mayes, G. Scrace, N. Totty, *Nature*, **307**, 521 (1984).
6) T. Yamamoto, S. Ikawa, T. Akiyama, K. Semba, N. Nomura, *Nature*, **319**, 230 (1986).
7) C. I. Bargmann, M. C. Hung, R. A. Weinberg, *Nature*, **319**, 226 (1986).
8) D. J. Slamon, G. M. Clark, S. G. Wong, W. J. Levin, A. Ullrich, *Science*, **235**, 177 (1987).
9) G. Pines, W. Kostler, Y. Yarden, *FEBS Lett.*, **584**, 2699 (2010).
10) Y. Yoshida, T. Nakamura, M. Komoda, H. Satoh, T. Suzuki, *Genes Dev.*, **17**, 1201 (2003).
11) T. Suzuki, J. Tsuzuku, K. Kawakami, T. Miyasaka, T. Yamamoto, *Oncogene*, **28**, 401 (2009).
12) B. Blagoev, I. Kratchmarova, S. E. Ong, M. Nielsen, L. J. Foster, *Nat. Biotechnol.*, **21**, 315 (2003).
13) S. Tasaki, M. Nagasaki, H. Kozuka-Hata, K. Semba, N. Gotoh, *PLoS one*, **5**, e13926 (2011).
14) M. Saito, K. Kumazawa, A. Doi, S. Takebe, T. Amari, "Breast Cancer Cells/Book 1", ed. by M. Gunduz, INTECH, in press (2011).
15) E. M. Bublil, Y. Yarden, *Curr. Opin. Cell Biol.*, **19**, 124 (2007).

9

胚発生と細胞分化

9・1 発生研究の二つの源流

　動物の発生の研究には,**実験発生学**と**発生遺伝学**という二つの源流がある.

　20世紀初頭に双眼の実体顕微鏡が発明されたことによって,顕微鏡下での胚の操作ができるようになり,これから実験発生学が生まれた.1930年までの実験発生学の成果を代表するものの一つはH. SpemannとH. Mangoldのイモリを用いた移植実験をもとにSpemannによって提唱された"オーガナイザー"という組織集団の活性である.現在でも,教科書で両生類の胚発生がよく取上げられているのは,この歴史的な経緯を反映している.

　実験発生学から派生した細胞生物学的なアプローチもまた重要である.Spemannの弟子であるJ. Holtfreterらによって始められた研究からは,一度個々の細胞にまで解離した組織を細胞塊として再集合させると,時間とともに組織が再構成されることが示された[1].そこには細胞の移動と細胞間の差次的な接着が関与している.1980年代初頭の,竹市雅俊によるカドヘリンの発見はその研究の流れのもとでの結実である.

　現代の遺伝学はT. H. Morganとそのグループによる,ショウジョウバエ (*Drosophila melanogaster*) の遺伝学を基礎としている.その嫡流のE. B. Lewisがショウジョウバエの発生遺伝学(突然変異体の解析をもとにして,発生過程を分析する)を打ち立てた.*Hox*遺伝子群の予想は,その成果の一つである.Lewisは,ショウジョウバエの**ホメオティック変異**(体のある領域を他の領域のものに変える突然変異)の体系的な研究から,体の頭(前)側の領域から尾(後)側の領域までの特性を段階的に決める性質の似通った一群の遺伝子があること,そしてそれらが染色体上で,頭側の性質を決めるものから尾側の性質を決めるものに向かって,その順に一列に並んでいることを予想した.のちに,**ホメオボックス配列**(Hox転写因子のDNA結合ドメインをコードするDNA配列)を共有する遺伝子が,Lewisのモデルを説明する遺伝子群であることが示され,さらに類似のHox転写因子をコードする遺伝子群が脊椎動物のゲノム上でも列をなして配置されていることが明らかになり,*Hox*遺伝子群による,体の頭尾軸に沿った発生過程の制御と領域特異化の研究が展開するもとになった(図9・1).

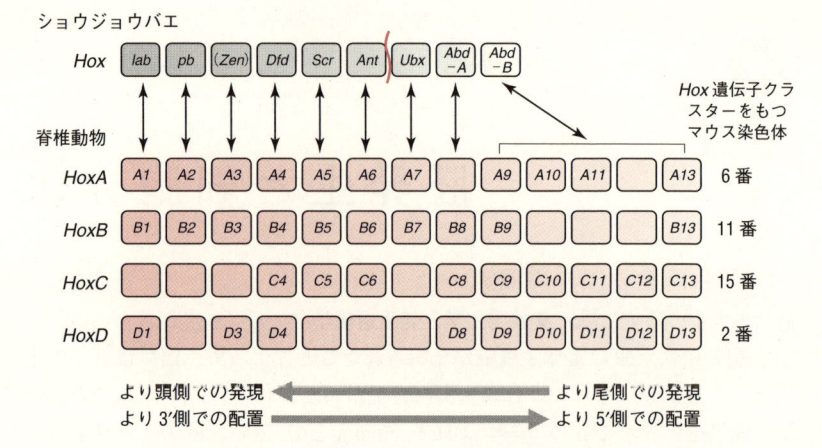

図 9・1　*Hox* 遺伝子群のショウジョウバエと脊椎動物の間での対応　1 組のショウジョウバエ *Hox* 遺伝子に 4 組の脊椎動物 *Hox* 遺伝子が対応する．ショウジョウバエの場合は，*Hox* 遺伝子クラスターが二つに分かれている（波線）．

9・2　ショウジョウバエの発生遺伝学のかけがえのない貢献

　発生遺伝学の力を最大限に引き出したのが，1980 年に発表された C. Nüsslein-Volhard と E. Wieschaus による研究である[2]．彼らは，① ショウジョウバエに対して，すべての遺伝子の突然変異体を網羅するのに十分な，強い突然変異誘起処理を施したうえで，独立の変異のホモ接合体を分析する方法〔**飽和変異誘起**（saturated mutagenesis）〕をとり，② 頭から尾までの繰返し構造（分節）を変化させる突然変異体を詳細に分析し，③ ショウジョウバエでは，頭から尾に向けての領域特性の決定が大まかには 3 段階の過程から成ることを示した．その 3 段階は，

1) 頭端，中央部，尾端の領域を決める**ギャップ**（領域欠落）**遺伝子**（gap gene）群が作用する段階
2) 2 分節を単位として繰返し構造を決める**ペアルール**（2 分節律）**遺伝子**（pair-rule gene）群が作用する段階
3) 各分節の中の極性とサブ領域を決める**セグメントポラリティー**（分節極性）**遺伝子**（segment polarity gene）群が作用する段階

である（図 9・2）．

　この研究は，

1) 体系的な突然変異体の表現型の解析によって，発生過程の遺伝子による制御の大まかなステップを予想できること
2) 同じステップに作用する遺伝子群を突然変異体の表現型の類似性をもとに予

想できること

を，ショウジョウバエの発生を例にして示した画期的なものであった．

この Nüsslein-Volhard と Wieschaus の研究が発生研究に与えた衝撃はそれにとどまらなかった．本格的な遺伝子クローニング時代の到来が時期をともにしており，突然変異体の原因遺伝子の同定とクローニング，それがコードするタンパク質のア

```
T1
T2
T3
A1
A2
A3
A4
A5
A6
A7
A8
```

野生型　　　　ギャップ　　　　ペアルール　　　セグメント
　　　　　　　遺伝子　　　　　遺伝子　　　　　ポラリティー
　　　　　　　突然変異体の例　突然変異体の例　遺伝子
　　　　　　　（knirps）　　 （paired）　　　突然変異体の例
　　　　　　　　　　　　　　　　　　　　　　　（hedgehog）

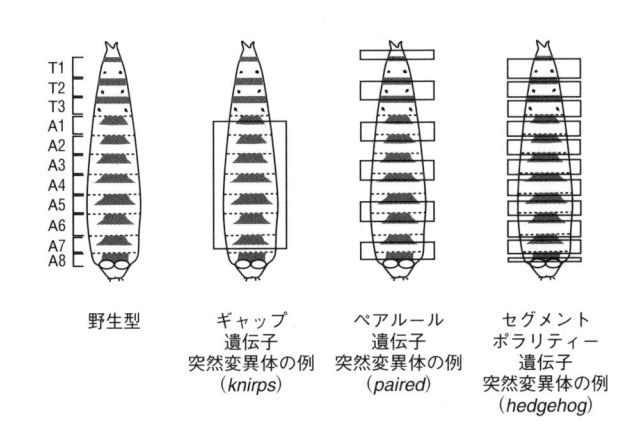

図 9・2　ショウジョウバエ幼生の分節に異常をもつ突然変異体の分類
ショウジョウバエ幼生の腹側の剛毛が生えている領域（着色部分）の分布と分節の対応を，左側の野生型で示す（T は胸部の分節，A は腹部の分節）．ギャップ，ペアルール，セグメントポラリティー遺伝子の変異体では，それぞれ，体の大きな領域の欠落，1 分節おきの欠落，各分節における欠落が起こる．実際に欠落する部分は遺伝子ごとに異なる．図では，knirps, paired, hedgehog 変異体で起こる欠落部分を四角の枠で示した．セグメントポラリティー遺伝子の変異体では，欠落しなかった部分がさらに鏡像対称の形で重複するため，一面に剛毛が生えた寸詰まりの幼生ができる．それが Hedgehog（ハリネズミ）の名前の由来になっている．（遺伝子とその突然変異体は斜体で，その遺伝子の産物は正体で表記する．）

ミノ酸配列に基づいた遺伝子の機能予測が直ちに可能になった．同じセグメントポラリティー遺伝子群に属するもののうち，hedgehog は分泌タンパク質を，patched は 7 回膜貫通型の膜タンパク質を，そして cubitus interruptus（Ci）はジンクフィンガー型の転写制御因子をコードしていることが明らかになった．そしてまもなく Patched は Hedgehog タンパク質の受容体であり，Ci は，Patched の下流で働く転写制御因子であることが明らかになった．つまり一つの制御系統を構成するタンパク質をコードする遺伝子群は，その変異体が示す表現型の共通性をもとに予想することができるのである（図 9・3）．

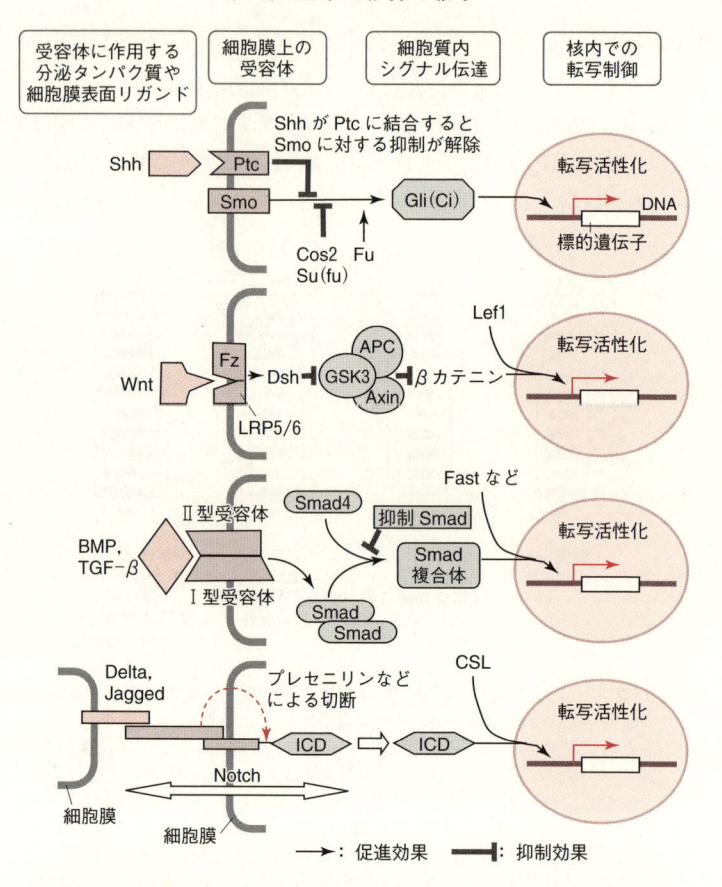

図 9・3 転写制御を標的とする細胞間シグナル分子と，細胞内シグナル伝達 ショウジョウバエの突然変異体が，その解明に大きな貢献をした．Hedgehog シグナル，Wnt シグナル，BMP/TGF-β シグナル，Notch シグナルを例示する．

9・3 実験発生学と発生遺伝学の合流

　ショウジョウバエの発生を制御する遺伝子がつぎつぎとクローニングされるとともに，それに対応する遺伝子が，ほとんど必ず脊椎動物のゲノムのなかに存在することが明らかになった．このような，異なった動物種間での対応する遺伝子を**ホモログ遺伝子**（homologue gene）とよぶ．ショウジョウバエと脊椎動物では，発生過程はかなり異なっているが，発生過程を制御する道具立てとしての基本的な機構や，その部品をなす個々のタンパク質は，かなり隔たった動物種の間でもよく保存

されている．ショウジョウバエの *hedgehog* 遺伝子の脊椎動物ホモログの一つが**ソニックヘッジホッグ**（*Shh, sonic hedgehog*）である．

遺伝子クローニングが発生過程の理解にさらに大きく貢献できたのは，*in situ* ハイブリダイゼーション法の開発によるところが大きい．この方法は，固定した胚組織に，特定の遺伝子の mRNA に相補的な配列をもつ標識された RNA を加えて二本鎖 RNA をつくらせ，その mRNA の分布を調べる方法である．これによって，遺伝子ごとにその胚の中の発現分布を可視化することができるようになった．*Shh* 遺伝子の胚の中での発現の空間分布はきわめて興味深いものであった．まず，Shh は，頭から尾まで，体の正中線に沿った組織（脊索や神経管底板など）で発現されていた．実際，*Shh* 遺伝子のノックアウトマウスは正中線上の多くの組織を欠く．

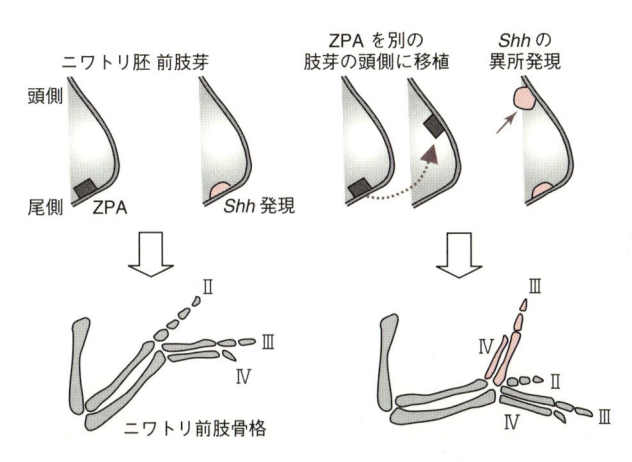

図 9・4 肢芽の ZPA 活性と Shh シグナルとの対応 ZPA の肢芽頭側への移植と *Shh* の肢芽頭側での異所発現は，同様に，鏡像対称の過剰指を生む．

それとともに注目されたのは，体幹部から伸び出す肢芽（前肢や後肢のもと）の尾側の付け根に近い部分の間充織に限局された Shh の発現であった．それに先立つ 1970 年代初頭に J. W. Saunders Jr. らはニワトリ胚の肢芽の間充織のさまざまな異所移植を行い，肢芽の尾側の付け根に近い領域に，肢芽の"尾側"を決定する活性があることを見いだし，**ZPA**（zone of polarizing activity；極性化活性領域）と名付けた[3]．ZPA の間充織を肢芽の頭部側に移植すると，その肢芽からは，尾側―頭側―尾側の鏡像対称のパターンをもつ過剰指がつくられたのである（図 9・4）．Saunders らはさらに，神経管底板にも ZPA と同様の活性があることを示していた．

ZPA活性領域と，Shhの発現領域の一致から，ZPAの活性とは，分泌タンパク質Shhそのものではないかという可能性が生まれ，それを検証する実験が行われた[4]．Shhタンパク質を遺伝子導入によって肢芽の前側で発現させると，それから発生する肢には，確かに，ZPA移植の場合と同様に"尾側―頭側―尾側"の鏡像パターンをもった過剰指がつくられ，ZPAの活性が基本的にはShhタンパク質発現の局在で説明されたのであった（図9・4）．

つまり，

1) 遺伝子がクローニングされると，多くの場合，そのコードするタンパク質の機能を予測できる．

これをもとにして，

2) *in situ* ハイブリダイゼーションなどによる遺伝子発現細胞群の同定
3) その遺伝子の活性が欠損した（あるいは異常になった）場合の効果を示す突然変異体の解析（＝発生遺伝学の発展型）
4) その遺伝子を発現する細胞群（組織）を除去，移植，あるいはその遺伝子の活性の異所性発現の効果の解析（＝実験発生学の発展型）

これらを組合わせることによって，特定の細胞群の発生制御に関わる遺伝子群の機能を，一つの制御システムとして理解することができる．発生遺伝学と実験発生学の現代的な統合である．

9・4 卵割期胚の多様性

脊椎動物の胚は，受精後しばらくの間の発生段階までは，胚全体の大きさを保ったまま細胞分裂を行って細胞数だけを増やしていく．この時期の細胞分裂を**卵割**，そして胚を構成する球状の細胞を**割球**という．直径100 μmほどの哺乳類胚の場合，卵割期の個々の細胞の将来の発生運命は決まっておらず，また，卵割期にすでに細胞自身のゲノムからの転写によって新しいmRNAを発現しながら，発生をゆっくりと進める．しかし，直径数mmに及ぶ両生類胚の場合は卵形成の際に胚の異方性が与えられていて，頭尾側・背側などの方向は大まかに決まっており，しかも卵割期の発生は卵形成の際に蓄えられたmRNAとタンパク質の作用だけで進行するために，急速なスピードで発生を進める．卵の異方性を反映して，細胞分裂は異なった大きさの割球を生む．

両生類では，卵割期の割球ごとにその発生運命にはかなり束縛がある．景浦 宏と山名清隆[5]は，アフリカツメガエルの8割球胚からさまざまな割球を除去していって，正常な形態をもった胚が発生するためには，動物極側の4個の割球のうちいずれかの割球2個と，植物極側の背側のいずれかの割球1個と，植物極側の腹側

のいずれかの割球1個という，"3種類4割球"の組合わせが必要であることを示した（図9・5a）．哺乳類初期胚の未決定性とは，大きく異なっている．

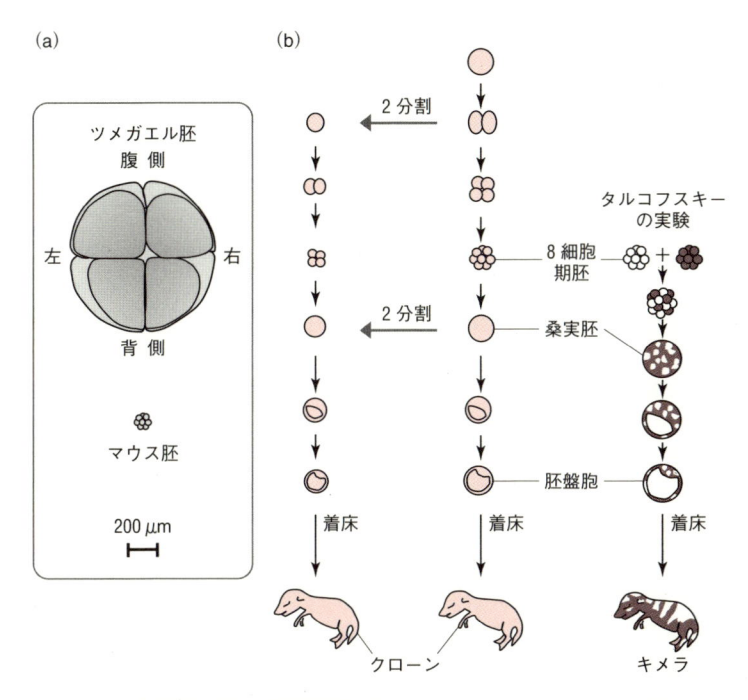

図9・5 卵割期の両生類胚と哺乳類胚の大きな相違 動物極側から見たツメガエル8割球期胚（a）と，マウス胚との比較．ツメガエル8割球のうち，3種4割球の組合わせが正常発生には必要である．（b）マウス卵割期胚の未決定性と，融合胚（タルコフスキーの実験），分割胚の発生．

9・5 哺乳類の初期胚の未決定性

哺乳類の卵割期の胚を融合してつくった胚はどのような個体に成長するのか？ この問いに挑戦したA. K. Tarkowskyの研究[6]が，哺乳類胚の現代的な研究の扉を開いた（図9・5b）．

マウスの卵割期胚は透明帯とよばれる膜に覆われていて，互いにくっつくことはない．その後，桑実胚の時期を経て中に空洞をもった胚盤胞にまで発生する時期（受精後3日）に子宮に到達し，透明帯を消化して着床する．

Tarkowskyは妊娠マウスの卵管から8細胞期胚を取出して透明帯を除き，二つの胚を軽く押しつけた状態で培養し，16細胞から成る一つの大きな融合胚をつくっ

た.この融合胚を着床させて成長させると,産仔も,それから育ったマウスも,正常な1個体分の大きさをもっていた.そして,この個体の組織は,もとの2個の受精卵に起源をもつ,遺伝形質を異にする細胞の混成であった.このように,遺伝形質が異なった複数の受精卵に由来する細胞を併せもつ個体を**キメラ**(chimera)という.

逆に細胞数を半分にするとどうなるのか? 桑実胚を二つに切り分ける,あるいは2細胞期に2割球を分けて別の胚として発生させることによって,人工的に一卵性双生児としての正常な2個体をつくることができる[7),8)].これは,同一の受精卵に由来し,同一の遺伝形質をもった個体群なので**クローン**(clone)である.

以上の哺乳類初期胚の操作実験からつぎのことが結論される.

1) 哺乳類の2細胞から桑実胚に至る発生段階の胚では,細胞の将来が未決定の状態が続いている.
2) 着床後の発達の過程で,体の大きさについての調節がなされていて,着床前の胚の大きさが正常の半分であっても2倍であっても正常な大きさをもった1個体分の胎児をつくる.

9・6　奇形がん腫,ES細胞,エピブラスト幹細胞

哺乳類の着床直前の胚である胚盤胞(マウスでは3.5日胚)は,将来の胎盤になる栄養芽細胞の層が,球形の袋をつくり,その内側の1箇所に,将来の胚と,卵黄嚢,羊膜などをつくる細胞集団(内部細胞塊)がついている.ここではじめて哺乳類胚は二つの細胞系列に分かれるのだが,内部細胞塊の中の細胞のおのおのの発生運命は最初はまだ決まっていない.内部細胞塊の細胞を他の胚盤胞に注入することによって,8割球の融合の場合と同様なキメラマウスができる.

奇形がん腫(テラトカルシノーマ)は,精巣や卵巣に自然発生する多分化能に富んだ腫瘍である.奇形がん腫細胞を正常な胚盤胞内に注入すると,内部細胞塊の細胞を移植した場合と同様なキメラマウスができる.このキメラマウスのなかでは奇形がん腫はがんの性質を失い,正常な組織となる.

また,正常な胚盤胞を腎臓の皮膜下などに移植することによっても高頻度で奇形がん腫をつくることができる.これらのことから,胚盤胞の内部細胞塊を直接株化すれば,キメラ形成能をもつ細胞株が得られるのではないかと期待された.これにはじめて成功したのがM. J. Evans[9)]で,その細胞は**ES細胞**または**胚性幹細胞**(embryonic stem cell)とよばれる(図9・6a,§10・3・1参照).ES細胞はLIFというシグナル因子の存在下で樹立され,維持される.ES細胞を胚盤胞に注入し,それを着床させれば,ES細胞由来の細胞をもつキメラマウスができる.ES細胞か

ら派生する細胞の一部は生殖細胞にもなる．したがって，ES 細胞に遺伝子操作を施したのちにキメラマウスを作製すれば，その遺伝子操作の結果はキメラマウスだけではなく，キメラマウスの子孫にも伝えられる（図9・6b）．

(a) マウス初期胚に対応した幹細胞株

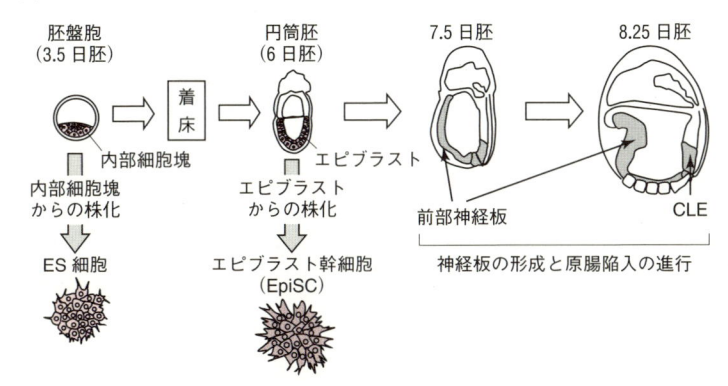

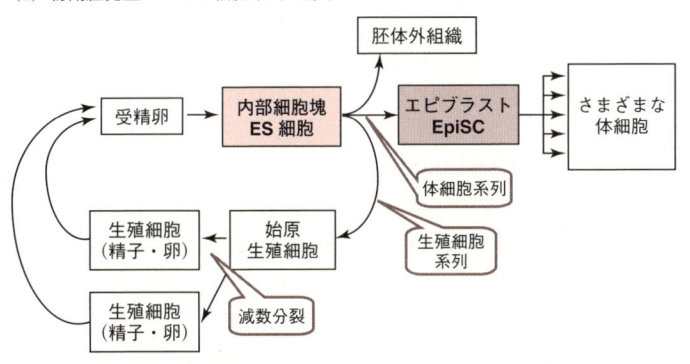

図9・6　マウスの初期胚に対応した2種類の幹細胞，ES 細胞とエピブラスト幹細胞（EpiSC）の比較　ES 細胞，EpiSC の株化のもとになった発生段階の違い（a）と，細胞系列のなかでの位置づけの違い（b）に注目されたい．CLE: caudal lateral epiblast

このことを活用したのが**遺伝子ターゲッティング**（標的遺伝子組換え）である．ES 細胞の核の中で起こる外来 DNA とゲノム DNA の間の相同組換えを利用して，特定の遺伝子を不活性化したり（**ノックアウト**），コード領域を別のタンパク質のものに置き換える（**ノックイン**）などの活用がある．

ES 細胞は着床前の胚盤胞の内部細胞塊に由来するので，体細胞の直接の前駆体

ではなく，体細胞組織のほか卵黄嚢などの胚体外組織を生む．胚自体の直接の前駆体である，着床後のエピブラスト（胚盤葉上層）を株化したものとして，**エピブラスト幹細胞**（epiblast stem cell；EpiSC）がつくられた（図9・6a）．EpiSC はアクチビン（Nodal）と FGF という2種類のシグナル因子を含んだ培地の中で維持され，培地中のシグナル因子の操作によって直接的に体細胞分化を導くことができる．

9・7 組織の再編成としての原腸陥入

胚がエピブラストと胚盤葉下層の2層状態をとるあたりから，発生過程は脊椎動物間でかなり共通のものになる．つぎに，エピブラストの細胞が下層に落ち込んで，外胚葉や中胚葉，内胚葉という3層構造の胚に組織を再編成する．この組織の再編成を**原腸陥入**（gastrulation）とよぶ．この組織再編成が直ちに腸をつくるわけではなく，古典期の両生類胚の研究に由来する命名である．

この3層の胚になった状態の上層を構成するものを**外胚葉**，中層を**中胚葉**，下層を**内胚葉**とよぶが，それは，胚の中の組織（細胞群）の空間的な配置を記述するうえでの便宜的な呼称にすぎず，細胞の発生運命を規定するものではない．

外胚葉に位置する組織には将来の中枢神経系をつくる神経板，感覚器の原基である感覚器プラコード，将来の表皮などが含まれる．中胚葉に含まれる組織には，将来の筋肉，骨，血管系，泌尿器系，生殖系器官の原基などがある．内胚葉は層が閉じて管をつくり，将来の消化管の全長，そして消化管から派生する，肺，肝臓，膵臓などのもととなる．

原腸陥入の過程は，脊椎動物の胚に共通であるが，組織再編成の状況を理解しやすい円盤状の羊膜類（哺乳類，鳥類など）の胚をとりあげる（図9・7a）．まず，エピブラストの尾側後半を二分する**原条**（primitive streak）という細いくぼんだ領域とその前端に位置する**結節**（node）ができて，これらの領域がエピブラストから下側の層への細胞の落ち込みの通路となっている．

結節を構成する細胞群とそれよりも少し尾側の **CLE**（caudal lateral epiblast）領域にある**体軸幹細胞**（axial stem cell）という二つの細胞集団は，エピブラストから下層へ落ち込む細胞を供給する一方，増殖によって細胞の（落ち込みによる）減少を補いつつ，細胞集団として胚の尾側に向かって移動する．この移動によって，胚は頭側から尾側に向かって順次つくられていき，原条はジッパーを閉じるように短くなっていく（図9・7a）．

結節の細胞群のうち，最下層にまで達したものは内胚葉をつくる．上層と下層の中間にとどまった細胞集団は，脊索（中軸中胚葉）をつくる．

体軸幹細胞に由来する細胞のうち，原条を通って落ち込む一群は，**沿軸中胚葉**（paraxial mesoderm）をつくる．沿軸中胚葉は頭側から順次くびれ切れていって，

体節という細胞塊に分かれる．体節からは，軟骨，骨格筋，真皮などの組織が生まれる．原条のより尾側から落ち込むエピブラストの細胞群は移動性に富んでいて，胚の左右から前方に大きく広がって，側板中胚葉を構成する（図9・7a右）．

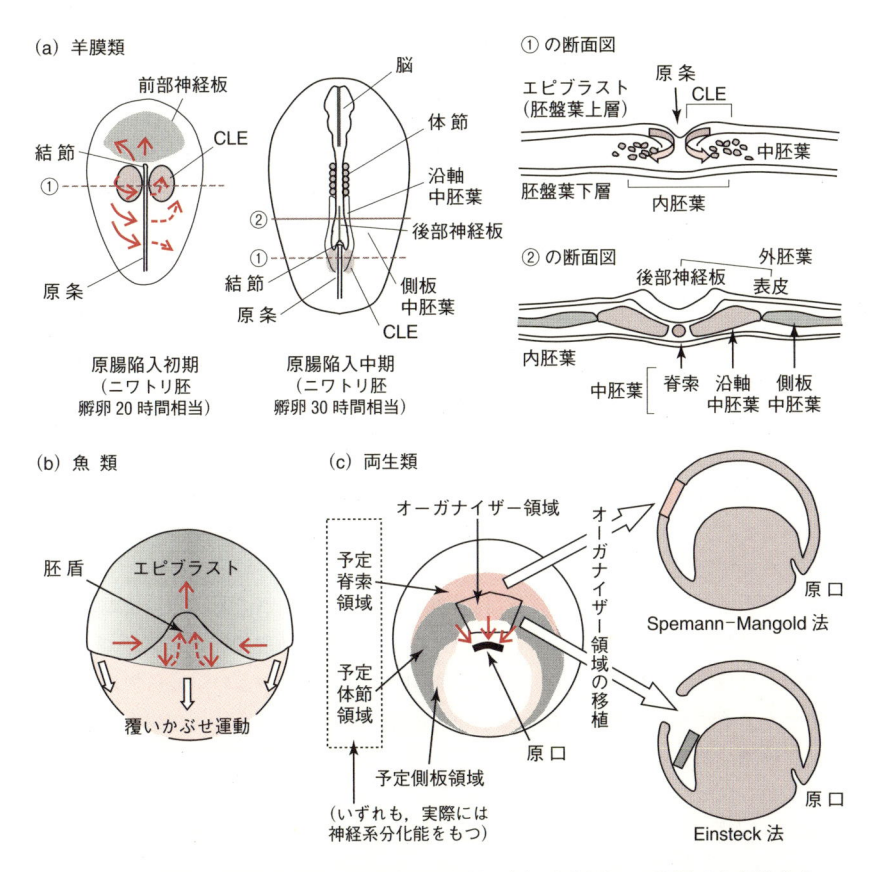

図9・7 羊膜類，魚類，両生類の原腸陥入の比較 (a) 羊膜類胚の原腸陥入と細胞移動．原腸陥入初期の実線矢印はエピブラスト（胚盤葉上層）での細胞の移動方向，破線矢印は中胚葉層での細胞の移動方向を示す．(b) 魚類胚における原腸陥入と胚盾．(c) 両生類胚の領域ごとの予定発生運命と，"オーガナイザー"領域の関係．オーガナイザー移植実験に用いられた二つの方法を併せて示した．

哺乳類を代表して発生生物学の研究に使われるマウスとラットの着床後の胚は，円筒胚という特殊な形態をとるが（図9・6a），これは，円盤状の胚盤葉の中央部がくぼんで，円筒状に変形したものと理解される．

　他の脊椎動物の胚盤葉の発生と原腸陥入も，羊膜類の場合と相同な過程として理

解される．魚類胚は，卵黄の表面を胚盤葉が広がって覆う〔覆いかぶせ運動＝エピボリー（epiboly）という〕．魚類胚では，結節に相当する細胞と体軸幹細胞が一塊になって，**胚盾**（embryonic shield）という盛り上がった組織をつくり，魚類胚の原腸陥入の場となっている（図9・7b）．

両生類の胚の原腸陥入時の細胞集団の移動と再編成はより複雑だが，基本的には魚類胚の原腸陥入に類似している．ただし，内胚葉が最初から管として閉じた組織（原腸）をつくるために，"原腸陥入"という表現が成立した．胚の尾側に位置する"胚楯"に対応する細胞群をもつ胚の部分は原口背唇部とよばれ，それが§9・8で論じる"オーガナイザー"の古典的な例である（図9・7c）．ここでは"両生類胚の原口背唇部"〜"魚類胚の胚盾"〜"羊膜類の結節から頭側の小領域＋体軸幹細胞"という対応関係を理解してほしい．

9・8 オーガナイザー

H. Spemann と H. Mangold はその1924年の論文[10]で，イモリの原腸期胚の原口背唇部を切り取って，別のイモリ胚の将来腹側になる部分を移植するとその場に小ぶりの胚構造（二次胚という）を生じることを示し，この性質をもつものを操作上の定義（operational definition）として**オーガナイザー**（organizer）とよんだ．興味深いことに，二次胚の組織は，供与体由来の細胞と受容体由来の細胞の混成によって成りたっていた．

オーガナイザー移植実験に用いられる移植片はかなり大きなもので，実際には多くの組織成分を含んでいて単一のものではない．のちに原腸期胚の各領域の予定運命地図が作成され（図9・7c），原口背唇部周辺の移植片がどの領域を含んだ場合にオーガナイザーとしての活性をもつのかが調べられたところ，正中線からかなり外れた領域であっても，脊索の前駆体と体節などの中胚葉組織の前駆体を含めばよいことがわかった．今日から見れば，先に述べたオーガナイザーの構成はすなわち，"羊膜類における結節から頭側の小領域と体軸幹細胞を合わせた細胞集団"であればよいということが示されていたのである．

9・9 体軸幹細胞と三胚葉の発生過程における意義

原腸陥入の結果形成される三胚葉は，各組織原基の胚の中での空間的な位置関係を示すものにすぎない．しかし，いつしか，"まず胚組織は，外胚葉，中胚葉，内胚葉のいずれかの帰属が与えられ，それが胚細胞の発生運命を狭めていく第一歩である"という考え方が定着してしまった（図9・8のモデルA）．

この考え方によれば，中枢神経系は一たび"外胚葉"が成立してから，"神経誘導"によって生じるものであり，中胚葉に属する体節などとは，およそ縁もゆかりもな

いことになる．

　発生過程の個々の細胞を標識して，その運命を追跡する技術が近年発達し，それが原腸陥入期の胚に適用されるようになった．その結果，神経系の原基である神経板と沿軸中胚葉の2種の細胞は，その分離の直前まではその二つの分化能を保持した共通の前駆体から生み出されることが示された[11]．この神経板と中胚葉組織をつくる共通の前駆体は，"体軸幹細胞"とよばれる．しかし，体軸幹細胞がどのように分布しているのかは明らかでなかった．

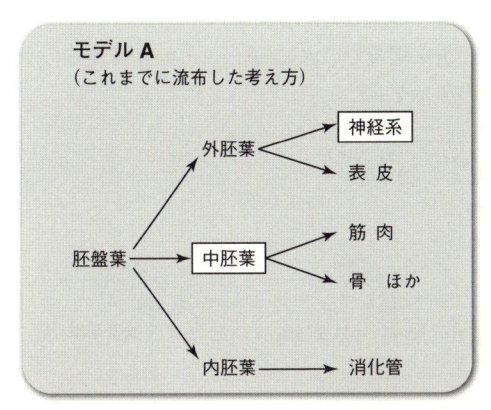

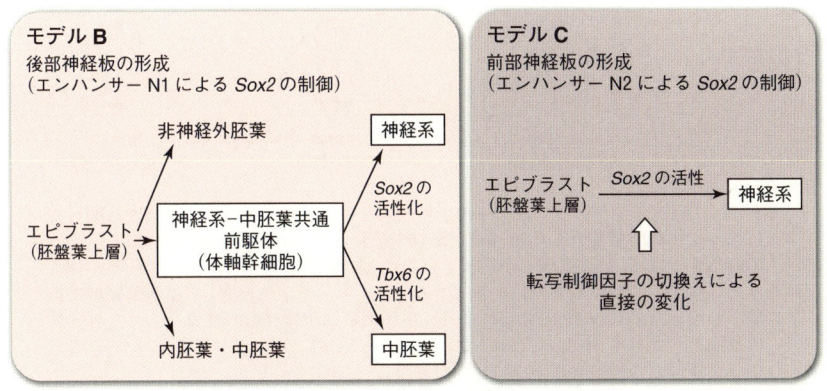

図9・8　胚葉形成と細胞集団の特異化は一致しない

　筆者らは，CLE（図9・7a）に由来する細胞の発生運命を決定する機構を明らかにするとともに，おそらくCLE全体が神経板と中胚葉組織の共通前駆体（体軸幹細胞）であることを示した．

神経板の形成には，必ず転写制御因子 Sox2 の発現を伴う．筆者らは前部神経板と後部神経板では Sox2 遺伝子の活性化機構がまったく異なることに気づいた[12]．前部神経板が形成される際の Sox2 遺伝子の活性化には，遺伝子上流に位置するエンハンサー N2 が働き，後部神経板が形成される際には，遺伝子下流のエンハンサー N1 が働くが，N2 と N1 の活性化機構はまったく異なる（図 9・8 のモデル B，C）．

エンハンサー N1 はまず CLE 領域で活性化される．その CLE の段階では，Sox2 遺伝子はまだ転写活性化されていない．エンハンサーが活性化されていても，BMP シグナルによって Sox2 発現自体は抑制される．しかし結節がより尾側（CLE 側）に移動してくると，結節が BMP 阻害因子を分泌するために，エンハンサー N1 の活性化が CLE 由来細胞での Sox2 遺伝子の転写活性化につながり，それが後部神経板の尾側への伸長をもたらす．

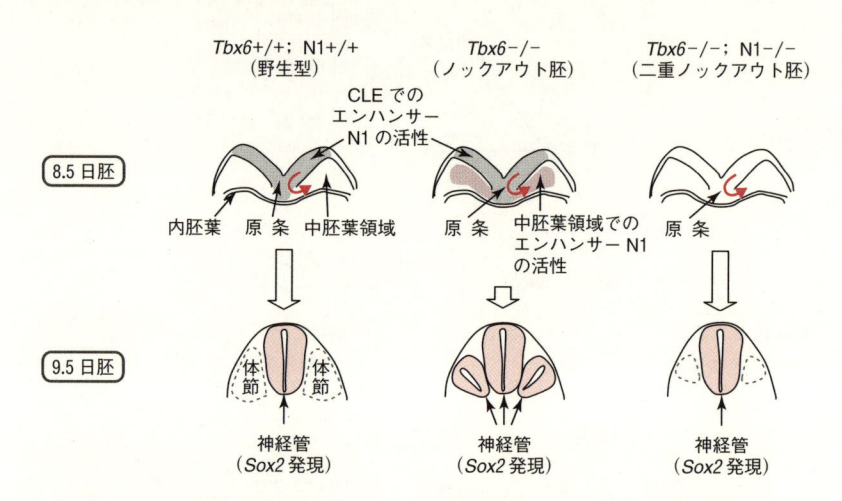

図 9・9　Tbx6 ノックアウト胚（中央）で過剰な神経管が形成される機構から明らかになった体軸幹細胞からの神経板と沿軸中胚葉の生成の調節　転写制御因子 Tbx6 の作用を受けて Sox2 遺伝子が抑制されることによって初めて，沿軸中胚葉が作られる（左図）．Tbx6 ノックアウトマウスでは，エンハンサー N1 が中胚葉領域で抑制されないために Sox2 の発現によって中胚葉領域が神経板の性質をもち，神経管の形成をもたらす（中央）．Tbx6/エンハンサー N1 の二重ノックアウトマウスでは，中胚葉領域での神経管の形成は起きなくなる（右図）．

CLE の細胞のうちで，原条を通って中胚葉の層に移行するものは，エンハンサー N1 の活性を失う（図 9・9）[13]．もし，エンハンサー N1 が中胚葉層においても活性をもち続けていたら，中胚葉層が神経組織になってしまうのではないかと予想したが，実際，そのような例があった．Tbx6 ノックアウトマウス胚である．このマウス胚は沿軸中胚葉が本来あるべき場所に神経管を生じるために，発現する 3 本の神

経管をもつ．この *Tbx6* ノックアウト胚では，エンハンサー N1 の活性が中胚葉層で抑制されていなかった．*Tbx6* ノックアウト胚でエンハンサー N1 をさらにノックアウトすると，*Tbx6* 変異体胚の中胚葉での神経管の発生はなくなる．このことから，エンハンサー N1 の異所的な活性があれば，中胚葉組織が神経管に変わることがわかる．野生型胚であっても，*Sox2* を初期の沿軸中胚葉組織内で強制発現すると，異所的な神経管が形成される[14]．

これらの研究結果を総合すると，つぎのように結論される．

1) CLE の細胞は，上層にとどまって神経板になる細胞と，原条を通って中間層に移行して（沿軸）中胚葉になる細胞の両方を生み出す体軸幹細胞の集団である．
2) 中胚葉になることが運命づけられて中間層に移行するのではなく，中間層に移行した細胞の中で *Sox2* 遺伝子の発現が Tbx6 の作用によって抑制されることによってはじめて，中胚葉が成立する．

この結論をさらに一般化すると，体幹部に関しては，現在広く教科書で述べられているモデル A は妥当せず，モデル B が正しいことになる（図 9・8）．頭部ではモデル C の機構によって神経板が成立する[15]．

なぜモデル A が流布するようになったのか？ 1920 年代後半から約 20 年間に繰広げられた両生類胚を用いた実験発生学の原典に立ち返ると，モデル A が教条的に語られることは決してなかった．当時から，神経系と中胚葉組織の双方を生み出す体軸幹細胞に依存した体幹部形成を示唆する実験結果は少なからず存在していた[16]が，それらは未解決の課題とされながらも後代に十分に継承されなかった．後代の責任である．

9・10　転写制御の出力としての細胞分化

前節の例で見たように，たとえば体軸幹細胞から，神経系を生むのか，あるいは中胚葉組織を生むのか，という二者択一的な選択は，転写制御によって行われる．もちろん，その転写制御に至るまでに，さまざまな細胞間，あるいは組織間のシグナルの授受が行われて，三次元的な組織構築と個々の細胞の分化を共役しているが，そのシグナルの下流で結局は転写制御機構が働いている．

9・10・1　*MyoD* による線維芽細胞の骨格筋細胞への分化

ここでは，転写制御因子の作用が細胞の分化状態を規定することを直接的に示した最初の例である，転写制御因子 MyoD の効果を取上げる．

1979 年に S. M. Taylor と P. A. Jones が，つぎの報告をした[17]．マウス胚由来の

10T1/2 線維芽細胞株に対して 5-アザシチジン（5-AzaC）を作用させると，その培養細胞の中に多数の骨格筋細胞が生み出される．5-AzaC は，DNA 中のメチル化されたシトシン（5-メチルシトシン）の割合を低下させる効果があり，この報告自体，DNA のメチル化に依存したエピジェネティック制御の研究に嚆矢を放ったものであったが，同時に，新しい転写制御因子研究の潮流を招いた．

　A. B. Lassar らは，10T1/2 細胞から骨格筋を分化させる 5-AzaC の効果は，特定の遺伝子を活性化するためであると想定して，"5-AzaC 処理 10T1/2 細胞" と "筋芽細胞" には発現されているが "10T1/2 細胞" 自体では発現されていない遺伝子の cDNA を収集した．そのなかの *MyoD* 遺伝子の cDNA は，10T1/2 細胞株に限らず，どの線維芽細胞株に対しても，強制発現すると骨格筋を効率よく生み出した[18]．MyoD は，bHLH（basic helix-loop-helix）型の転写制御因子をコードしている．大切なことは，MyoD の強制発現によって骨格筋細胞に分化する細胞では，MyoD の発現を契機として，骨格筋分化のための転写制御因子遺伝子のセットが一斉に発現を始めることである．MyoD の強制発現が効果をもたない細胞種では，この内在の遺伝子の活性化が起こらない．

　この MyoD に関する研究から，二つの重要な結論が導かれる．

1) 転写制御因子の作用によって（胚発生の細胞系列に従わなくても）新しい細胞の分化状態をつくることができる．
2) 外来の転写制御因子の遺伝子の力で，新しい細胞の分化状態が導かれるためには，細胞自身の内在遺伝子群による，新しい分化状態に対応した転写制御ネットワークが作動する必要がある．

　MyoD の場合は，この転写制御因子単独の発現で，線維芽細胞の内在の遺伝子群による筋分化の転写制御ネットワークを作動させることができた．しかし，1 個の転写制御因子だけでそのような効果を出せることはまれであって，多くの場合には，複数の外来の転写制御因子の組合わせによってはじめて，内在の転写制御ネットワークが作動して新しい分化状態が実現される．転写因子の作用で線維芽細胞から ES 細胞の状態（iPS 細胞）をつくった山中伸弥らの快挙[19]（第 10 章参照）も，この一般原理に基づいている．

9・10・2　転写制御因子の一過性強制発現による外分泌細胞の β 細胞への分化

　もう一つの例を見てみよう．膵臓の組織は，内胚葉由来の消化管上皮の十二指腸領域から，側方に伸長する分枝を出発点としてつくられる．出来上がった膵臓の組織は，消化酵素を産生して消化管の管腔側に分泌する外分泌細胞群と，インスリン（インシュリン），グルカゴンなどを産生して，それを血流中に分泌する内分泌細胞

群に分かれる．インスリンを産生する細胞は β 細胞とよばれ，ランゲルハンス島という細胞集団をつくって膵臓組織内に散在している．

この内分泌細胞と外分泌細胞を生み出すまでの膵臓組織の発生過程については，図9・10に示す細胞分化の多くのステップ（中間段階）と，各ステップを実現するための，転写制御因子の発現開始，発現上昇，発現停止が明らかになっている．

D. A. Melton らは，マウス成体のすでに分化を遂げた外分泌細胞を β 細胞に変換

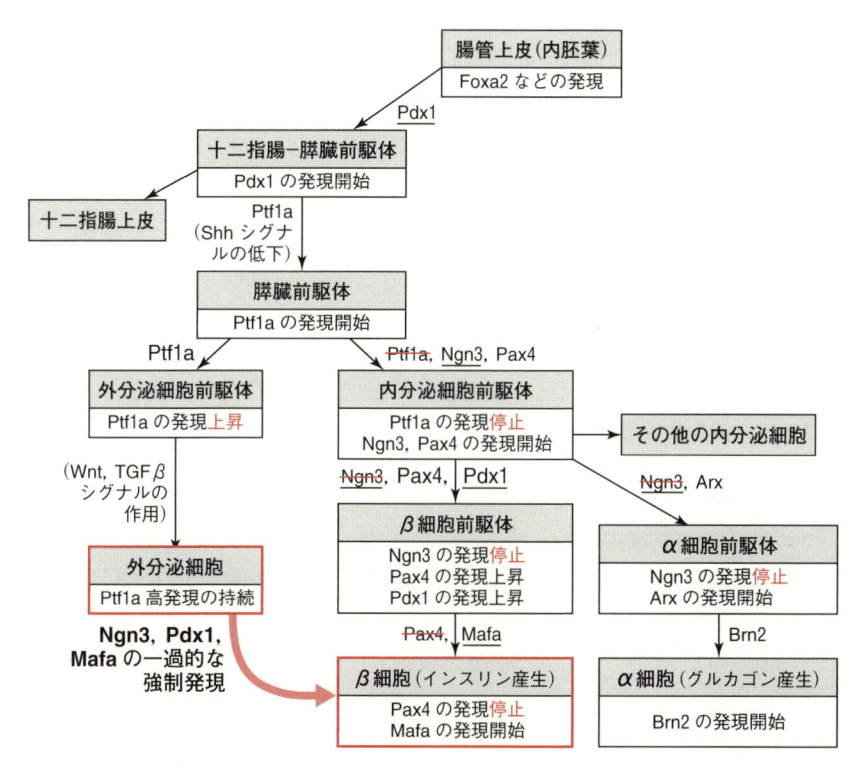

```
                    腸管上皮（内胚葉）
                    Foxa2 などの発現
                          │ Pdx1
                          ▼
                  十二指腸-膵臓前駆体
                  Pdx1 の発現開始
         ┌────────────────┤
         ▼                │ Ptf1a
   十二指腸上皮           （Shh シグナルの低下）
                          ▼
                       膵臓前駆体
                       Ptf1a の発現開始
         ┌────────────────┴──────────────┐
         │ Ptf1a                          │ Ptf1a, Ngn3, Pax4
         ▼                                ▼
   外分泌細胞前駆体                内分泌細胞前駆体  ───→  その他の内分泌細胞
   Ptf1a の発現上昇                Ptf1a の発現停止
                                  Ngn3, Pax4 の発現開始
   （Wnt, TGFβ            Ngn3, Pax4, Pdx1          Ngn3, Arx
   シグナルの作用）        ▼                          ▼
                          β 細胞前駆体              α 細胞前駆体
   外分泌細胞              Ngn3 の発現停止          Ngn3 の発現停止
   Ptf1a 高発現の持続      Pax4 の発現上昇          Arx の発現開始
                          Pdx1 の発現上昇
   Ngn3, Pdx1,                     │ Pax4, Mafa              │ Brn2
   Mafa の一過的な                  ▼                          ▼
   強制発現           ⟹    β 細胞（インスリン産生）    α 細胞（グルカゴン産生）
                          Pax4 の発現停止           Brn2 の発現開始
                          Mafa の発現開始
```

図 9・10　膵臓の外分泌細胞と内分泌細胞を生み出す細胞系譜と，各ステップにおける主要な転写制御因子の発現開始，発現上昇，発現停止の模式図　シグナル因子の作用は括弧内に示した．内分泌細胞の前駆体を成立させるには，Ptf1a の発現を停止し，Ngn3, Pax4 を発現する必要がある．しかし，成熟したインスリンを産生する β 細胞の分化のためには，ひとたび発現された Ngn3, Pax4 の発現停止と，Mafa の発現，Pdx1 の高い水準での発現が必要である．D. Melton らによる実験では，成体マウスの成熟した外分泌細胞に Ngn3, Pdx1, Mafa の 3 転写制御因子（下線で強調した）を一過的に強制発現することによって，効率よく β 細胞に転換できることが示された．この転換によって生じた β 細胞では，Pdx1 や Mafa は発現されているが，外分泌細胞が発現していた Ptf1a や，転換時に一過的に発現された Ngn3 は発現されていない．

することを目指した[20]．成体マウスの外分泌細胞に，さまざまな組合わせで転写制御因子を強制的に発現してその効果を調べた結果，Ngn3, Pdx1, Mafa の 3 転写制御因子を一過的に強制発現した場合に，効率よく外分泌細胞を β 細胞に転換させることができた（図 9・10 左下）．この転換によって生じた β 細胞では，Pdx1 や Mafa は発現されているが，それまで外分泌細胞が発現していた Ptf1a や，転換時に一過的に発現された Ngn3 は発現されていない．

外分泌細胞から β 細胞への転換は，転写制御因子発現ベクターの導入から数日以内に起こる迅速な過程であり，その間に細胞増殖はほとんど観察されず，また内分泌細胞の前駆体に特徴的な転写制御因子の発現もない．これらのことから，Ngn3, Pdx1, Mafa の 3 転写制御因子の一過的な発現によって，外分泌細胞は直接に β 細胞に転換されたと考えられる．

9・11　細胞間シグナルによる転写制御ネットワークの時間的・空間的な制御

これまでに述べた研究例は，いくつかの転写制御因子の強制発現が引き金になって，新しい分化状態（新しい転写制御ネットワークの作動）をひき起こしうることを明らかにしている．実際の発生過程においても，同じ原理——つまり転写制御因子のあるセットの活性化がつぎの分化段階の転写制御ネットワークを働かせる——によって細胞分化は起こっているが，多数の転写制御因子を一度に変動させるのではなく，多くの段階をふんだうえで，最終的な分化状態に対応した転写制御ネットワークを実現している（図 9・10）．

この段階的な転写制御ネットワークでは，しばしば細胞間シグナルのオン・オフがその切換えの契機となる．細胞間シグナルも結局は転写制御因子の活性化（あるいは抑制）をもたらす（図 9・3 参照）．

細胞間シグナルのもう一つの重要な効果は，時間と空間に依存した胚発生に必須な制御である．同じ作用を一定の領域内の細胞群に同期的に与える．また，分泌されたシグナル分子の拡散の結果つくられるシグナル分子の濃度の不均一が，シグナルの強度の違いとなって，細胞の転写制御ネットワークに対する効果を領域ごとに変化させる．これが，異方性をもった機能的な組織の成立に不可欠である．

9・12　おわりに

分子生物学は，生体を働かせる原理とその物質的な基盤を明らかにする研究分野として，論理的な実験系の構築と，実験結果の客観的かつ批判的な分析を武器として発展してきた．

本章の前半では，胚発生やその素過程としての細胞分化が，どのような論理性を

第9章 胚発生と細胞分化　　　165

もつ実験科学のもとに解き明かされてきたのかを現代的な理解とともに紹介し，後半では，"胚発生"という生々しい現象についても，分子生物学的な発想や方法論が，その原理を明らかにするために必須であることを示した．

近年，幹細胞分野に新しい展開がもたらされ，その将来への期待が集まっている．現在は"いかにして特定の幹細胞を作製，あるいは単離するのか"という点に力が注がれている．その次の重要な課題，つまり"それらの幹細胞から，いかにして特定の，そしてさまざまな分化細胞を，胚発生の論理に従って系統的につくり出すか"という課題に向き合うためには，ここで述べた発生過程についての正しい理解が求められる．

文　献

1) P. L. Townes, J. Holtfreter, *J. Exp. Zool.*, **128**, 53 (1955).
2) C. Nüsslein-Volhard, E. Wieschaus, *Nature*, **287**, 795 (1980).
3) J. W. Saunders Jr., *Ann. NY Acad. Sci.*, **193**, 29 (1972).
4) R. D. Riddle, R. L. Johnson, E. Laufer, C. Tabin, *Cell*, **75**, 1401 (1993).
5) H. Kageura, K. Yamana, *Dev. Biol.*, **101**, 410 (1984).
6) A. K. Tarkowsky, *Nature*, **190**, 857 (1961).
7) Y. Tsunoda, A. McLaren, *J. Reprod. Fertil.*, **69**, 315 (1983).
8) H. Nagashima, K. Matsui, T. Sawasaki, Y. Kano, *J. Reprod. Fertil.*, **70**, 357 (1984).
9) M. J. Evans, M. H. Kaufman, *Nature*, **292**, 154 (1981).
10) H. Spemann, H. Mangold, *Roux' Arch. Entw. Mech.*, **100**, 599 (1924).
11) E. Tzouanacou, A. Wegener, F. J. Wymeersch, V. Wilson, J. F. Nicolas, *Dev. Cell*, **17**, 365 (2009).
12) M. Uchikawa, Y. Ishida, T. Takemoto, Y. Kamachi, H. Kondoh, *Dev. Cell*, **4**, 509 (2003).
13) T. Takemoto, M. Uchikawa, Y. Kamachi, H. Kondoh, *Development*, **133**, 297 (2006).
14) T. Takemoto, M. Uchikawa, M. Yoshida, D. M. Bell, R. Lovell-Badge, V. E. Papaioannou, H. Kondoh, *Nature*, **470**, 394 (2011).
15) M. Iwafuchi-Doi, Y. Yoshida, D. Onichitchouk, M. Leichsenring, W. Driever, T. Takemoto, M. Uchikawa, Y. Kamachi, H. Kondoh, *Dev. Biol.*, **352**, 354 (2011).
16) V. Hamburger, "The Heritage of Experimental Embryology: Hans Spemann and the Organizer", Oxford University Press (1988).
17) S. M. Taylor, P. A. Jones, *Cell*, **17**, 771 (1979).
18) R. L. Davis, H. Weintraub, A. B. Lassar, *Cell*, **51**, 987 (1987).
19) K. Takahashi, S. Yamanaka, *Cell*, **126**, 663 (2006).
20) Q. Zhou, J. Brown, A. Kanarek, J. Rajagopal, D. A. Melton, *Nature*, **455**, 627 (2008).

10 再生

10・1 生物にとって"再生"とは

　多細胞生物にとって，生体を維持していくための重要な仕組みの一つが**"再生"**である．生体の各部分では，日常的に生理的あるいは自律的な細胞死が生じており，また，外界からの刺激による損傷も頻繁に起きている．たとえば，けがをしたり古くなったりした皮膚はやがて剝がれ落ちていくし，血液中で酸素を運ぶ赤血球は寿命が120日といわれており，日々失われていく．しかし，皮膚や赤血球が完全になくなってしまうことはない．これは，欠けた部分を補うべくわれわれの体内で再生が繰返されているからである．生体がさまざまな環境の変化に対応して内部環境を保つためには，この再生機構が欠かせない．

　生物がもつ再生能力というと，切れたトカゲのしっぽが元どおりになるような現象を思い浮かべる人も多いだろう．たしかにトカゲやイモリ，プラナリアのように，驚異的な再生能力をもつ動物たちもいる．プラナリアは，体長5ミリ〜数センチくらいの動物であるが，体を200個以上にばらばらに切られたとしても，少しの断片から身体全体を復元させてしまうほどで，最も細かい断片から個体を再生した例の一つとして知られている．プラナリアの再生能力は卓越した能力をもつ事例であるが，一方で，われわれヒトをはじめ，再生能力が決して高くはない動物もたくさん存在する．生物は，それぞれの住む環境や生存戦略に合わせて多様な再生能力を獲得し，生命を維持してきたといえるだろう．

　では，生物はどのように体を再生しているのだろうか．人類はこの仕組みに古くから興味を抱き，研究を行ってきた．近年これらの研究は，発生学の発展とともに病気やけがで失われた体の一部や機能を再生させようとする**"再生医学"**となり，大きな注目を集めている．

　本章では，生体の恒常性に大きく関わる細胞の再生機構を紹介するとともに，昨今急激な展開をみせている再生医学の現状と課題について述べる．

10・2 再生の主役，幹細胞——生物がもつ二つの再生戦略

　われわれヒトは多細胞生物の一種で，全部で約60兆個，200種類以上もの細胞から成り立っている．しかも，その細胞同士は互いに協調し合い"個体"という大き

な社会を構築している．社会の一部が細胞死や外敵刺激によって損傷を受けた際，この社会の一部を再生させるためには，材料となる細胞を必要な分だけ補充し，細胞同士の複雑なネットワークを正確に再構築しなければならない．特に，ネットワークの再構築は，生体全体の恒常性維持に重要な要素である．再生の仕組みを，この"細胞の補充"と"細胞ネットワークの再構築"に分けてみていこう．

10・2・1 再生の主役，幹細胞

　細胞は細胞分裂によってその数を増やす．再生の際もこの細胞分裂が起こるが，実は，すべての細胞が等しく分裂することはない．細胞には，細胞ネットワークを維持しているものや，再構築を担うものといった役割分担があり，それぞれ性質や分裂する頻度が大きく異なる．細胞を補充する際に重要な役割を果たすのは，**幹細胞**とよばれる細胞である．幹細胞とは，無限に増殖する能力（**自己複製能**）と，さまざまな細胞に分化できる能力（**多分化能**）をもった特殊な細胞である（図10・1）．身体の各所に少しずつだけ存在し，この二つの能力を活かして分裂しながらさまざまな細胞を生み出す．つまり，幹細胞は損傷した組織・器官の再生を担う立役者ともいえる．

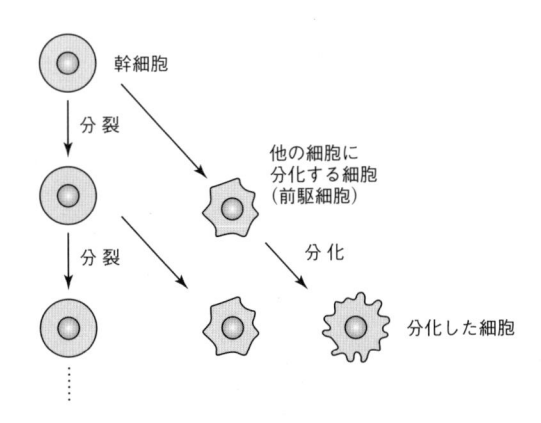

図10・1　幹細胞の自己複製能と分化能

　この幹細胞は，その分化する能力と由来によっていくつかの種類に分けることができる．まず，体を構成するすべての細胞になりうる能力をもつ幹細胞を**全能性幹細胞**とよぶ．受精卵がこの分化能をもつ代表である．一方，体を構成するほぼすべての細胞になる能力はもっているが，単独では個体発生を起こせない幹細胞を**多能**

性幹細胞とよんでいる．後に述べる ES 細胞や iPS 細胞がこれにあたる．

各組織・器官において維持されている幹細胞は，**体性幹細胞**とよばれる（図 10・2 a）．この体性幹細胞は多能性幹細胞よりさらに分化能力が限定されており，皮膚や筋肉など，特定の系列の細胞にしか分化することができない．

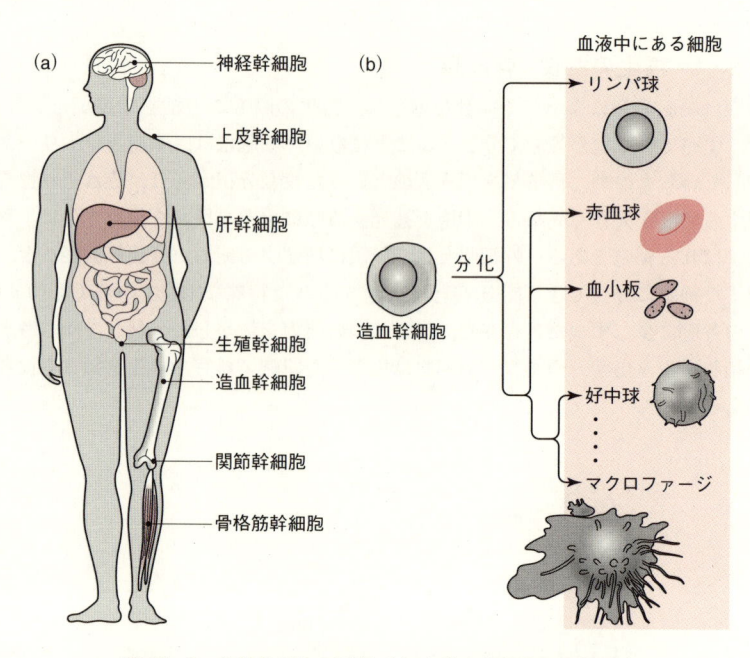

図 10・2　体性幹細胞の種類（a）と造血幹細胞の分化（b）

たとえば，代表的な体性幹細胞の一つとして造血幹細胞がある（図 10・2 b）．ヒトの血液の中には赤血球や白血球（好中球やリンパ球など），血小板などの血球が含まれているが，これらの細胞は寿命が限られ，自分自身で増えることもない．骨髄の中で維持されている造血幹細胞が分裂することで生み出され，体全体へと広がっていく．生み出される数は毎日数千億個に及ぶともいわれる．この造血幹細胞はほかにも臍帯血の中や一部末梢血の中にも含まれている．皮膚の奥には上皮幹細胞とよばれる幹細胞があり，肌の新陳代謝を支える．ほかに，神経細胞を生み出す神経幹細胞もある．この神経幹細胞については，実は長い間存在しないといわれてきた．胎児期にある程度増えた後はそれ以上増殖することはなく，減る一方だと信じられていたのである．しかし 1998 年，米国の F. Gage らは，ヒトの海馬に神経

幹細胞があり大人でも神経細胞が新たに生み出されていることを示し，定説を覆した．体性幹細胞にはこのほかにも色素幹細胞や間葉系幹細胞などが知られており，まだ実態が不明確なものもあるが，着実に解明が進んでいる．

幹細胞に対して，線維芽細胞や神経細胞などある種類に分化した細胞で，生殖細胞でないものを**体細胞**とよぶ．体細胞は限られた回数しか分裂することができず，自分以外の細胞になることは通常不可能である．

10・2・2　幹細胞のゆりかご

前述したさまざまな幹細胞は，体を構成する 60 兆個のなかでも存在比率は非常に低く，体細胞の方が圧倒的に多く存在する．そして，体の中でも特殊な場所である**ニッチ**とよばれるところで維持され，適切に分裂し分化が進むようコントロールされている．ニッチはもともと"巣"や"すきま"という意味で，"幹細胞のゆりかご"ともいわれる．幹細胞はそのゆりかごの中で維持され，普段は文字どおり眠っているような状態で静かにしている．ニッチを構成する体細胞たちは，幹細胞が幹細胞として維持されるために必要な情報を供給するとともに，状況に応じて"分裂しなさい""分化しなさい"という指令を出し，幹細胞をコントロールする（図

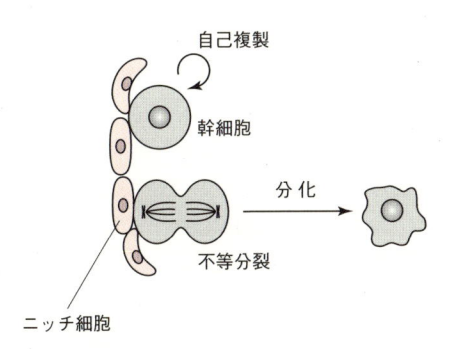

図 10・3　ニッチの概念図　幹細胞はニッチ細胞と接着することでシグナルを受け取り，多分化能を維持する．ニッチ細胞から離れると，分化の方向へ向かう．

10・3）．幹細胞が細胞分裂を起こすと片方の娘細胞はニッチから離れ，ニッチから必要な情報を受け取ることができなくなる．すると，その娘細胞は目的とする細胞の前駆細胞に分化していく．なおこのとき，**不等分裂**の仕組みが重要であることもわかっている．

体中に存在する幹細胞であるが，ニッチの構造や仕組みはまだあまりよくわかっ

ていない．よく研究されている例として，造血幹細胞のニッチがある．造血幹細胞のニッチは骨髄の内膜や骨髄中の血管周辺にあり，周辺の細胞からシグナルを受けることで維持されることがわかってきている（図10・4）．

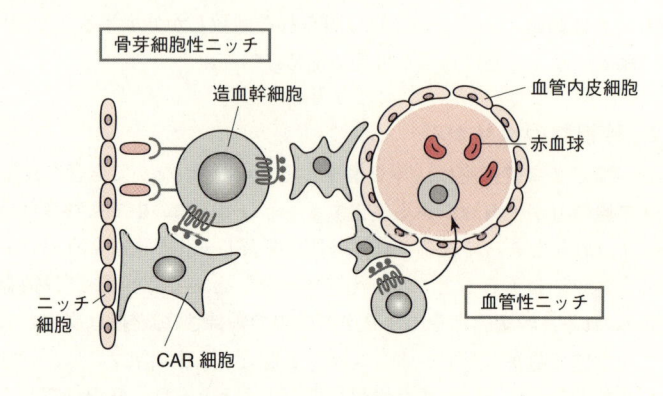

図10・4 造血幹細胞のニッチ 造血幹細胞のニッチには，骨芽細胞性ニッチと血管性ニッチがあり，骨芽細胞やCAR細胞が発現するシグナルによって維持されている．

ところで，なぜ幹細胞はこのような特殊な環境で維持され普段は眠っているのだろうか．幹細胞の無限に増える能力は，がん細胞がもつ能力ときわめて似たものである．がん細胞は，分裂の制御がきかなくなり，生体内で無秩序に増殖するようになってしまった細胞である．増え続けることで周りの組織を圧迫し，もともとの機能を低下させてしまう．ニッチという制御機構がきちんと働いていることで，幹細胞は不用意な分裂を抑えられ，適切に分化することができる．ニッチという"ゆりかご"がなければならないということと，分化しきった体細胞があまり分裂しないという事象は，一見不自由な足かせにもみえるが，細胞が不必要に増え，他の部分をむしばむことを事前に防ぐ重要な役割をもっているのである．

10・2・3 組織の再生―生物がもつ二つの戦略

脊椎動物では，一般的に成体になると，維持される幹細胞は体性幹細胞が主であるため，再生能力も限られたものになる．しかし，冒頭にあげたプラナリアやイモリは，それぞれ異なる戦略で体内に多能性幹細胞をもち，その驚異的な再生を可能にしている．プラナリアは体内に定常的に多能性幹細胞を保持する戦略，イモリはその必要が生じたときに，分化した体細胞から多能性幹細胞を作り出すという戦略である．

a. プラナリアの再生　プラナリアはカイメンやヒドラと同じように無性生殖をする生物である．ヒトなどの有性生殖をする生物は，受精をした瞬間に初めて細胞が全能性を取戻し，胚発生を開始するが，無性生殖をする生物はこの受精のようなイベントがない．体中の各所に全能性幹細胞（もしくはほぼすべての細胞に分化する能力をもった多能性幹細胞）をもち，それを使って常に新たな個体を生みだし，種を維持させる．それを考えれば，プラナリアの高い再生能力も大それた話ではないことがわかる．

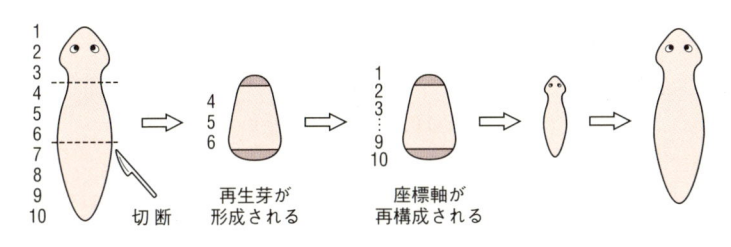

図10・5　プラナリアの再生

　プラナリアは，体が切断されるとその切断面に**再生芽**という細胞の塊をつくり，それをもとに体を再構成していく．単純に考えると，切られた場所から順に頭側（もしくは尾側）に向かって組織が作られると想像されてしまうが，阿形清和らの研究により，残った部分で体全体を再編成してから大きくなるということが明らかになった．たとえば，プラナリアの体の頭から尾の先までを10の座標に分け，前後の1～3，7～10が失われたとする．すると，先端の再生芽が1，末端にできた再生芽が10となり，残った4～6が再編成され改めて1～10に振り分けられる．座標が改訂されたそれぞれの細胞は，それに従って分裂を始め，体全体を再生させていく（図10・5）．この座標を決めるものは位置情報とよばれ，ある物質が作り出す濃度勾配によるものと考えられている．

b. イモリのレンズ再生　イモリは他の脊椎動物にはみられない驚異の再生能力をもつ．尻尾や手足はもちろん，目や心臓といった組織，臓器の一部を再生することができるが，なぜイモリだけがこのような高い能力をもつようになったかは定かではない．イモリは有性生殖をする生物であるため，プラナリアのように多能性幹細胞を定常的に維持してはいない．必要なときに，分化した細胞を多能性の状態へと変化（**脱分化**）させ，それをもとに器官を再構成するという方法をとっている．
　たとえば，イモリの角膜を切開してレンズを丸ごと抜き取ると，レンズを囲んでいた虹彩の色素上皮細胞が脱色，分裂し始める．このときの細胞は核が大きく核小

体の発達した形態で，幹細胞に特徴的な遺伝子発現を示すようになり，多能性幹細胞とよべる状態になる．その後，それらの細胞は透明なレンズ細胞となり，大きなレンズを再生させる．この現象はレンズを何度取除いても起こる（図10・6）．

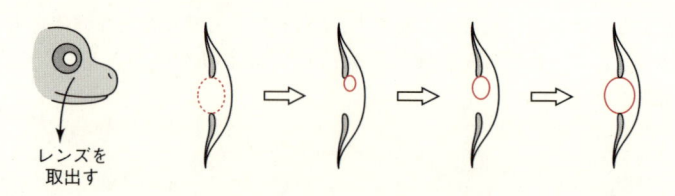

図10・6　イモリのレンズ再生　レンズを抜き取ると，虹彩（黒目）の一部の細胞が脱分化し，多能性幹細胞様の細胞となる．その後新しいレンズ細胞へと分化し，レンズを再生させる．

イモリのレンズ再生は，現象自体は古くから知られていたが，細胞レベルでの機構は謎とされていた．これが明らかになったのは1970年代のことである．江口吾朗らのグループによって報告され，細胞の脱分化・分化転換という概念が生まれることとなった．

10・3　ヒトの再生は可能か──再生医療への応用

　ヒトを含め哺乳類には，プラナリアやイモリのような仕組みはない．しかし，理論上，適切な幹細胞と環境が自在に操れるのであれば，失われた臓器や機能を再生することは可能になるかもしれない．幹細胞を使って体の一部を再生しようとする試みが，**再生医学**である．実際に，この再生医学の進展により，体性幹細胞を用いた再生医療が一部で実現している．

　幹細胞を用いた再生医療の例で最も歴史が古いのは，骨髄などに存在する体性幹細胞の一つ，造血幹細胞を利用した骨髄移植や臍帯血移植である．これは，白血病などの血液疾患により正常に血球を作れなくなってしまった患者に対して造血幹細胞を移植し，患者の造血系を再構築する治療法である．1970年代に実用化され，すでに広く普及している．ほかにも，最近では骨や血管，心臓などで体性幹細胞を応用した再生医療が始まりつつあるが，造血幹細胞と比べて組織内に存在する細胞集団の少なさや細胞の純化の難しさから，まだ実用化には至っていない．また，これらの体性幹細胞は，分離してきたとしてもそれだけを培養して増やすことが難しく，必要な量を得ることが困難なことも問題である．

　もしもヒトの多能性幹細胞株が得られたならば，それを大量に増やし，目的の細胞に分化させて使用することが可能になる．多分化能を保持したまま，シャーレの

上で半永久的に維持培養することに初めて成功した細胞,それが**胚性幹細胞**(embryonic stem cell)で,**ES 細胞**とよばれている(§9・6も参照).

10・3・1 ES 細胞の樹立

ES 細胞とは,受精した後の発生初期段階である胚盤胞期に,**内部細胞塊**とよばれる部分の細胞を取出して樹立される細胞株である(図10・7).初めて樹立されたのは 1981 年,マウスの ES 細胞で,英国の M. Evans と M. Kaufman らのグループと,米国の G. R. Martin らのグループによりそれぞれ報告された.その後 1998 年には,米国の J. Thomson らによってヒトの ES 細胞樹立が報告された.

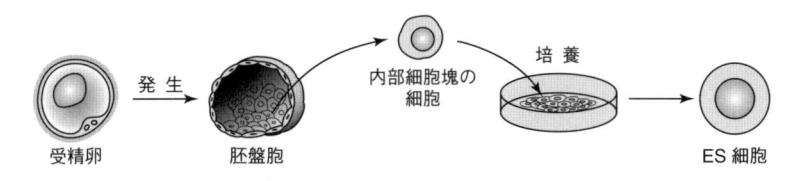

図 10・7 ES 細胞の作製方法

卵子と精子が出合ってできる受精卵は分裂を繰返し,ヒトの場合で 4〜6 日たつと胚盤胞とよばれる 100 個くらいの細胞の塊になる.この時期の胚の細胞は,周りを取囲む栄養外胚葉と,内側で一塊になっている内部細胞塊とよばれる二つの部分に分けられる.栄養外胚葉は,将来胎盤となり母親の子宮と胚とをつなぐ部分,内部細胞塊は,将来子供の体を作る部分である.この内部細胞塊を取出してほぐし,足場となる細胞と特殊な培地を満たしたシャーレの中で増やすと,ES 細胞になる.胎盤にはなれないが,それ以外の体のあらゆる細胞になれる多能性をもち,条件が整っていればほぼ無限に増え続ける能力をもっている.

ES 細胞がもつ多能性はそれまでにない新たな研究手法を生み出した.ある遺伝子だけが壊されている**ノックアウトマウス**や,遺伝子導入により目的遺伝子を発現するようにした**トランスジェニックマウス**の開発である.ES 細胞は培養下で遺伝子操作を加えることが可能である.遺伝子操作を行った後 ES 細胞を胚盤胞に戻して発生させ,個体を作り出したのがこれらのマウスである.この技術は,哺乳類においてさまざまな遺伝子の働きを調べる基本的な手法として世界中に広がり,ヒト疾患に関わる研究も大きく進展させた.また ES 細胞は,培養液中に薬剤を加えたり,特殊な培養条件下においたりすることで,人為的な再生が難しいとされる心筋や神経などさまざまな細胞に分化させることもできるため,将来の再生医療の有望

な担い手としても大きな注目を浴びることになった．これらの功績を称えられて，Evans は，マウスの ES 細胞を用いた遺伝子改変技術を開発した M. Capecchi, O. Smithies とともに，2007 年にノーベル生理学・医学賞を受賞している．

ただし，この ES 細胞を実用化するには二つの大きな問題がある．一つ目は，作製するために生命の萌芽である受精卵を破壊しなければならないということである．日本をはじめ世界のほとんどの国では，ヒトの ES 細胞を樹立する際に使うのは不妊治療で余った受精卵，いわゆる余剰胚に限ると決められ，慎重な運用が求められているが，ES 細胞を使う以上，倫理的な問題は不可避である．このことから，ヒト ES 細胞が樹立された当時の米国の大統領ブッシュは，2001 年に新たな ES 細胞研究への連邦政府からの助成を禁止したほどだった．ただし，この規制はオバマ政権になり 2009 年に解除されている．二つ目は，この ES 細胞を細胞移植治療などに使用する際に起こる拒絶反応の問題である．自分と同じ遺伝情報をもつ受精卵は作ることができないため，これも決して避けられない問題である．

10・3・2　ES 細胞以外の多能性幹細胞——リプログラミングによる多能性幹細胞の樹立

免疫拒絶を回避するために，移植先となる患者（レシピエント）と同じ遺伝情報をもつ**多能性幹細胞**を得る方法はないのだろうか．ES 細胞がもつ問題点を克服するために，分化した細胞を未分化な状態へと戻す初期化（リプログラミング）が試みられてきた．核移植や細胞融合による方法である．これらの研究は，のちに iPS 細胞が生まれる重要な鍵となっていった．

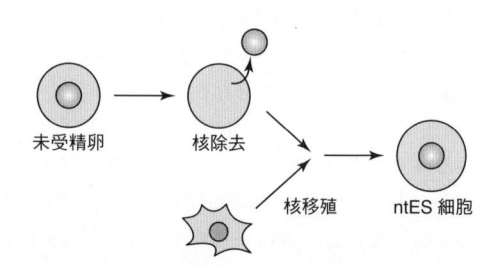

図 10・8　核移植 ES（ntES）細胞の作製方法

a. 核移植によるリプログラミング　　ドナーと同じ遺伝情報をもつ幹細胞を得る方法として注目されていたのが，除核した未受精卵にドナーの核を移植して，い

わゆるクローン胚を作製して胚盤胞を得て，そこからES細胞を樹立する手法である（図10・8）．

この方法で作られるES細胞のことを**核移植ES細胞**（nuclear transfer embryonic stem cell），略して**ntES細胞**とよぶ．この研究は，歴史的には1950年代に米国のR. BriggsとJ. J. Kingがカエルの胞胚期の細胞から核を取出し，不活性化した未受精卵に移植したところ，オタマジャクシまで発生したことを報告したことから始まる．1962年には英国のJ. Gurdenらがオタマジャクシの腸粘膜細胞の核を移植することにより，成熟したカエルにまで発生させることに成功，これは世界で初めてのクローン動物が成功した例となっている．1997年には，同じく英国のI. Wilmutらがヒツジの乳腺細胞の核を除核した未受精卵に移植し，哺乳類として初めてクローンが誕生したと発表した．このヒツジは"ドリー"という名前が付けられ，世界で最も有名なヒツジとして今日でもよく知られている．当時，哺乳類は高等な動物なのでクローンは不可能ではないかと考えられていたため，このドリーのニュースは世界に衝撃を与えた．なお，ヒトにおけるクローン個体の作出に関しては，日本を含む多くの国で法律により禁止されている．

ただ，もしヒトでntES細胞を樹立できれば同じ遺伝情報をもつ多能性幹細胞を得ることができるため大きな期待が寄せられ，これまで多くの研究者が挑戦してきた．しかし，サルの一部では樹立されているが，ヒトでは未だに成功していない．また，ヒト胚を破壊して樹立するES細胞を利用することも懸念されている．ただ，これらのクローン実験は，分化した体細胞でも正常発生に必要な遺伝子のセットをもっていること，そして卵子の細胞質には体細胞核をリプログラミングする因子が存在する可能性を示した．

b. 細胞融合によるリプログラミング　　核移植と並行して開発されてきたのが，**細胞融合**による多能性幹細胞の作製である．もともとは1960年代ごろから異種細胞の細胞融合による分化状態の変化が報告され始め，活発に研究が行われていた．2001年，多田 高らが，マウスにおいてES細胞と体細胞を電気的刺激により融合させると，核がリプログラミングされ，ES細胞様の状態になることを報告した．のちにヒトでも同様の現象が起こることが確認されている．ただし，こうしてできる幹細胞は両方のゲノムをもった四倍体であり，このまま治療に使うとすれば，ES細胞と同様に拒絶反応が起こると考えられる．細胞融合後にES細胞由来のゲノムのみを壊す系も開発されつつあるが完全ではなく，作製には受精卵由来のES細胞を使う点で倫理的課題も残る．

ES細胞がもつ問題を内包してはいるが，この実験は，ES細胞にもともと含まれる何らかの成分が，体細胞のリプログラミングをひき起こしているのではないかという示唆を強く与えた．

10・3・3　iPS 細胞の登場

　ES 細胞や核移植・細胞融合により作製される多能性幹細胞がもつ問題点を解決し，臨床応用可能な多能性幹細胞はできないのか．すべての体細胞は同じゲノム情報を備えていること，そして ES 細胞や受精卵に含まれている何らかの因子により核のリプログラミングが誘導されうること，この二つの事象にヒントを得て，筆者らのグループは，"体細胞から直接に多能性幹細胞を樹立すること"を目指し研究を行った．

　筆者らはまず，多能性を誘導できる因子は ES 細胞において高いレベルで発現しているのではないかという仮説を立て，すでに公開されていたデータベースを使って ES 細胞と体細胞で発現する因子を比較し，ES 細胞で働いている遺伝子をリストアップしていった．そして，リストに載っていた 100 個の遺伝子から ES 細胞だけに特異的に発現しているものを絞り込み，最終的に 24 個の候補因子を，レトロウイルスという遺伝子の運び屋として人工的に改変したウイルスを使ってマウスの線維芽細胞に導入した．すると，何と ES 細胞に似た細胞の塊（コロニー）がシャーレに現れた（図 10・9）．その後，さらに必要不可欠な因子を絞り込んでいった結果，*Oct3/4*，*Sox2*，*Klf4*，c-*Myc* の四つの遺伝子で多能性幹細胞を作り出すことに成功した．こうして開発された多能性幹細胞が，**人工多能性幹細胞**（induced pluripotent stem cell）で，頭文字をとって **iPS 細胞**とよんでいる（図 10・10）．それまで不可能といわれていた体細胞からの多能性幹細胞誘導にたった四つの因子だけで成功したことは，世界中に衝撃を与えた．2006 年にマウスの線維芽細胞で成功したこの技術は，2007 年にはヒトの線維芽細胞でも成功．同時期には，米国の J. Thomson 博士らの研究グループにより，Oct3/4, Sox2, Nanog, Lin28 という，筆者らとは異なる因子のセットによるヒト iPS 細胞の樹立が報告されている．その後の研究から，今では線維芽細胞以外でも，肝臓，胃，膵臓などの内胚葉，ケラチノサイトや神経幹細胞などの外胚葉，最近では末梢血の血球からも樹立できることがわかってきている．

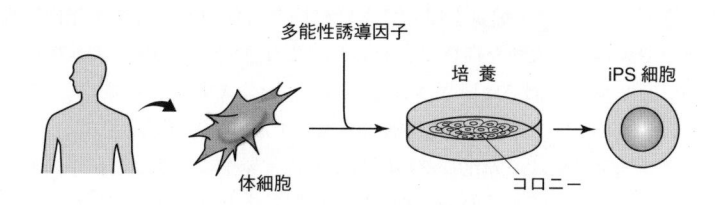

図 10・9　iPS 細胞の作製方法

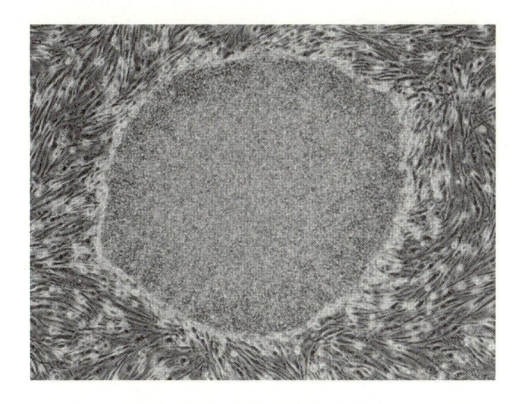

図 10・10　iPS 細胞のコロニー

　iPS 細胞は ES 細胞が抱えていた二つの課題を解決した．まず，成体の体細胞から樹立できるため，受精卵を壊さなければならないという倫理的問題が発生しない．しかも，樹立した iPS 細胞はもとになる体細胞と同じ遺伝情報をもっている．これらの特徴から，iPS 細胞は細胞移植だけでなく，疾患の原因の解明，新しい薬の開発にも活用できると考えられている（図 10・11）．たとえば，難治性疾患の患者の

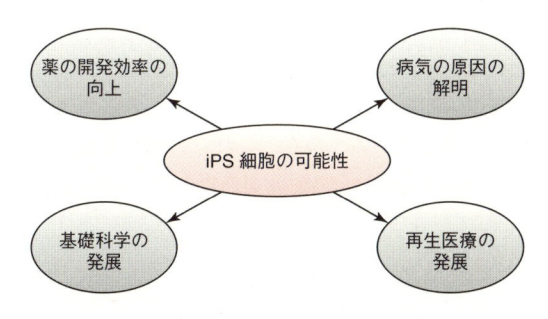

図 10・11　iPS 細胞の応用

体細胞から iPS 細胞を作り，それを神経，心筋，肝臓，膵臓などの細胞に分化させる．こうして分化させた細胞は，中にある遺伝情報は患者と同じであり，培養条件などを調節することでシャーレの中で疾患を再現できると考えられるため，細胞の状態や機能がどのように変化するかを研究することで，今までわからなかった病気の原因が解明できる可能性がある．また，その細胞を利用すれば，患者の細胞を直接用いた新薬の探索，人体ではできないような薬剤の有効性や副作用を評価する毒性のテストが可能になり，新しい薬の開発が大いに進むと期待されている．

10・3・4　iPS細胞の課題

ES細胞の課題を克服した一方で，iPS細胞ならではの課題もある．一つは，**iPS細胞の腫瘍化**である．§10・2・2で述べたように，多能性幹細胞とがん細胞とは表裏一体である．レトロウイルスによってiPS細胞を作製する際に四つの遺伝子はゲノムに挿入されてしまうため，細胞機能を損ない，場合によってはがん化の原因となるおそれがある．さらに，4因子の一つである c-*Myc* とよばれる遺伝子はがん原遺伝子として知られており，きちんと転写抑制されないとやはりがんの原因となる．これらの課題を解決するため，ゲノムへの挿入がない方法や c-*Myc* を用いない方法，化学物質やRNAによる方法などが開発されているが，いずれの方法が臨床応用に適しているのか，徹底的な評価が必要である．

二つ目の課題は**品質管理**である．最近の研究で，同じ細胞の集団から同じ方法で樹立したiPS細胞でも，出来上がったものは多能性の程度，分化抵抗性などの品質がかなりばらついていることがわかってきた．iPS細胞を細胞移植治療に利用する際には，品質をいかに管理するかが大きな課題である．

実は，現時点では，なぜたった数個の因子で多能性が誘導されるかは解明されていない．強制的に細胞核内で作用させた4因子が新たな転写因子ネットワークを形成し，ひいてはDNAのメチル化状態やヒストンの修飾など，いわゆるエピジェネティックな変化を起こすことが大きく関わっているといわれているが，詳しいことはわかっていない．血球から作製したiPS細胞は血球になりやすいなど，"細胞の記憶"が残されているのではないかという報告もある．

これらiPS細胞特有の問題から，実用化にあたってはES細胞の方が利点は多いのではないかとする研究者もいる．現在，これらの課題を克服するために，ES細胞との比較研究を含め，多方面からの研究が進められている（コラム9）．

10・4　"再生"の未来

これまでの研究で，発生学，再生学は体内にある体性幹細胞や組織の再生機構を明らかにし，多能性幹細胞の樹立など，ランドマークとなる成果を上げてきた．そして，最近のES細胞やiPS細胞の登場を経て，学術研究のみならず基礎研究から応用研究までを広く扱う橋渡し研究へと発展しつつある．臨床応用のためには，まだ科学的に未解明な部分も多く，応用するうえでのルールをどうするか，ヒト試料を扱ううえでの倫理的課題をどうするかなど解決すべき課題は山積している．しかし，21世紀を代表する分野として，今後さらに進歩していくことは間違いない．

今後，多くの人の努力によってこのような課題が解決され，革新的な科学的発見がなされるとともに，応用研究につながることで病に苦しむ多くの患者さんの福音になることを願ってやまない．

コラム9　ダイレクト・リプログラミングの可能性

　ヒトiPS細胞の開発を発表した2007年以来，iPS細胞研究は驚くべきスピードで進展している．樹立方法の改良はもちろん，患者由来のiPS細胞から疾患モデルを作成し，疾患の分子的機構や薬剤候補を明らかにした研究結果も続々と報告されているし，網膜色素変性症など，iPS細胞を用いた臨床研究が視野に入ってきたものもある．

　一方で，iPS細胞の開発は，生物学そのものにも新しい潮流を形成しつつある．皮膚細胞などの分化しきった細胞を，神経などのまったく種類の異なる細胞に直接変化させる，**ダイレクト・リプログラミング**という方法だ．もともと，たった数個の遺伝子だけで多能性幹細胞が誘導できるとは思われていなかった．しかしそれが可能であるならば，多能性幹細胞を介さずとも，ある細胞を別の細胞につくり変えることができるのではないか，という発想によるものだ．iPS細胞樹立の報告以降，こういった研究成果がつぎつぎと発表されている．たとえば，2008年には米国のD. A. Meltonらのグループが，マウスの体内で膵臓の外分泌細胞を3種類の遺伝子を導入し，血糖値を下げる"インスリン"を分泌するβ細胞へと変化させることに成功したと報告．その後，マウスから取出した線維芽細胞に3種類の遺伝子を導入し神経細胞に変化させたという報告のほか，同じくマウス線維芽細胞から心筋細胞，血液系細胞，軟骨細胞，肝細胞への誘導も報告されている．これらの誘導に使われた因子のセットは，iPS細胞樹立に用いる4因子とはすべて異なるものだが，これを見ると，鍵となる因子のセットさえ発見すれば，他の細胞同士でもダイレクト・リプログラミングができる可能性もある．

　ダイレクト・リプログラミングの重要性は，生物学的発見にとどまらない．細胞移植治療を考えたとき，一度iPS細胞に戻してから他の細胞に分化させ移植する場合には，細胞の準備に数カ月の時間を要し急性疾患や外傷などに対しては間に合わないことが考えられるし，分化細胞中に未分化な細胞が残存し，移植後に腫瘍を形成する懸念がある．一方，ダイレクト・リプログラミングにより誘導した細胞を用いる場合には，細胞の準備がより短時間で可能となり，また腫瘍の危険性もより低くなることが期待される．さらに，上述のマウスの例のように，体内で必要な場所にだけ目的の細胞を作り出すことも可能になるかもしれない．さらには，線維化した臓器組織の変性細胞に対して体内でダイレクト・リプログラミングを行い，機能する細胞に戻す，すなわち細胞を治癒させることも考えられるかもしれない．

　もちろん，臨床応用の際には，これらのダイレクト・リプログラミングにより作製した細胞についてもヒト細胞でのさらなる検証や細胞機能の徹底評価が必須である．また，iPS細胞のように無限に増殖できないため，十分な量の細胞が確保できるかという課題もある．しかし，因子導入で細胞の運命が大きく変化しうるという事実は，われわれに大きな示唆を与え，今後も新しい道を切り拓いていくことだろう．

11 老化

11・1 はじめに

老化研究は，過去約20年にわたる多くの研究者の努力によって様変わりした．それ以前の老化研究が，老化と関連すると思われる現象を記載する学問であったのに対し，最近の研究は，老化がなぜ起こるのかを分子レベルで理解することはもとより，老化の本質に迫ろうとしている．このような大きな研究の展開は，1990年代に行われた酵母，線虫，ショウジョウバエなどを用いた遺伝学的研究に基づくものである．教科書的な進化論の立場からは，老化は，個体の一生のうち子どもを産み育てた後に起こる現象であるので，老化の有無によって子孫の多寡が大きく影響されることはなく，自然淘汰の対象となりにくい．その結果，種を超えて老化の分子機構が保存される可能性は少ないと長らく考えられてきた．しかし，以下に述べるように，さまざまなモデル生物を用いて明らかにされた老化機構は，ヒトを含めた多くの生物種に広く保存されていることが明らかになったのである．

本章では，老化に対する遺伝学的アプローチとその成果を述べ，近未来のチャレンジとして，どのようにすれば老化を遅らせることが可能かを議論したい．

11・2 老化とは何か

日常用いる"老化"という言葉は，加齢とともに体の機能が低下したり，見た目にも"若々しさ"が失われていくことを意味する．それでは，生物学で"老化"はどのような状態を指すのであろうか．

11・2・1 生物学的な老化の定義

"体の機能"が極端にまで低下した場合，その個体は生命を維持できなくなる．したがって，通常，生物学における"老化"とは，加齢とともに単位時間当たりに個体が死ぬ確率が上昇することを指す．ヒトでは，加齢とともに，1年間に10万人当たり何人が死ぬか，その死亡率（**年齢別死亡率**）で老化の程度が表されることが多い（図11・1）．

年齢別死亡率は，その集団が住む環境に大きく依存する．つい最近までヒトは，飢饉や捕食者による攻撃，感染症などによって，比較的若年のうちに死亡すること

が多かった．しかし今日，衣食住がほぼ保障されているいわゆる先進諸国では，高齢になるまで生存するヒトの割合が増えつつある．そのような先進諸国の年齢別死亡率は，国を問わずに図11・1に示す曲線と似たような変化を示す．

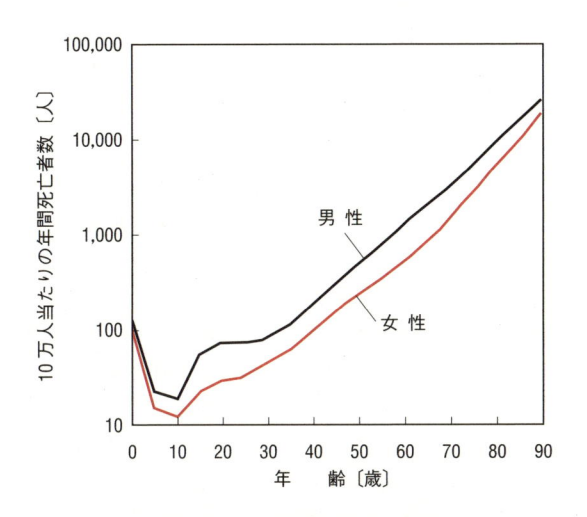

図11・1　わが国における年齢別死亡率　縦軸が対数目盛であることに注意．（"平成14年度 厚生労働白書"より）

　図11・1においては，縦軸の年間死亡者数は対数で表示されており，このことから，先進国のヒトの年間死亡率は，加齢とともに指数関数的に増加することがわかる．また，この図から明らかなように，年間死亡率の増加，すなわち老化は，すでに30歳代で起こっているが，若年のうちはその増加の割合が少ないために老化を実感することが少ない．しかし，40歳以降は，10万人当たり100人超のヒトが1年間で死亡するようになり，その増加の割合も加齢とともに加速度的に増加するので，老化を実感するようになる．

11・2・2　極限寿命

　年齢別死亡率は，ヒトのように各人の出生，死亡に関する記録がある場合には測定できるが，野生にあるヒト以外の生物，あるいは，人口統計が記録されていないヒト集団に関して，それを知ることは不可能である．しかし，イヌとヒトなど，異種間で"老化の早さ"を知りたい場合も多いであろう．そのような場合に使われる老化の早さを表すパラメーターとして**極限寿命**がある．極限寿命とは，ある生物種あるいは個体群のなかで最も長寿であった個体の寿命を指す．環境が劣悪な場合の

個体寿命は総じて短い場合が多いので，極限寿命は実験室や動物園など，人工的に保護された環境で観測されることが多い．極限寿命は種に固有な性質であり，その個体群がどのような環境に生存したとしても，大きく変化しない．ヒトの極限寿命は約130歳である．しかし，極限寿命まで生存する個体は非常に少ないので，極限寿命の個体がどのような原因で死ぬのかは多くが不明のままである．一方，極限寿命が生物種に固有であることは，ゲノム中に極限寿命を決定する何らかの情報が刻まれていることを示唆する．

11・2・3 経時老化と複製老化

前述した年齢別死亡率や極限寿命は，生誕時から数えて年数や日数などのどれだけの物理的時間を経て死亡するかで定義されるので，**経時老化**（chronological aging）とよばれる．経時老化は，良好な環境下のみならず，たとえば，培地を交換しないで酵母を培養し続けるなど，栄養源が枯渇した劣悪な環境下で測定されることもあり，その場合には，生物が栄養源枯渇などの外的ストレスに対する耐性の程度を示すパラメーターとして用いられることも多い．

一方，出芽酵母や正常ヒト細胞などは，細胞分裂によって娘細胞を再生産し続けるとしだいに細胞分裂する頻度が低下し，ついには増殖を停止してしまう．この現象は，出芽酵母や正常ヒト細胞では，連続して細胞分裂する回数が有限であり，総細胞分裂回数が閾値に到達すると細胞分裂を停止するものと説明される．このような状態の細胞は**複製老化**（replicative senescence）にあるといい，経時老化が細胞や個体が死ぬまでの物理的時間を計測するのに対して，複製老化は細胞分裂回数を計測する点が大きく異なる．また，経時老化の終点は細胞や個体の死であるのに対して，複製老化を迎えた細胞はそれ以上の細胞分裂はできないものの，代謝を行っている生きた状態であることが多い．

以上のように，老化という言葉は，対象となる生物や実験系によって，多様な意味で用いられることが多いので，どのような意味の老化を扱っているのか，その定義を含めた意味を十分に認識する必要がある．

11・3 プログラムされた老化はありうるのか

老化が示す表現型は，生物種が異なると見かけ上大きく異なり，また，老化は，若い個体が備えている"若々しい"充実した機能を，受動的に失う過程にみえることから，長い間，老化研究は学問として成立しないのではないかと一般に考えられてきた．

現代生物学の大きな特徴の一つは，生命現象を分子レベルで理解し，それらの分子がいかなるプログラムによって離合集散して，考察している生命現象をもたらす

のかを説明することにある．

　一方，発生過程に典型的にみられるような生物学的プログラムは生得的なものであるから，その基本経路はゲノムにコードされている．生物進化によってゲノムが形づくられる過程は，そのゲノムをもつ個体の子孫をどれだけ次世代に残すことができるかを競う自然淘汰による．次世代に子孫を残すためには，健康で生殖年齢に達する必要がある．したがって，自然淘汰によるゲノム形成には，生殖年齢まで生き延びることが最も重要である．この前提に従う限り，生殖年齢後に起こる老化は子孫個体数の多寡にそれほど影響を与えないので，自然淘汰では生じえないことになる．すなわち，老化を発現することを目的としたプログラムは，ゲノムにコードされていない．

11・4　早老症の研究

　早老症（progeria）とよばれる一群の遺伝性疾患の患者では，正常者の老化に特徴的な症状，たとえば，皮膚萎縮，白内障，白髪，動脈硬化，悪性腫瘍などが若年のうちより進行する．特に，**ウェルナー症候群**（Werner syndrome；WS）と**ハッチンソン・ギルフォード症候群**（Hutchinson-Gilford progeria syndrome；HGPS）は顕著な早老症の症状を示し，その原因遺伝子の同定とその機能解析が進んでいる．

11・4・1　ウェルナー症候群（WS）

　WSは常染色体劣性の遺伝性疾患で，1996年に同定されたWSの原因遺伝子 *WRN* は，$3' \to 5'$ エキソヌクレアーゼ活性と $3' \to 5'$ ヘリカーゼ活性をもつRecQタイプのヘリカーゼをコードする．WRNのタンパク質機能は正確には解明されていないが，前述の二つの酵素活性をもつことで，複製フォークが停止したときなどに生じる十字構造をもった異常構造DNAをほどいて，相同組換えによるDNA修復や複製フォークの進行の再開に資するものと考えられている．WRNの機能を失った細胞は，DNAトポイソメラーゼⅠ阻害剤やシスプラチンなどのDNA架橋剤に感受性が高い．これは，これらの薬剤により生じたDNA損傷が複製フォークを高率で停止させ，WRN機能を失ったために，複製フォークを安定に維持し複製を再開させることができないためと考えられている．

　興味深いことに，WRNの一部は，テロメアタンパク質の一つTRF2を介してテロメアに局在する．また，WRN機能を失った細胞では，細胞分裂に伴うテロメア短小化速度が速く，テロメアDNAを伸長するテロメラーゼ遺伝子 *Ter* と *Wrn* の二重欠損ノックアウトマウスは，*Wrn* ノックアウトマウスと比較して，ヒトWSでみられる早老症と類似した表現型を示す．これらの事実は，テロメアDNAの複製維持にWRNが重要な役割を果たしていて，その機能欠損がWSでみられる早老症

の臨床症状の少なくとも一部に関わることを示唆している．

11・4・2　ハッチンソン・ギルフォード症候群（HGPS）

　早老症としてのHGPSの臨床所見はWSよりも強く，患者の平均寿命は約13歳である．HGPSは常染色体優性遺伝であり，ほとんどの例は，患児の両親のいずれかの生殖細胞で新規に遺伝子変異が起こったために発症する．HGPSの原因遺伝子は2003年に発見され，核膜内膜直下に存在するラミンの構成タンパク質**ラミンA**（lamin A）をコードする遺伝子*LMNA*であった．ラミンAは，中間径フィラメントの一つでありラミンBやCとともに絡まり合って重合し，ラミンとして核膜を内側から裏打ちし，核膜や核に物理的な強靱さを与える．

　*LMNA*は，はじめ，664アミノ酸のプレラミンAとして翻訳される．プレラミンAのカルボキシ末端には，CAAX（Xは任意のアミノ酸）から成る配列があり，このうちのシステインがファルネシル化される．ファルネシル化プレラミンAは，疎水性のファルネシル基が核膜の内膜を貫通することで核膜に安定に結合する．ファルネシル化プレラミンAは，やがてエンドペプチダーゼの作用でファルネシル化部分を切断除去し，こうしてできた成熟ラミンAは核膜から解離して核のより内部に移動して機能する．

　HGPSでは*LMNA*遺伝子の点突然変異が存在し，カルボキシ末端配列をコードするエキソンのスプライシング異常が起きる．その結果，プレラミンAはファルネシル化されるものの，エンドペプチダーゼが作用する配列が失われ，ファルネシル修飾を受けたペプチドが切断分離されることがない．このために，HGPSのファルネシル化プレラミンAは，核膜から離れることなく蓄積する．これらの異常のために，HGPS細胞の核膜は不均一に肥厚し，核膜孔の機能異常も指摘されている．HGPSと同様に，点突然変異によってプレラミンの代謝が妨げられ，核膜に異常蓄積することで発症する疾患が複数知られており，それらはあわせて**ラミノパチー**（laminopathy）とよばれている．

　HGPSにおけるファルネシル化プレラミンAの異常蓄積が，どのようにして早老症に特徴的な症状をもたらすのかは明らかではない．ラミンが核膜に物理的な強度を与えるだけでなく，クロマチンと相互作用することで遺伝子発現に影響を与えている可能性が指摘されている．

11・5　**短寿命変異から長寿遺伝子へ**

　WSやHGPSの原因遺伝子の発見は，これらの疾患に苦しむ患者にとって治療法確立の第一歩となる大きな成果であった．しかし，これらの早老症で解明された病態生理が，一般的な老化の理解につながるかどうかは難しい問題である．WSや

HGPS は *WRN* 遺伝子や *LMNA* 遺伝子の突然変異による遺伝子機能低下に基づくと考えられるので（ただし，HGPS は変異がドミナントネガティブな効果をもつ），その結果は，ゲノム DNA や核機能が，異常な恒常性によって正常より速く機能低下する過程と考えられる．それを老化の一般原理と考えた場合，老化は生物の構造や機能が時間の経過とともに崩壊するエントロピーの一方的な増大以上の何者でもないという結論に達する．

一方，老化は，それを正に促進したり，負に遅らせようとする複雑な制御系のバランスから成る積極的な表現型であるとも考えられる．この考え方によれば，老化速度を正負両方に制御する経路があるので，その遺伝子機能を過剰にしたり，低下させることで，老化を早めたり遅らせることができると予想される．すなわち，特定の遺伝子機能を変化させることで，老化を早めるばかりでなく，遅延させる，すなわち長寿にすることが期待される．ヒトでも極限寿命にも達する百寿者は，そのような長寿遺伝子をもつ可能性があるが，なにぶん，百寿者の数がきわめて少数であるために，それを証明し同定することはきわめて困難である．実際に，早老経路と長寿経路の両方が存在することは，酵母，線虫，ショウジョウバエなどの遺伝学的研究が容易なモデル生物における先駆的な研究により証明された．そしてそれらの成果は，下等なモデル生物だけではなく，ヒトを含めた多くの生物種にも当てはまることが明らかになっている．

11・5・1 線虫の耐性幼虫

線虫は，その幼虫期において，食餌の欠乏，高温など環境が劣悪でそれ以上の成

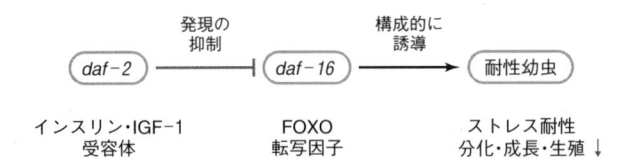

図 11・2 線虫の耐性幼虫形成に関わる遺伝子 野生型 *daf-2* 遺伝子は，野生型 *daf-16* 遺伝子を負に制御し，耐性幼虫形成を阻害するとともに，幼虫を生殖能力をもつ成虫に分化成長させる．*daf-2* 遺伝子に変異があって機能しないと，野生型 *daf-16* 遺伝子は *daf-2* からの負の制御を受けなくなって構成的に活性化し刺激がなくても耐性幼虫となる．それぞれの遺伝子の下段には遺伝子産物を，耐性幼虫の下段にはその性質が示されている．

長に適していないとき，発生プログラムを中止して，**耐性幼虫**（dauer larva）に変化する．耐性幼虫は生殖能力をもたないが，飢餓や高温，乾燥に強く，環境が生存

に適した条件に回復すると,再び正常な発生を再開して生殖能力をもった成虫になることができる.

従来,古典的な遺伝学的手法を用いて,耐性幼虫を誘導する環境ストレスがないときでも常に耐性幼虫に変化する**構成型耐性幼虫変異体**(dauer constitutive)と,環境ストレスがあっても耐性幼虫に変化しない**欠損型耐性幼虫変異体**(dauer defective)が知られていた.daf-2とdaf-16変異体は,それぞれ構成型および欠損型耐性幼虫変異体であり,遺伝学的解析からdaf-16はdaf-2の下流で機能することが知られていた.1993年,C. Kenyonは,daf-2変異体が野生型線虫の2倍以上の寿命をもっていることを発見した[1].さらに,daf-2変異体が長寿を示すのに対して,daf-2 daf-16二重変異体は野生型と同じ寿命しか示さなかった.すなわち,daf-2変異体の長寿には,正常なdaf-16遺伝子機能が必要だったのである(図11・2).

11・5・2 インスリン・IGF-1経路とストレス耐性経路

daf-2は,高等真核生物のインスリンあるいはインスリン様成長因子1(IGF-1; insulin-like growth factor 1)の受容体に相当する膜貫通型受容体キナーゼをコードする.インスリンやIGF-1は,受容体を介して細胞のタンパク質産生を促進し生殖機能を含めた分化を促す同化ホルモンである.daf-2変異体で寿命が延長することは,細胞の増殖・分化は,寿命を負に制御することを示す.

daf-16は,FOXO(フォークヘッド型;forkhead box)転写因子をコードする.FOXO転写因子は,アポトーシス誘導因子,酸化ストレス耐性因子など,ストレス耐性因子の遺伝子発現を活性化する.daf-16の正常な機能が線虫の寿命延長に必要であることは,ストレス耐性を誘導することが長寿を促すことを示唆する.

さらなる遺伝学的解析から,インスリン・IGF-1受容体とFOXO転写因子の間には,ホスファチジルイノシトール3-キナーゼ(PI3K),PDK-1(3-phosphoinositide-dependent kinase-1),AKT/PKBなどが介在しており,インスリン・IGF-1経路の活性化は,最終的に,FOXO転写因子の核内移行を不活性化することが知られている.

線虫がインスリン・IGF-1経路とFOXO転写因子の正負の制御を受けて短寿命の成虫になるか,長寿命の耐性幼虫になるのかが,飢餓などの環境からのストレスの有無によって決定されていることが重要である.ショウジョウバエやマウスでも,インスリン・IGF-1経路を阻害すると長寿をもたらすことから,インスリン・IGF-1経路が寿命を負に制御することは種を超えて広く保存されている.

11・5・3　出芽酵母の老化

　これまで解説してきた老化が，個体の誕生から死に至る物理的な時間の長短で判断されてきたのに対して，出芽酵母の老化は，まったく異なる観点から定義される．出芽酵母の1個の細胞が細胞分裂により2個になるとき，もともとあった細胞（母細胞）の表面に娘細胞の芽が生じ，それが徐々に大きくなって2個の細胞となる（図11・3）．

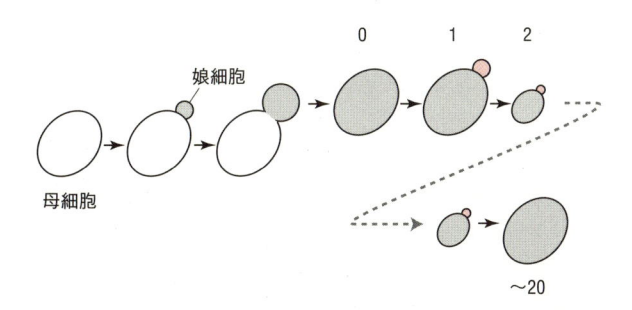

図11・3　出芽酵母の老化　出芽酵母の細胞分裂では細胞容積が大きな母細胞の表面に小さな娘細胞（灰色）が出芽することで始まり，娘細胞は成長して母細胞から分離し独立して存在するようになる．母細胞から生まれたばかりの娘細胞は，娘細胞を出芽させたことがないが（0で示す），やがて，娘細胞（ピンク）をつぎつぎと生み出す（1…で示す）．一つの母細胞が生み出すことができる娘細胞の数は有限で，おおよそ20個の娘細胞を生むとそれ以上の細胞分裂を行わず，細胞は老化したと判断される．

　新しくできた娘細胞は，つぎの細胞分裂時には母細胞としてはじめて娘細胞を出芽させる（図11・3の"1"）．いったん母細胞となった細胞はつぎつぎと娘細胞を出芽させる（同図の"2"以下）．しかし，一つの母細胞が生むことができる娘細胞の数は有限であり，おおよそ20回の出芽を行った後，それ以上の出芽を行わなくなる（同図の"〜20"）．この状態を出芽酵母の老化とよび，老化した出芽酵母は，細胞周期 G_1 期停止による細胞分裂の停止，大きな細胞体や核小体をもつ，有性生殖を行わない，などの特徴的な性質を示す．このように出芽酵母の細胞分裂では，母細胞と娘細胞はその大きさから容易に判断できるので，顕微鏡下で母細胞を娘細胞から分けて一つの母細胞の系列を追跡することで，何回の細胞分裂を行った末に老化状態に入ったか測定することができる．

　出芽酵母はa型とα型の二つの性（接合型）をもち，異なる性をもつ2個の一倍体（半数体）細胞が接合，核融合，減数分裂を経て一倍体に戻る有性生殖を行う．

ある細胞がa型とα型のどちらの性をもつかは，*MAT*座位（mating type locus, 性決定座位）とよばれる場所にa型あるいはα型のどちらの性決定因子（性フェロモン）をコードする遺伝子が存在するかによって決まる．野生型の出芽酵母は，その性をa型とα型の間で交互に変化させることができる．これは，出芽酵母は，*MAT*座位にある性決定遺伝子のほかに，*HML*および*HMR*とよばれる領域にそれぞれα型およびa型性決定遺伝子のコピーをもち，遺伝子変換によって，*MAT*座位にある性決定遺伝子を*HML*あるいは*HMR*の性決定遺伝子にある異なる性を決定する遺伝子と交換して，a型からα型に，あるいは，α型からa型に変換できるからである．遺伝子として転写され機能する性決定遺伝子は*MAT*座位にある場合のみで，*HML*と*HMR*にある性決定遺伝子は遺伝子サイレンシング（抑制）を受けて転写されない．

出芽酵母でサイレンシングを受けるゲノム領域は，*HML*と*HMR*のほかにテロメアがある．これらの領域には，Sir2，Sir3，Sir4から成る **Sir**（silent information regulator）タンパク質複合体が存在し，転写を抑制している．また，rRNAをコードするrDNAがタンデムに100〜200コピー並んで存在するrDNA領域にもSir2タンパク質が存在する．これは，Sir2が多数のrDNAコピーが遺伝子相同組換えを起こすことを防いでいるためである．

1995年，L. Guaranteらは，*SIR*遺伝子変異体の一つで出芽酵母の寿命（母細胞として娘細胞を出芽させる回数）が伸びることを見いだした[2]．その後，*SIR2*遺伝子を欠損した株では寿命が短縮し，*SIR2*遺伝子を1コピー余分にもつ株は寿命が延長することが明らかになった．さらに，*SIR2*遺伝子欠損では，rDNAリピートがDNA相同組換えを高頻度で起こし，染色体外にrDNAリピートが環状DNAとして存在する**染色体外環状 rDNA**（extrachromosomal rDNA circle；ERC）が母細胞に蓄積し，それが母細胞の短寿命の一因となることが明らかにされた（図11・4）．

11・5・4　Sirtuinファミリー

哺乳類では，出芽酵母Sir2タンパク質と相同なタンパク質が7種類あり，あわせて **Sirtuin** ファミリーとよばれている．酵母Sir2とSirtuinファミリータンパク質（SIRT1〜7）は，NAD^+（ニコチンアミドアデニンジヌクレオチド）依存性脱アセチル酵素である．哺乳類SIRT1〜7は，核，細胞質，ミトコンドリア，核小体など，それぞれに特有な細胞内局在を示すが，酵母Sir2のオルソログと考えられているのはSIRT1である．哺乳類SIRT1は，肝臓，骨格筋，白色脂肪などにおいてさまざまな基質を脱アセチル化し，最終的に解糖系によってグルコースを異化することを抑制する一方，脂肪酸をβ酸化させ，肝臓と骨格筋におけるインスリン感受性をそれぞれ低下および亢進させる．また，インスリンを分泌する膵臓β細胞では，

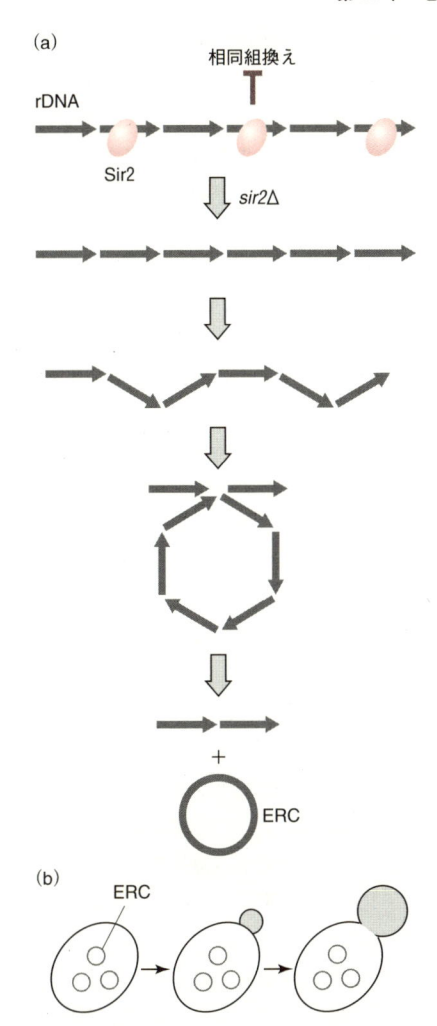

図11・4 出芽酵母のSir2タンパク質とERC（染色体外環状rDNA） (a) rRNAをコードするrDNAは，100コピー以上の遺伝子（矢印で示す）がタンデムに並んで存在する．Sir2タンパク質は，rDNAリピートに結合して，同じ配列から成るリピート間でDNA相同組換え反応が起こるのを防いでいる．SIR2遺伝子を失ったsir2Δ変異株では，rDNAリピートにSir2が結合しないため，リピート間で高率にDNA相同組換えが起こる．ある場合には，いくつかのrDNAリピートが閉じることで環状構造となり，ERCがもともとあったゲノム上のリピートから飛び出て独立して存在するようになる．
(b) 染色体から飛び出たERCは動原体をもたないため，分裂期において母細胞と娘細胞の間に同じ数ずつ分配されず，常に母細胞内にとどまるため，sir2Δ変異体の母細胞がもつERCの数は増加する一方である．

老化とともにSIRT1活性が低下し，インスリン分泌能が減弱する．このインスリン分泌能低下が，加齢による糖尿病発症の一因であるといわれている．

11・6 カロリー制限がもたらす寿命延長効果

食餌中のカロリーを制限するとラットの寿命が延びることは20世紀前半より知られていたが，**カロリー制限**による寿命延長効果を分子レベルで理解し，抗老化治

療あるいは予防として発展させようとする努力が始まったのは，比較的最近のことである．カロリー制限によって寿命が延長することは，酵母，線虫，ショウジョウバエ，魚類，齧歯類，サルなどの広範な生物種で観察されている．さらに重要なこととして，カロリー制限は，寿命延長効果のみならず，老化した個体に高頻度に出現するがん，動脈硬化，糖尿病，神経変性症，自己免疫疾患などの発症頻度を低下させることが報告されている．

カロリー制限がもたらす生体反応は多岐にわたるが，大別して，炭水化物や脂肪などの栄養素摂取量の低下と，その結果として生じるATPやNADHなど高エネルギー結合をもつ小分子の量の低下に分けることができる．前者は，老化を誘導する主要な経路であるインスリン・IGF-1経路を不活性化する．一方，後者については，NAD^+量がNADHに対して相対的に増加するために，NAD^+依存性脱アセチル酵素であるSirtuinの活性を亢進させ，また，AMP量が相対的にATP量に比べて増加するので，AMP依存性プロテインキナーゼ（AMPK）の活性化が起こる．これらの栄養素とエネルギーバランスの変化によるさまざまな信号伝達経路の活性化あるいは不活性化は，細胞や組織の同化作用を低下させ，ストレス反応を促進することで寿命の延長に貢献すると考えられているが，その詳細は十分に明らかではない．

現在，カロリー制限がもたらす寿命延長効果をもつ生理反応を模倣する薬剤の開発が進められており，SIRT1活性化薬などが注目を集めている．

11・7　環境からの"キュー"と再生産モードおよびストレス耐性モード

ここまで概観してきたように，細胞や個体の寿命は，外部環境の"キュー"によって大きく制御される（図11・5）．食餌や栄養が豊富な場合，生物はふんだんに産生されるエネルギーや同化産物を自身の成長とともに，次世代の個体の再生産，すなわち生殖に費やす．この場合，インスリン・IGF-1経路をはじめとする同化作用を促進するホルモン経路が重要で，その作用によって生体の活性が高まると同時に，その個体の寿命は短小化する．一方，環境が好適ではなく，せっかく再生産した子孫が生き延びることができない可能性が高い場合には，インスリン・IGF-1経路などの同化促進経路を遮断し，厳しい環境に耐えられるようなストレス反応を誘導し，再生産は行わない．

環境は一定ではなく，好適な時期と好適ではない時期を交互に行き来しているので，生物は，再生産モードとストレス耐性モードを行き来しながら，ころあいを見計らって子孫を残す必要がある．個体の寿命は，そのようなバランスから決定されるものであるが，カロリー制限などのように，ストレス環境を模倣する刺激を人工的に生体に与えることができれば，老化速度を低減させることができるかもしれない．

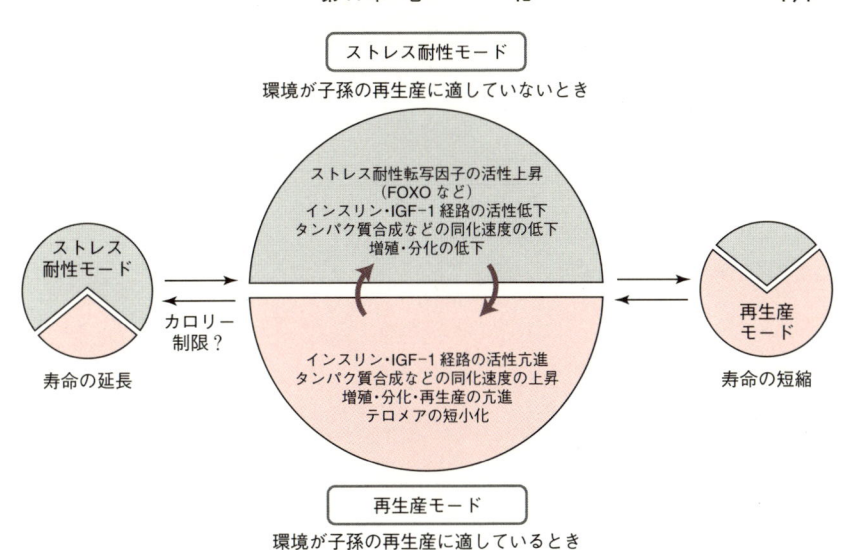

図11・5 再生産モードおよびストレス耐性モード 生物は環境からの"キュー"に従い，ストレス耐性モード（灰色部分）と再生産モード（ピンク色部分）の間を行き来する．ストレス耐性モードは個体寿命の延長を，再生産モードは個体寿命の短縮をもたらす（それぞれ左および右の円）．ある生物個体が二つの状態のそれぞれにどれだけ長い間滞在するかがその個体の寿命を決定する．しかし，それは環境からのキューによるので，寿命は個体や細胞自律的に決定されるわけではなく，環境と個体の相互作用によって決まる．カロリー制限は，人為的にストレス耐性モードに平衡のバランスを移すことを意味するのかもしれない（左向きの矢印）．

文　献

1) C. Kenyon, J. Chang, E. Gensch, A. Rudner, R. Tabtiang, *Nature*, **366**, 461 (1993).
2) B. K. Kennedy, N. R. Austriaco Jr., J. Zhang, L. Guarente, *Cell*, **80**, 485 (1995).

第 III 部

生命のコントロール

12 脳と神経

12・1 脳科学の目指すもの

　脳やこころの問題は古くより，多くの研究者にとって魅力的な研究対象となってきた．脳を対象とする**脳科学**は，医学・生物科学の一領域にとどまらず，その範疇は人文科学や理論数理科学にまで及ぶ学際性のきわめて高いものになってきている．

　では，現在の脳科学はどこに向かっているのであろうか？　米国における脳・神経科学研究の潮流は，10年ごとに大きな目標を掲げてきている．1990～1999年は，"decade of brain"とよばれ，脳科学から得られた恩恵への国民の意識を高めるという方針のもと，ブッシュ大統領によって提唱された政策的なニュアンスが強かったものの，ちょうど米国に留学していた筆者は，ワシントンDCまで行って，この"decade of brain"のキックオフシンポジウムに参加し，その熱気に大きな刺激を受けた．そのころは，カリウムチャネルなど神経機能に重要な役割を担うであろうと期待される分子の遺伝子がクローニングされ，その機能が解析され始めた時期である．脳の機能を明らかにするにはまだまだ遠い道のりがあったものの，分子生物学を用いて脳の機能を解明しようという楽観論が席巻し，これが実際に研究をぐいぐいと推進させた．この典型的な成果は，2000年に3名の研究者が，神経系におけるシグナル伝達に関する発見でノーベル生理学・医学賞を受賞したことにも現れている．つぎの10年の2000～2009年は，政策主導ではなく学会主導により，行動学や社会性の研究の重要性に注目を集める目的で"decade of behavior"とよばれた．脳科学の対象の多様性と学際性が花開いてきた時代である．1990年初頭には，行動学や社会性といった領域は分子生物学の対象からほど遠いものであったが，遺伝子改変マウスの行動遺伝学的解析や精神疾患の臨床遺伝学の研究成果の蓄積により，これらが分子生物学の照準に入ってきたのである．そして，2010年からの10年は，"decade of mind"とよばれる．すなわち，"こころ"というものを脳の機能からいかに理解するかが現在の脳科学の大きな潮流となってきたのである．"こころ"という捉えどころのないと思われてきたものを分子の言葉で語ることができるようになるのだろうか？　これは，今後の脳科学の大きなテーマである．

　本章では，分子生物学者にとっての脳科学の入門書として書かれているものの，

いまや膨大な学問領域となった脳科学全体を網羅的に解説するのではなく，分子生物学からみた脳科学の今後の方向性を読者とともに考えてみたい．

12・2　脳の構造と脳を構成する細胞

ヒトの脳の正常な機能や，こころの問題，あるいはこれらが破綻した疾病を正しく理解するためには，脳と神経の構造とそれに基盤をおく脳機能を解明する必要がある．この問題を理解するために必須となる必要最小限の知識をここで概説したい．

12・2・1　脳の構造（図12・1 a, b）と機能

神経系は，**中枢神経系**と**末梢神経系**に大別でき，中枢神経系は，**脳**と**脊髄**を含む．

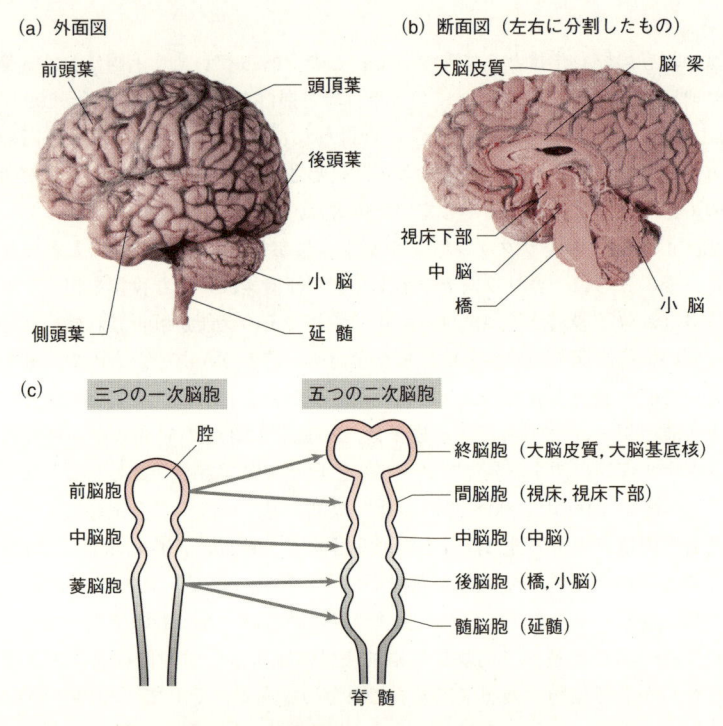

(a) 外面図
前頭葉／頭頂葉／後頭葉／小脳／側頭葉／延髄

(b) 断面図（左右に分割したもの）
大脳皮質／脳梁／視床下部／中脳／橋／小脳

(c) 三つの一次脳胞　五つの二次脳胞
腔
前脳胞　　　　　　　　終脳胞（大脳皮質，大脳基底核）
中脳胞　　　　　　　　間脳胞（視床，視床下部）
菱脳胞　　　　　　　　中脳胞（中脳）
　　　　　　　　　　　後脳胞（橋，小脳）
　　　　　　　　　　　髄脳胞（延髄）
脊髄

図 12・1　脳の構造（a, b）と脳の発生（c）

脳の構造は，発生学的な観点（§12・4・1参照）から，終脳，間脳，中脳，橋，小脳，延髄に大別できる．終脳と間脳は胎生期の前脳胞，中脳は中脳胞，橋・小脳・延髄は菱脳胞という神経管の三つの膨らみ（一次脳胞）に由来している（図12・

1c). このような分類は，それぞれのパーツの大きさの違いはあるものの，脊椎動物の間で保存されている.

① **終 脳**　終脳は，**大脳半球**と**大脳基底核**から成る．大脳半球の表面には，特徴的な"しわ"がある．このしわは，曲がりくねった高まりの部分である**脳回**と脳回の間の溝である**脳溝**から成っており，このしわの配列パターンは，ヒトの間でほぼ保存されたものである．しかし，左右の大脳半球，あるいは個人間で，このしわのパターンは微妙に異なり，種間では大きな違いがある．大脳半球は，このしわによる解剖学的な観点あるいは機能的な観点から，**前頭葉**，**側頭葉**，**頭頂葉**，**後頭葉**に分類できる．これら4葉以外に，半球の深部にも皮質領域が存在し，**島**(insula)，さらには**辺縁葉**（帯状回，終板傍回，梁下野，海馬傍回などから成る領域）がある．

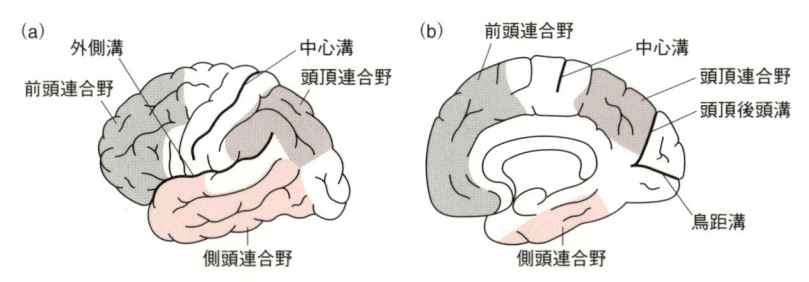

図12・2　ヒト大脳新皮質における連合野　(a) 外面図，(b) 断面図．霊長類，特にヒトの大脳皮質は連合野が発達している．大脳皮質連合野は，前頭連合野，頭頂連合野，側頭連合野を含む．おのおの，前頭連合野は行動の立案，計画，実行，頭頂連合野は位置関係・空間情報の認知，外界へのアクション，側頭連合野は聴覚認知，視覚認知といった役割を担う.

大脳半球の断面図を見ると，表層の**灰白質**（ニューロンの細胞体が集まる部分：狭義の大脳皮質）と**白質**〔有髄神経線維（後述）の密集部分〕から成ることがわかる．大脳皮質は系統発生学的に三つに区分される．ヒトでは，大脳皮質の90％を占めるのが系統発生的に新しい**新皮質**（neocortex）であり，**古皮質**（paleocortex）は嗅脳，**原皮質**（archicortex）は海馬などの限られた領域に分布する．新皮質は，構成するニューロンの種類・密度などにより表層に近い第Ⅰ層から深部の第Ⅵ層までの6層に分類される．これは組織学的な分類であるが，機能にも対応している．たとえば，第Ⅰ層は細胞成分が乏しく，おもに樹状突起や軸索の終末から成り，第Ⅲ層の錐体細胞というニューロンは，対側の皮質の第Ⅰ層・Ⅱ層へ投射する．また，第Ⅳ層は間脳の視床（つぎの②で述べる）の神経核からの入力を受け，第Ⅴ層のニューロンは脊髄などの皮質下に投射し，第Ⅵ層のニューロンは，視床へと投射し

ている．大脳新皮質は原則的にこの6層構造をもつが，部位およびそれに対応した機能によって各層の厚さや細胞密度は著しく異なる．このような各層の細胞構築の違いに基づき K. Brodmann は皮質を52の領野に分けた．各領野の細胞構築の特徴はその機能を反映しており，機能局在と対応している．機能面からみると大脳新皮質は，運動をつかさどる**運動野**（たとえばブロードマン4野内の一次運動野など），感覚をつかさどる**感覚野**（ブロードマン 3a, 3b, 1, 2 野に存在する一次感覚野）とそれ以外の**連合野**から成る．連合野には，その部位から**頭頂連合野**，**側頭連合野**，**前頭連合野**があり，認知，思考，行動制御，記憶，言語などの高次脳機能を担っている．これら連合野は他の動物に比べて，霊長類，特にヒトにおいてよく発達している[1]（図 12・2）．

一方，大脳基底核は，大脳半球内の深部に存在する灰白質であり，運動制御において重要な働きを示す．基底核の機能異常を示す疾患には，パーキンソン病やハンチントン病などが知られている．

② **間　脳**　　間脳は，**視床**，**視床上部**，**視床下部**から構成される．視床は，おのおのの神経伝導路の中継箇所すなわち下位脳と大脳皮質を連絡する中継核としての役割を担う．視床下部は，内分泌系と自律神経系の中枢である．一方，視床上部には，手綱核，松果体などがある．

③ **中　脳**　　中脳，橋，延髄を合わせて**脳幹**とよぶ．中脳の腹側には，パーキンソン病で障害されるドーパミンニューロンの細胞体を豊富に含む**黒質**があり，背側には左右1対の**上丘**，**下丘**という構造がある．

④ **橋と小脳**　　橋と小脳は，胎児期の菱脳胞から分かれた後脳のそれぞれ腹側，背側から発生する．橋は，脳幹において中脳と延髄の間に位置しており，第4脳室を隔てて小脳と向かいあう．小脳は，感覚情報と運動指令を調節する役割を担う．

⑤ **延　髄**　　延髄は，胎児期の菱脳胞から分かれた髄脳に由来し，その後方は脊髄に移行する．延髄では，上・下行性の神経伝導路を通過させるとともに，生命維持に必須な呼吸中枢，循環中枢などが存在する．

12・2・2　脳を構成する細胞

脳を構成する細胞は，ニューロン（神経細胞）とグリア細胞（神経膠細胞）に大別できる[2]．

① **ニューロン**　　ニューロンは，情報処理，興奮の伝播・伝達を行う特殊化した細胞である．分裂能を欠き，その細胞膜には種々のイオンチャネルといわれる膜タンパク質が豊富に存在し，興奮性をもつ．また，**樹状突起**あるいは**軸索**という特徴的な突起をもち，軸索の終末は，シナプスを介して他のニューロンや筋細胞へシグナルを伝える．

② グリア細胞　グリア細胞はニューロンとニューロンの間を埋める支持細胞であるといった裏方的な役割しかかつてはわかっていなかったが，現在では正常脳機能や病態においてグリア細胞がさまざまな重要な機能を担うことが明らかになってきており，非常にホットな研究対象となっている．中枢神経系では，グリア細胞は，アストログリア（星状膠細胞），オリゴデンドログリア（希突起膠細胞），ミクログリア（小膠細胞）に大別できる．これらの細胞の役割を，新しい知見を含めて，限られた誌面で記載することは不可能であるので，ここでは簡単に述べる．

■**アストログリア（星状膠細胞）**　古くから，**アストログリア**はニューロンの保護・栄養や血液脳関門の形成などの役割を担っていることが知られている．

■**オリゴデンドログリア（希突起膠細胞）**　オリゴデンドログリアは，その細胞膜の突起を中枢神経系のニューロンの軸索に何重にも巻き付けて，**ミエリン（髄鞘）**を形成する．ミエリンのある神経線維を**有髄神経線維**，ないものを**無髄神経線維**とよぶ．ミエリンは神経軸索の電気的な絶縁を行い，ミエリンの切れ目の**ランビエ絞輪**という部分を介して，活動電位の発生があたかも跳躍するかのようにとびとびに伝わる**跳躍伝導**を可能にし，ニューロンの軸索に沿った電気的興奮の伝導速度を飛躍的に増大させる役割を担う．このため，有髄神経線維では，無髄神経線維に比べて興奮の伝導速度が速い．ヒトの脳内ではミエリン形成が20年という長い期間をかけて進み，有髄化した部分での機能成熟が進行していくことが知られている（§12・5参照）．また，オリゴデンドログリアが産生する中枢神経系ミエリンの主要構成タンパク質であるミエリン塩基性タンパク質（myelin basic protein，MBP）やプロテオリピドタンパク質（proteolipid protein，PLP）は，脳内で最も含量の多いタンパク質の一つであり，神経生化学研究の黎明期において，格好の研究対象となった．1980年代後半において，これらミエリンタンパク質の遺伝子クローニング，転写調節機能の解析，変異マウスの分子遺伝学的解析などの一連の研究は，神経系の分子生物学の幕開けに大きく貢献したものと考えられる[3)～5)]．

■**ミクログリア（小膠細胞）**　ミクログリアの発生学的起源については長く論争があるが，少なくともその一部は血液由来の単球あるいはマクロファージが中枢神経系内に遊出してきたものである．休止期には枝分かれ突起の形成を示すが，神経組織が損傷を受けたりすると活性化され，炎症性サイトカインを放出し，増殖・移動し，貪食を行い，脊髄損傷やアルツハイマー病など多くの疾患の病態（特に炎症性の病態）に関連していることがわかってきている[6)]．

12・3　脳の発生とヒトの脳の進化

ヒトの脳，特に著しく発達したその**大脳皮質**（特に**新皮質**）は，生命進化38億年の最高傑作であるといわれている．ヒトの脳は，1000億個のニューロンとその

10倍の数のグリア細胞から成る．ヒトの大脳皮質を含む大脳半球は，脳内の2/3の体積を占め，シナプスの3/4をもつという特徴のみならず，まさしく機能的にも他種の生物とわれわれ人類の違いを生み出す構造物である．それゆえ，このヒトの脳の構造的・機能的特性が発生過程そして進化の過程でどのように獲得されてきたのかを解明することはきわめて重要なテーマとなる．

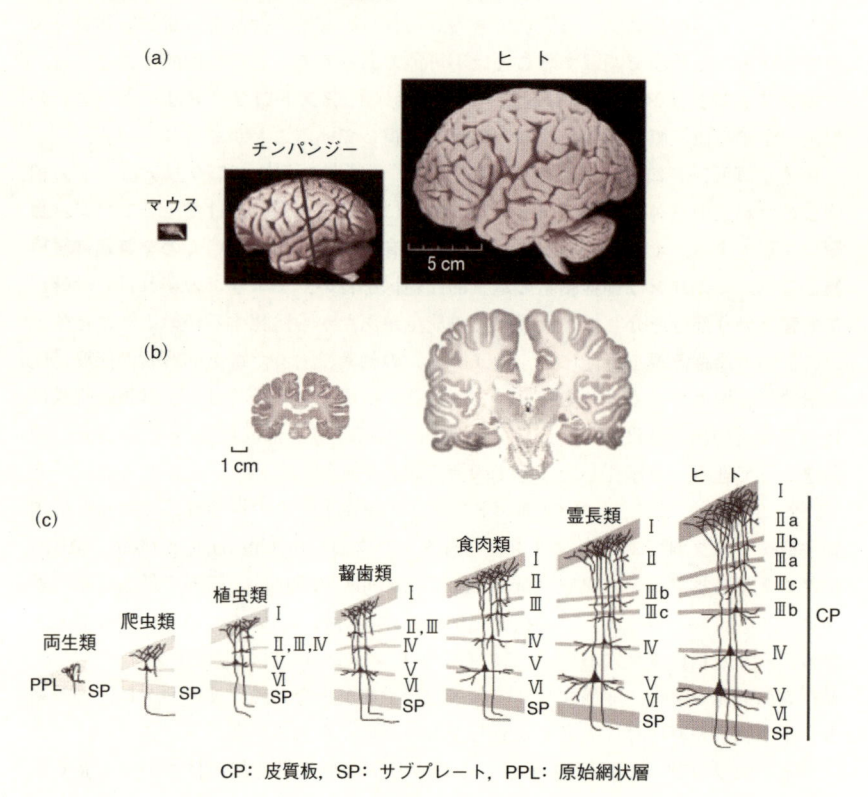

図12・3 マウス，チンパンジー，ヒトにおける脳の外観と各種脊椎動物における大脳皮質の層構造 (a) 側面からの脳の外観．左より，マウス，チンパンジー，ヒト．(b) チンパンジー（左）とヒトの脳の断面（前額面）．灰白質（色の濃い部分）と白質が見られる．(c) 各種脊椎動物における大脳皮質の層構造と細胞構成．大脳皮質の層構造の種差に注目されたい．(R. S. Hill, C. A. Walsh, Nature, **437**, 64（2005）より）

さまざまな哺乳類の脳の構造を比較すると，肉眼でもすぐに気づくことは，進化の過程で保存された部分と獲得された部分があるということである（図12・3）[7]．これは脳機能の種差とも密接に関連している．後者の代表例が大脳皮質であろう．言い換えれば，ヒトの脳は，進化の過程で保存された構造と，大脳皮質の拡大に伴っ

て霊長類以上で特異的に獲得された構造[1]の両方をもつ．したがって，ヒトの脳の正常な機能や，こころの問題，あるいはこれらが破綻した疾病を正しく理解するためには，両者の構造と，それに基盤をおく脳機能を解明する必要がある．進化の過程で保存された構造には大脳基底核，視床，脳幹などが含まれ，報酬・情動，記憶などの機能をつかさどるが，一方，霊長類以上で特異的に獲得された大きな大脳皮質は，ユニークな機能を担っている．たとえば，ヒトに特徴的と考えられている道具の使用，言語，自己意識といった機能は，その発達した大脳皮質に依存するが，その原型ともいえる神経メカニズムは，ヒト以外の霊長類にも存在することがわかってきている[8),9)]．マカク（旧世界ザル）の一種であるニホンザルは，野生では道具を使用しないが，訓練によって道具使用が可能となることが，入來篤史らにより明らかになってきている[9)]．また興味深いことに，このような新規な行動様式の獲得には，時として既存の神経回路の再構築，さらには頭頂葉を含む特定の大脳皮質領域の拡大が起こっていることが示されている．新たな行動様式を獲得した個体は，新たな方法で環境に働きかけることができる．この新規な行動様式の獲得に伴って脳内で起こる解剖学的および機能的な変化は，サルからヒトへの進化の原型と考えることができるかもしれない．

12・4　ヒトにおける大脳皮質拡大の発生学的解釈

　機能的な面からも鍵となるヒトの大脳皮質の拡大については，個体発生過程における特質と，系統発生という進化の軸から考えた二つの側面がある．この両面から解説する．

12・4・1　個体発生からの考察

　a. 胎生期におけるヒト脳の発達　ヒトの中枢神経系の発生における最初のイベントとして，胎生18日目に，3層性の外胚葉組織に**神経板**とよばれる肥厚部が生じる．この神経板が，胎生22日目までに折れ曲がり，さらにその背側が融合し，**神経管**が形成される．

　図12・4は，ヒトの胎生期の中枢神経系（特に脳）の発達（神経管が閉じたばかりの胎生25日から胎生9カ月まで）を示したものである[10)]．§12・2・1で述べた前脳胞・中脳胞・菱脳胞は，神経管の前方（頭側）での膨張した構造として認識できる．その後，前脳胞は終脳と間脳に，菱脳胞は後脳と髄脳に分かれる．やがて後脳からは橋と小脳が，そして髄脳からは延髄が形成されるようになる．これらの発生様式は，その時間軸を除けば，脊椎動物の間できわめてよく保存されている．胎生40～50日くらいまでのヒトの脳の形状（外観）は，マウスの胎生期の脳とさして変わらない．これ以降，ヒトでは大脳半球が著しく膨張していく．この所見は，

まさに"個体発生は系統発生の短縮された，かつ急速な反復である"という E. H. Haeckl の生物発生の原理を思い出させるものである．ヒトでは，前脳の前半部から発生する大脳半球が，中脳や後脳（小脳・橋・延髄）よりも発達して，一部小脳を覆い隠すほどにまでなる．大脳皮質の特徴的なしわ（脳溝と脳回）は，妊娠中期まで現れない．胎生 6 カ月になると外側らしき構造が出現し，その後だんだんとしわの構造が明瞭となってくる．胎生 9 カ月の脳のしわのパターンは，成人のものと大差ない状況となっている[10]．

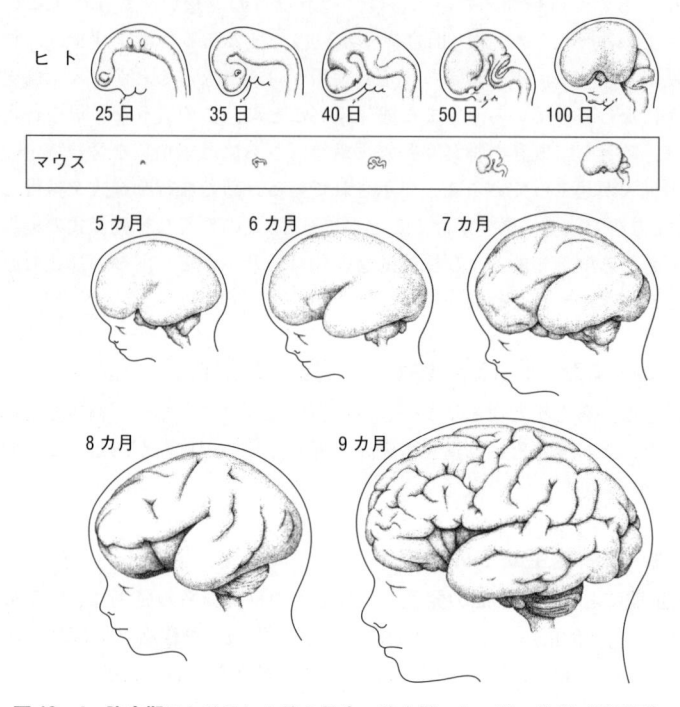

図 12・4　胎生期におけるヒト脳の発生　胎生期ヒトの脳の外観（側面図）．枠中に，マウスの胎生 25〜100 日の脳をヒトの脳と同じ縮尺で示した．発生過程の進行とともに，最初は 1 本のチューブ状であった神経管（胎生 25 日）が曲がりくねり，膨れる部分は膨れ，3 脳胞期，5 脳胞期を経て，大脳皮質のしわの形成が進行していく様子がわかる．("生きている脳（別冊サイエンス サイエンスイラストレイテッド 11)", 塚田裕三 編，日経サイエンス（1981）より）

b．神経幹細胞の分裂・分化　前述のように胎生期において，中枢神経系の原基から複雑な脳へと著しく構造が変化していくが，この過程で中枢神経系の幹細胞である**神経幹細胞**が大きな役割を果たしている．神経幹細胞は，発生過程において，

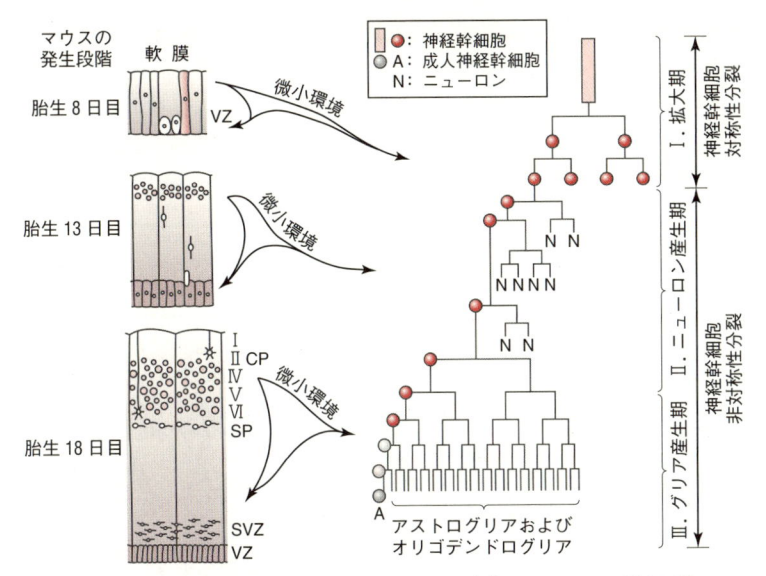

図12・5 発生過程における神経幹細胞の分裂・分化様式の変遷 哺乳類胎生期の神経発生過程において，神経幹細胞の増殖・分化動態は，第Ⅰ～Ⅲ期に分けて考えることができる．

第Ⅰ期（拡大期）：初期において，神経幹細胞は，ニューロンを産生し始める前は，対称性に分裂し，その数を増やす．

第Ⅱ期（ニューロン産生期）：神経幹細胞は非対称性分裂を開始し，神経幹細胞から一つの神経幹細胞と中間前駆細胞（限定された回数の分裂を行い，もっぱらニューロンを産生）を産生する．この時期の神経幹細胞は，その内在的な性質の特性上，グリア分化を誘導する環境においてもグリアを産生できない．これはエピジェネティックなメカニズムにより，グリア分化の応答性を獲得していないためであることがわかってきている．

第Ⅲ期（グリア産生期）：神経幹細胞はアストログリア，オリゴデンドログリアといったグリアを産生する．ニューロン産生期からグリア産生期への転換は，エピジェネティックなメカニズムや他のメカニズムが関与しており，分子生物学の格好の研究テーマとなっている．

(S. Temple, *Nature*, **414**, 112（2001）より)

　その形態，分裂様式，分化能，そして組織学的な名称さえ大きく変わることが知られている（図12・5）[11),12)]．

　胚発生の初期過程において神経幹細胞は，ニューロンを産生するより前の時期においては，対称的に分裂し，その数を増大させ，神経管のサイズの増大に貢献する〔第Ⅰ期 **拡大期**〕．この時期の神経幹細胞は，明瞭な上皮様の形態を示すために**神経上皮細胞**ともよばれる．この第Ⅰ期が終了するころには，神経管壁は肥厚し，神

経幹細胞も脳室面側〔または頂端（apical）側〕から脳表（basal）側に至る細長い形態をとるようになる．この時期の神経幹細胞は，その形態から放射状グリアとよばれ，その細胞体は脳室の周囲部（ventricular zone；VZ）に存在する．第Ⅰ期（拡大期）において対称性分裂をしていた神経幹細胞は，拡大期終了後は対称性分裂から非対称性分裂へと分裂モードを変え，第Ⅱ期（ニューロン産生期）へ移行する．

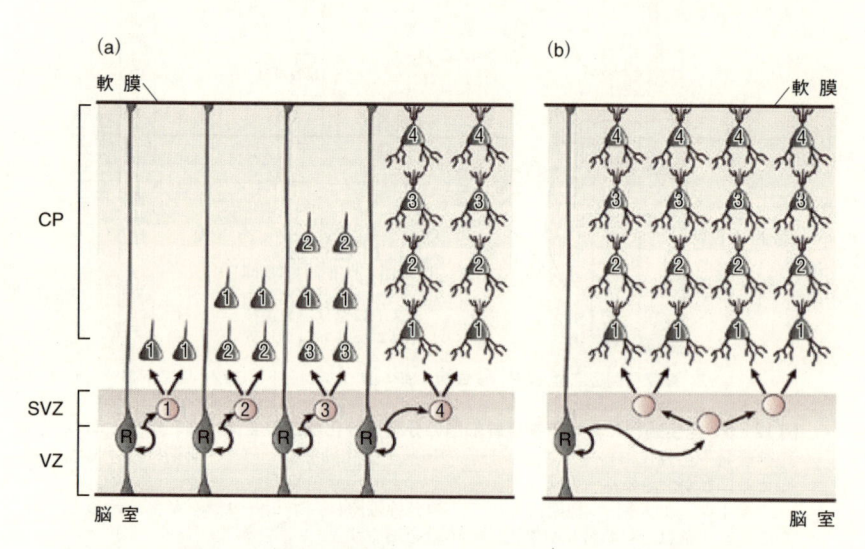

図12・6 哺乳類胎生期大脳皮質原基における細胞分裂パターン (a)神経幹細胞（放射状グリア，R）の非対称性分裂によって神経幹細胞と中間神経前駆細胞（○）が生み出される．(b)中間神経前駆細胞の対称性分裂により多くのニューロン（▲，▲）が生み出される（中間神経前駆細胞仮説）．(A. Kriegstein, S. Noctor, V. Martínez-Cerdeño, *Nat. Rev. Neurosci.*, **7**, 883（2006）より）

この非対称性分裂においては，一つの神経幹細胞からできる二つの娘細胞のうち，一つは自己複製する神経幹細胞であり，もう一つは分化系譜へと向かう．すなわち，VZ に細胞体を置く神経幹細胞は，非対称性分裂の結果，神経幹細胞自身とニューロンあるいは**中間神経前駆細胞**（intermediate neural progenitor，INP）が同時に産生されることが明らかになっている．中間神経前駆細胞は，脳表面側〔または基底（basal）側〕の増殖層である脳室下帯（subventricular zone；SVZ）へと移動し，対称的に分裂し，二つのニューロンあるいは二つの中間神経前駆細胞を産み出す（図12・6）[13]．

神経幹細胞は，脳室壁周辺部位（VZ）において，細胞周期に対応した核の上下運動（エレベーター運動あるいは interkinetic nuclear migration）を行いながら盛

んに分裂している．細胞分裂（M期）は核が脳室面に下りてきたときに起こる．G_1/S期にかけて細胞体は脳室から遠ざかるように脳表側へ移動し，S期にはその細胞体はVZの中で最も脳表側に位置するようになる．G_2期には細胞体は脳室面側に向かって下降し，M期を迎える．ニューロン産生が始まると神経幹細胞（放射状グリア）は非対称性分裂を続け，発生時期に応じて異なった種類のニューロンが産み出される．新しく生まれたニューロンは，放射状グリアの突起に沿って，脳室に対して垂直な方向への移動（radial migration）によって脳表側へ移動し，大脳皮質領域では，皮質形成に参画する．さらに，この第Ⅱ期（ニューロン産生期）においては，さまざまな種類のニューロンが時系列特異的に産生される．たとえば，6層構造をする大脳皮質においては，まず深層のⅥ層のニューロンが産生され，ひき続き深層から浅層へとⅤ層，Ⅳ層，Ⅲ層，Ⅱ層のニューロンがつぎつぎに産生され，これらのニューロンは，垂直移動によって，VZから脳表へ向かって移動する．このとき，新しく生まれたニューロンがそれより先に生まれたニューロンを追い越して外側へ移動し，いわゆるインサイド・アウトパターンとよばれるような移動パターンにより，ニューロンの産生時期に依存したⅡ～Ⅵ層から成る大脳皮質構造の原型が，胎生期に構築されていく．ニューロン産生期が終了すると第Ⅲ期（**グリア産生期**）へと移行し，神経幹細胞は，グリア細胞の産生を開始する．これに伴い，放射状グリアは形態変化を起こし，アストログリアあるいはグリア前駆細胞となると考えられているが，胎生期の神経幹細胞と生後脳の幹細胞の細胞系譜上の関連性は，さらなる詳細な解析が必要である．

哺乳類の生後の脳においては，VZは消失するが，SVZは脳の特定の部位で成体まで存在し続け，成体ニューロン新生の母地となる．ヒトでは，グリア細胞のうちミエリン形成細胞であるオリゴデンドログリアの産生と分化は生後数十年にわたって持続し，高次機能の獲得と深く関連していることが知られている（§12・5参照）．第Ⅰ期（拡大期），第Ⅱ期（ニューロン産生期），第Ⅲ期（グリア産生期）の順番で神経発生が進むことは，少なくとも哺乳動物間で共通であるが，その時期や長さは動物種によって著しく異なり，この違いが種間における脳の大きさや形態の違いに大きく貢献するものと理解されている（次節参照）．

12・4・2　系統発生からの考察

種間，特に哺乳類における相対的な脳の大きさ（体重と脳重の相対比）の違いは，神経科学のみでなく，生物科学の研究領域において最も魅力的なテーマとなっている．マウスとヒトを比較すると，実に15倍の相対的な脳の大きさの増大がみられる．また，ゲノム配列が99％保存されているチンパンジーとヒトの間でも，ヒトにおいて3倍の脳の大きさの増大がみられる（図12・3）．このような種間の脳の大き

さの違いの特徴として，
1) 細胞のサイズの増大というより脳を構成する細胞数の増大
2) 皮質の層の厚さ（radial expansion）というより脳表面積の増大（lateral expansion）

が起こっているものと考えられる[14]．大脳皮質の厚さを比べると，マウスでの厚さを1とした場合，マカク（旧世界ザル）では2，ヒトでも4であり，皮質層の厚さの違いはさほど大きくない．一方，脳の表面積では，マウスを1とすると，マカク（旧世界ザル）では100，ヒトでは1000と算定されており，脳表面積の増大が脳の大きさの違いに大きく寄与することがわかる[15]．

　脳を構成する細胞数の増大と脳表面積の増大を起こすメカニズムの一つとして，§12・4・1で述べた神経幹細胞の分裂モード，すなわち，対称的に分裂するか，あるいは非対称的に分裂するかといった異なった分裂モードの持続時間・回数，すなわち第I期（拡大期），第II期（ニューロン産生期）の長さの違いに起因しているものと考えられる．

　たとえば，第I期（拡大期）の長さは，マウスでは胎生齢12日くらいまで，マカクでは胎生齢40日までであるのに対して，ヒトでは43日までであると推定されている．もし単純に胎生齢の同時期にヒトとマカクで第I期がスタートし，この時期の神経幹細胞の倍加時間が24時間であるとすると，第I期終了までにヒトではマカクの8倍の数の神経幹細胞が産まれることになる．

　第II期（ニューロン産生期）は，マカクでは100日，ヒトでは120日程度であるといわれている．第II期において，神経幹細胞は非対称性分裂を起こし，このとき神経幹細胞は分裂して神経幹細胞自身と分化していく細胞を生み出すが，必ずしも神経幹細胞から直接ニューロンができるのではなく，中間神経前駆細胞を介してニューロンを産生することがわかってきている．前述したように中間神経前駆細胞は，より脳表に近い側の増殖層であるSVZにおいて，対称的に分裂し，二つのニューロンあるいは二つの中間神経前駆細胞を産み出す（図12・6)[13]．ヒトを含む霊長類など大脳皮質の発達した動物では，発生過程において多くのニューロンを産み出すために，この中間前駆細胞の果たす役割が大きいものと考えられている．つまり，霊長類などでは，神経幹細胞が直接ニューロンを産生するのではなく，神経幹細胞が中間前駆細胞を産生し，この細胞がニューロンに分化する前に分裂を繰返すことによって，ニューロンの数を飛躍的に増加させる[16]．このようにして脳室の面積より脳表側の面積の相対的な増大（lateral expansion）をひき起こし，これがいわゆる大脳皮質のしわの形成につながるものと考えられる．

　非常に発達した大脳皮質をもつヒトの胎児脳において，そのSVZは大きく広がった外側領域（outer subventricular zone，OSVZ）をもち，皮質のサイズ拡大と複雑

化に寄与していると考えられている（図12・7）[16]．最近のA. Kriegsteinらの報告により，多数の放射状グリア細胞（神経幹細胞）と中間神経前駆細胞が，ヒトOSVZに集まっていることが示された．OSVZの放射状グリア細胞は，脳表に達する長い基底突起をもつが，意外なことに脳室表面に接着しておらず，上皮性ではな

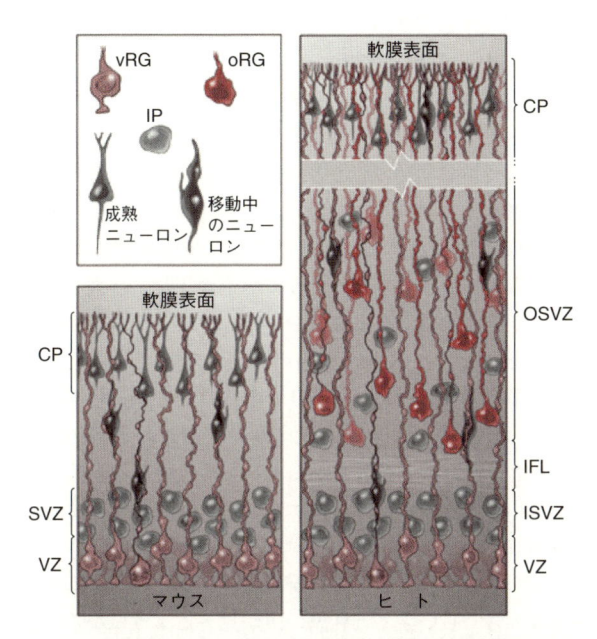

図12・7 ヒト胎生期における大脳皮質の拡大と新たな増殖帯の出現 ヒトの胎生期の大脳皮質（右）をマウスと比較したときの大きな相違点は，軟膜側の脳の表層と突起による連続性をもち，非対称的に分裂し，新たに神経細胞を作り出すことのできる神経前駆細胞（oRG; outer radial glia）から成る新たな増殖帯であるOSVZ（outer subventricular zone）の出現である．このOSVZの出現が，大脳皮質のしわの形成およびその複雑さに大いに関係しているものと考えられる．マウスでは脳室壁周辺部位（VZ），脳室下帯（SVZ）だけをもち，OSVZは存在しない．ISVZ: inner subventricular zone, vRG: ventricular radial glia（D. V. Hansen, J. H. Lui, P. R. Parker, A. R. Kriegstein, *Nature*, **464**, 554（2010）より）

い．リアルタイムイメージングとクローン解析により，これらの細胞が，増殖的分裂と，さらに増殖可能なニューロン前駆細胞を生み出す自己複製的な非対称分裂を行いうることがわかった．非脳室性の放射状グリア細胞がヒト胎児脳に存在するという観察事実は，ヒト脳に皮質サイズの拡大と複雑さをもたらした，進化上の重要な機転であったものと考えられる[16]．このようなヒトに特有な前駆細胞の出現の分

子メカニズムは，これからの解析を待つ必要があるであろう．

12・5　生後発達におけるヒトの脳の特性

　ヒトの脳の特性は，ニューロン数の増大による皮質表面積の拡大だけではない．サルと比較してヒトの脳の大きいことの要因として，実は**白質**（神経軸索やオリゴデンドログリアが形成する**ミエリン**，さらにはアストログリアにより構成される）の容量の増大の方が，灰白質容量の増大よりも大きく寄与することが示されている．興味深いことに，いろいろな種類の霊長類の解析から，相対的な脳の大きさは，出生してから成熟するまでの時間に比例することがわかってきている[17]．ヒトではこの成熟過程が他の霊長類より長い．この間に何が起こっているのであろうか？

　ヒトの脳は，産まれてきた時点では約 400 g 程度であるが，25 歳くらいまでは発達を続け約 1300 g までに達する．出生時までにほとんどのニューロンの産生が終了しているのにもかかわらず，このように脳重が生後に増大するのは，グリア細胞の産生が生後にかなり比重があることや，オリゴデンドログリアによるミエリン形成が進行することが，その大きな要因の一つとなっている．また，§12・2・2 で述べたように，中枢神経系内でのミエリン形成は，脳内の各部位でいっせいに始まるのではないことがわかってきている．20 世紀初頭の P. Flechsig らによる生後 7 週のヒトの新生児の脳の標本を用いたミエリン形成の組織学的な解析では，小脳や小脳と橋を結ぶ小脳脚にはかなりのミエリン形成がこの時期にみられるのに対して，大脳の新皮質につながる白質ではミエリン形成の程度はずっと低い[18]．一方，視床の外側膝状体から一次視覚野につながる線維にはミエリン形成がみられる．このことは，生後 3 カ月くらいすると乳児の眼が見えるようになることに対応しているだろう．また，新皮質のなかでも一次感覚野や一次運動野へつながる神経線維のミエリン形成もある程度みられる．これも，乳児の運動機能や知覚機能の発達と関連している[17]．一方，前頭連合野や頭頂連合野などの高次機能を担う皮質領域へつながる神経線維のミエリン形成は，かなり成長しないと起こらない．Flechsig の先駆的な研究により，頭頂葉のうち，ブロードマンの 37 野，39 野，42 野は発育過程で最後までミエリン形成が起こらない領域である．またこの領域は，サルと比較してヒトで最も拡大した大脳皮質領域である．この領域のミエリン形成が，ヒトの脳の特性の一因を形成していても不思議はない．

12・6　比較ゲノム解析からみたヒト脳の特性と今後の展望

　ゲノムプロジェクトの進展により，複数の種のゲノム配列を比較することにより，時間軸を含めた進化系統樹を推定する比較ゲノム研究が盛んになってきている．この比較ゲノム解析によると，ヒトとチンパンジーの分岐は約 700 万年前であり，ゲ

ノムのDNA配列は約99％一致している．つまりこの1％の違いが，3倍の脳のサイズの違い，言語能力の著しい違いなど両者の表現型の違いの少なくともトリガー（引き金）となっているものと考えられる（環境との相互作用による進化については後述）．この1％の配列の差は，すべての遺伝子に均一かつランダムに起こっているのではなく，ヒトにユニークなDNA配列の存在が明らかになってきている．このようなヒトにユニークなDNA配列をもち，かつヒトとチンパンジーの表現型の差に寄与することが予想されるつぎのいくつかの候補遺伝子の存在が明らかになってきている[19]．

- *HAR1*（human accelerated region 1）：この遺伝子領域の118塩基中18塩基は，ヒトとチンパンジーで異なる．一方，ニワトリとチンパンジーの配列の違いはわずか2塩基である．大脳皮質形成に必須の役割を示すCajal-Retziusニュー

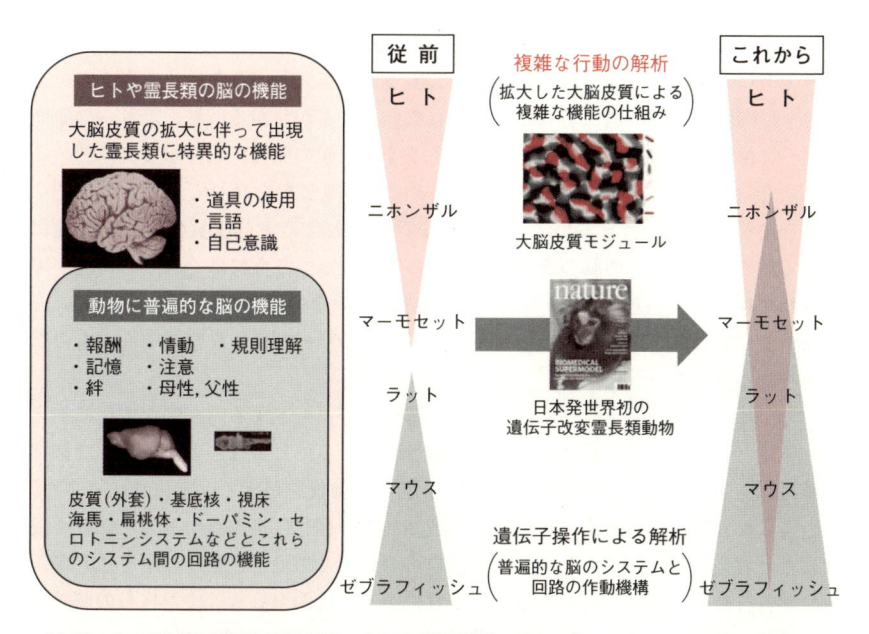

図 12・8 遺伝子改変霊長類を用いたヒト脳の機能へのアプローチ ヒトの脳の機能は，大脳皮質の拡大に伴って出現した霊長類に特異的な機能と動物に普遍的な機能に大別できる．前者については，マカクザルを用いた高度な行動解析とイメージングと電気生理学的な解析，後者については齧歯類を用いた遺伝子改変動物による解析がもっぱら行われてきており，同じく脳科学といわれながらも両者の接点はほとんどなかったのが現状である．しかしながら，マーモセットを用いて筆者らの開発した遺伝子改変霊長類動物は，両者を統合させ，遺伝子から霊長類・ヒトの脳の機能を解析していく研究を可能にするものと期待できる．

ロンで発現するノンコーディングRNAがこの*HAR1*遺伝子座から産生される．その機能はまったく不明である．
- *ASPM*：ヒトの遺伝性の小頭症の原因遺伝子であり，ヒトの脳の大脳皮質の拡大において重要な役目を果たすことが知られている．細胞内の中心体結合性のタンパク質であり，神経前駆細胞の増殖との関連が示唆されている．
- *FOXP2*：言語能力と関連性の高いフォークヘッド型の転写因子のタンパク質（転写因子）．
- *AMY1*：アミラーゼ．ヒトは土を掘って芋類を食べるが，チンパンジーは食べない．このような食生活と対応している可能性がある．
- *LCT*〔乳糖分解酵素（ラクターゼ）〕：家畜由来のミルクの摂取という食生活の変化と関連している可能性がある．
- *HAR2*（human accelerated region 2）：発育過程における手首や親指の動きと深く関連している可能性がある．

興味深いことに，これらのなかには，大脳皮質の拡大といった進化過程のキーイベントに関わっている遺伝子も複数含まれていることがわかる．最近筆者らの研究グループは，マーモセットを用いた遺伝子改変霊長類の開発に成功しており[20]，この手法を用いて，これらの遺伝子の *in vivo* での機能解析を介して，その進化的な意義を解析したいと考えている．連合野をはじめとする大脳皮質の十分な発達によって獲得されたヒトの脳の機能や"こころ"の問題，さらにはそれらの機能が障害された精神疾患の理解には，連合野が発達していないマウスでは不十分であり，遺伝子改変霊長類を用いた疾患モデルの作成とその解析が大きな意義をもつものと考えられる（図12・8）．

一方，ヒトの脳の発達と進化において，遺伝子がコードする内在的な変化に加えて，環境との相互作用が重要であると理解されている．ヒトは，進化の過程で個体が獲得した行動を社会に伝播させ，教育を通して世代を超えて固定化させてきた．このような個体内の行動変化が，ヒトの認知能力の進化に迅速かつ多大な影響を及ぼしたと考えられる．すなわち，ヒトは自らの学習と環境との相互作用を通して新規の学習行動をつぎつぎと重畳させ，これによって文明を築き，また自らの脳神経系もそれに合わせ，特に大脳皮質の巨大化の方向で進化・発達してきたといえる．他方，このように自ら発達させてきたヒト認知特性が，何らかの要因により十分に発達しなかったときや，発達の方向が歪曲されたとき，自閉症や統合失調症にみられるような，ヒト固有の認知疾患が生み出されたとも考えられる．すなわち，現在大きな社会問題となっている種々の精神神経疾患は，このような進化的視点なしには議論できないであろう．

文　献

1) "カラー図解人体の正常構造と機能", 坂井建雄・河原克雅 編, p.602, 日本医事新報社 (2008).
2) "リープマン神経解剖学 (第2版)", 山内昭雄 訳, メディカル・サイエンス・インターナショナル (1996).
3) K. Mikoshiba, H. Okano, T. Tamura, K. Ikenaka, *Annu. Rev. Neurosci.*, **14**, 201 (1991).
4) H. Okano, K. Ikenaka, K. Mikoshiba, *EMBO J.*, **7**, 3407 (1988).
5) H. Okano, T. Tamura, M. Miura, A. Aoyama *et al.*, *EMBO J.*, **7**, 77 (1988).
6) M. Mukaino, M. Nakamura, O. Yamada, S. Okada *et al.*, *Exp. Neurol.*, **224**, 403 (2010).
7) R. S. Hill, C. A. Walsh, *Nature*, **437**, 64 (2005).
8) A. Iriki, *Curr. Opin. Neurobiol.*, **16**, 660 (2006).
9) M. M. Quallo, C. J. Price, K. Ueno, T. Asamizuya *et al.*, *Proc. Natl. Acad. Sci., U.S.A.*, **106**, 18379 (2009).
10) "生きている脳 (別冊サイエンス サイエンスイラストレイテッド 11)", 塚田裕三 編, 日経サイエンス (1981).
11) S. Temple, *Nature*, **414**, 112 (2001).
12) H. Okano, S. Temple, *Curr. Opin. Neurobiol.*, **19**, 112 (2009).
13) A. Kriegstein, S. Noctor, V. Martínez-Cerdeño, *Nat. Rev. Neurosci.*, **7**, 883 (2006).
14) J. L. Fish, C. Dehay, H. Kennedy, W. B. Huttner, *J. Cell Sci.*, **121**, 2783 (2008).
15) 濱田 穣, "なぜヒトの脳だけが大きくなったのか", ブルーバックス, 講談社 (2007).
16) D. V. Hansen, J. H. Lui, P. R. Parker, A. R. Kriegstein, *Nature*, **464**, 554 (2010).
17) ジョン・モーガン・オールマン, "進化する脳 (別冊日経サイエンス 133)", 養老孟司 訳, 日経サイエンス (2001).
18) P. E. Flechsig, "Anatomie des menschlichen Gehirns und Rückenmarks auf myelogenetischer Grundlage", Vol.1, G. Thieme (1920).
19) K. S. Pollard, *Sci. Am.*, **300**, 44 (2009).
20) E. Sasaki, H. Suemizu, A. Shimada, K. Hanazawa *et al.*, *Nature*, **459**, 523 (2009).

13

概日時計

13・1 概日時計とその三つの特徴

地球上に生息する生物の一つひとつの細胞は腕時計のような仕組みをもっている．ヒトでこの存在を明らかにするためには，外部と遮断され時間を知る手がかりがない隔離室で，2,3カ月間生活してもらう．図13・1に示すように，時間を知る手がかりのない条件でもヒトは周期的に睡眠・覚醒を繰返すが，睡眠時刻が1日に平均1時間ずつうしろにずれていく．これは，われわれの身体の中に計時装置がひそんでいて，それが25時間周期で動いていることを意味する．周期が25時間であることは，このリズムが地球の24時間の自転サイクルによるものではなく，生物がもつ内因性の装置によるものであることを示している．つぎにこの実験中に24時間周期の昼夜サイクルを与えると，睡眠はすぐ24時間周期に同調する．すなわち，われわれヒトは，本当は25時間の時計をもっているのだが，毎日，1日1時間ずつ早起きしてそれを24時間に調整しているのである．

このようなリズムはほとんどすべての生物にみられるのだが，生物種を問わず共通する三つの性質がみられる．

1) 恒常（温度や光が一定）条件下でも約24時間周期で持続すること〔約24時間という意味で**概日時計**（サーカディアンクロック）とよばれる．〕
2) 温度を変えても時計の速さはほとんど変わらないこと（**周期の温度補償性**）．地球の自転に合わせるには，夏と冬で時計の速さが変わると困るわけで，これを防ぐための性質と考えられている．
3) 外から24時間サイクルが与えられれば，これに簡単に**同調**できること

時計として不可欠なこの三つの条件を満たして，このリズムは地球上で生活するために役に立ち，その利点のため自然選択の過程で獲得され，維持されてきたわけである．であるから，単に安定した振動のシナリオでは不十分で，この特徴を裏付けている物質的基礎を説明しないと概日時計の謎を解明したことにはならない．なぜなら，この性質こそが地球の生命のアイデンティティーなのだから．

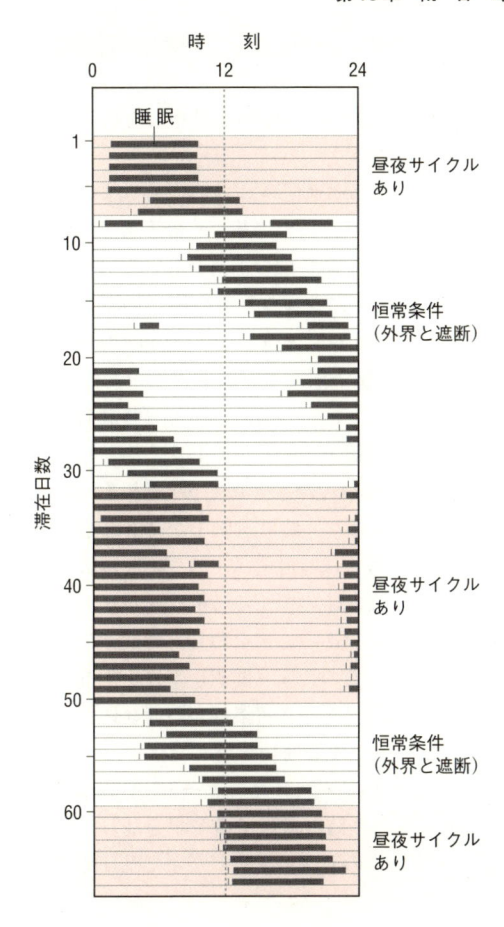

図13・1 ヒトの生物時計実験
外界の昼夜環境の変化を遮断し，時間情報の手がかりが得られない隔離実験室での睡眠の記録．1日の各時間（横軸）のうち睡眠時間を黒線で示した．最初の1週間，32〜50日および60日以降（ピンク色の部分）は24時間の昼夜サイクルを与えた．

13・2 時計遺伝子の発見

　概日時計の研究は遠心と求心の二つの方向に分けられるだろう．前者は，概日時計を利用して生命の1日はどのように彩られているのかを理解することであり，もう一つは24時間を刻む装置のからくりを解明することである．概日時計のユニークな生理学が確立したのは1960年に E. Bünning, C. S. Pittendrigh, J. Aschoff らが中心となってコールドスプリングハーバーで開催されたシンポジウムとされる．このシンポジウムの記録には，生命が地球の自転に伴う昼夜サイクルに巧妙に対応して，より良い生活を獲得するための戦略が示されている．こうした生命現象のスペクトルを見るとき，そこに示される時間適応の多様性と普遍性，そして適応現象

として，共通の原理が浮かび上がってくる．今後，分子レベルでの研究の高精度化に伴い，その重要性がさらに高まっていくであろう．しかし，ここで取上げようしているのは先述の三つの特徴をもった振動の発生機構の解明を目指した研究である．

概日時計のメカニズムの解明は多くの努力にもかかわらず，まったく進まなかった．概日時計の謎が解明されてきたのは遺伝子組換え技術に基づく分子遺伝学的解析によるものであった．こうしたアプローチは，生命科学の王道ともいうべき方法論で，まず突然変異体の分離から始まる．1971 年にショウジョウバエの羽化リズムに関する 3 種の突然変異が見つかった．これらの原因遺伝子は *period* (*per*) と命名された部位にマップされ，1984 年に *per* 遺伝子がクローニングされその実体が明らかになった．ひとたび手がかりが得られると，芋づる式に多くの**時計遺伝子**が明らかになった．また *per* 遺伝子とよく似た遺伝子が哺乳類にもあることもわかり，概日時計の研究はさらに身近なものになっていった．そして *per* 遺伝子発見以来約 15 年かかって，多くの重要な発見が積み重なり，時計遺伝子が時計として働く機構を説明する仮説がまとまってきた．その考えは時計遺伝子の**"転写翻訳モデル"**とよばれるもので，基本的シナリオは時計遺伝子のつくる時計タンパク質が時計遺伝子自身の働きを抑える負のフィードバックである．すなわち，時計タンパク質が自己の遺伝子の発現（転写）を抑えタンパク質の合成（翻訳）が停止する．その後，時計タンパク質が一定の速度で分解され，タンパク質濃度が時間経過とともに下がると，また時計遺伝子の発現が再開され，24 時間の振動が発生する，というものである．実際に測ってみると時計遺伝子のメッセンジャー RNA (mRNA) もタンパク質も少しずれた 24 時間の振動を示し，時計遺伝子の発現を乱してやると，リズムも変化する．換言すれば，分子生物学のセントラルドグマで概日時計も説明できるということになる．

13・3　シアノバクテリアの概日時計遺伝子

つぎに**シアノバクテリア**の概日時計の解析について述べる．シアノバクテリアは生命進化の初期過程（水を分解する光合成とそれに伴う酸素発生，あるいは植物の葉緑体への発達など）をわれわれに示してくれた生物であるが，（特に *Synechococcus elongatus* PCC 7942 は，）概日時計の謎についても同様な貢献をなしたといえよう．この細菌が真核生物と同等な概日時計をもつことは窒素固定能の解析から示されていたが，分子遺伝学的解析は容易ではなかった．そこで発光細菌のルシフェラーゼ遺伝子をシアノバクテリアのゲノムに組込み，生きた細胞で特定の遺伝子の発現を光としてモニターすることで，約 24 時間周期の生物発光リズムを得ることに成功した．さらに冷却 CCD カメラと独自に開発したプログラムによ

り，1万個以上の細菌のコロニーの概日時計を自動で測定することも可能となった．これらを利用し突然変異体を分離し，時計遺伝子の探求を試みた．見つかったのが三つの連続した遺伝子で，その突然変異は周期が長い，短い，ない，など多様であった．実際，50以上のさまざまな突然変異体はすべてこの遺伝子群に変異をもっており，*kai*（回；*kaiA*，*kaiB*，*kaiC*）と名づけられた（図13・2）．

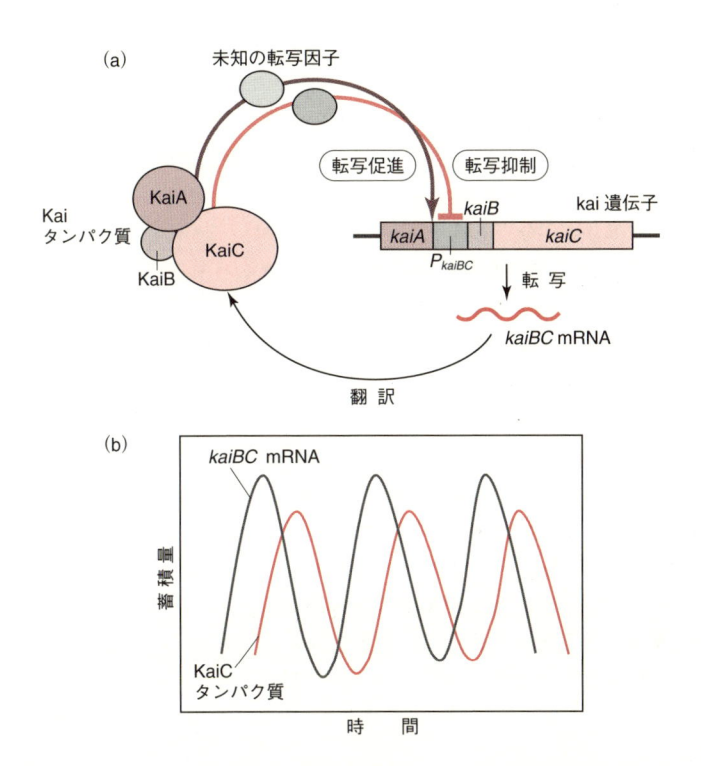

図13・2　シアノバクテリアの転写翻訳モデル　(a) *kaiC*遺伝子はオペロンとして転写され*kaiBC* mRNAとして発現する．*kaiC*遺伝子からつくられるKaiCタンパク質は*kaiBC*のプロモーターを未知の転写因子を介して間接的に抑制する．この制御に時間的遅れがあることから振動が発生すると仮定するモデル．(b) この制御の時間経過については§13・2を参照．

転写翻訳モデルに従って*kai*遺伝子の発現を調べると，他の生物と同じことが確認された．すなわち，*kaiC*からつくられるKaiCタンパク質は自分自身の遺伝子を非常に強く抑える．つまり，強い負のフィードバックが確認された．さらに，一時的にKaiCタンパク質だけを誘導すると，KaiCタンパク質の量に応じて時計をずら

すこともできた．これらの結果はシアノバクテリアでも転写翻訳モデルが当てはまることを示している（図13・2）．つまり，主役となる遺伝子・タンパク質はまったく異なるが，すべての生物においてセントラルドグマの変形で概日時計が構成されることを示していた．さらに，概日時計が進化の過程で単一の起源ではなく，逆にさまざまな起源の遺伝子発現の制御が進化の結果，同様な機能をもつようになったことを示唆していた．

しかし，なぜこのサイクルが12時間でなく，24時間で振動するのか，さらになぜ温度を変えても時計の速さ（周期）は変わらないのかと自問すると，実は答えようがない．最初に強調したことだが（§13・1参照），概日時計は三つの特徴を備えてはじめて生理機能をもつわけで，この性質がなければ役に立たない．地球の昼夜を計時するためには約24時間の周期は不可欠であり，温度によって周期が変わるようでは，やはり不十分であろう．冷静に考えれば，この時点で得られた実験結果は $kaiC$ の転写翻訳と概日振動に並行関係があるという程度の意味にすぎず，それを振動発生のメカニズムであると断定することはいささか早計だったようである．真の振動発生機構は概日時計の特性を説明できるものであり，それは計時機能の定量的な設計が可能な理解を目標とすべきことを意味している．これまでの，必要な部品とその相関の解明，あるいは遺伝子発現のオン・オフのプログラムを調べるだけでは不十分かもしれない．反応の時間的ずれ，あるいは制御の方向などを解明することで正しい評価が可能な一過性の現象とは異なり，概日時計のようにフィードバックを含んだ長時間の繰返し現象の場合は原因と結果の解釈には注意が必要である．

もう一つ，気がかりなことはKaiCタンパク質は，たとえ間接的でも，転写を制御しているタンパク質とは言いにくいことであった．すなわち，KaiCのアミノ酸配列は，明確にATP分解酵素（ATPアーゼ）に似ており，細胞内の量が意外なほど多いのである．のちに，その意味を了解することになるのだが，当時は解釈のしようがなかった．

13・4 タンパク質による時計

どうして周期が24時間になるのか．この問いに答えるにはKaiCタンパク質の生化学的機能を定量的に調べる必要があろう．なぜならシアノバクテリアでは，KaiCの突然変異が最も顕著に周期を変化させるからであり，さらに，多くの変異体で周期の温度補償性が保存されていることもKaiCに周期決定能が潜んでいることを示している．そのような化学反応は概日周期（時計の速さ）に対応した活性を示し，温度の影響を受けないものであろう．

KaiCの生化学的解析を進めると，KaiCタンパク質量が多いときにKaiCがリン

酸化されることに気づいた．つまり，タンパク質量に同期して，そのリン酸化状態も明確なサイクルを刻んでおり，KaiAとKaiBがそれを制御していることも確認された．このリン酸化状態が遺伝子発現を制御し，転写翻訳のフィードバックにより，リズムが発生するというのが先の転写翻訳モデルなのだが，実際のところはそんなに明快な状況ではなかった．一体，KaiCのリン酸化リズムは何をしているのか，五里霧中の状態であった．

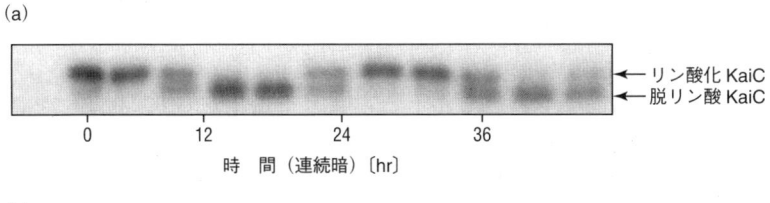

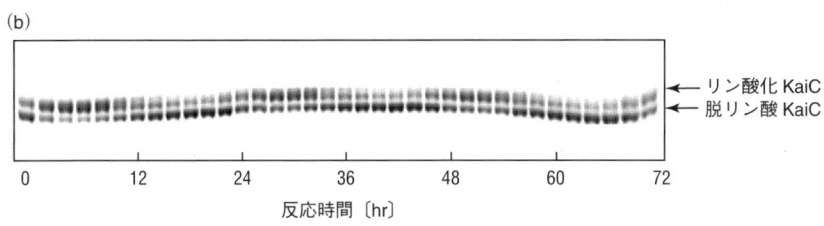

(a)

　　　　　　　　　　　　　　　　　　　← リン酸化KaiC
　　　　　　　　　　　　　　　　　　　← 脱リン酸KaiC
　0　　　12　　　24　　　36
　　　　時　間（連続暗）[hr]

(b)

　　　　　　　　　　　　　　　　　　　← リン酸化KaiC
　　　　　　　　　　　　　　　　　　　← 脱リン酸KaiC
　0　　12　　24　　36　　48　　60　　72
　　　　　　反応時間[hr]

図 13・3　**タンパク質による概日リズム**　(a) 連続暗で培養されたシアノバクテリアのKaiCタンパク質（ウェスタンブロット）を示す．(b) 試験管の中のKaiCリン酸化時計．精製したKaiA，KaiBおよびKaiCをATPとともに試験管内で混合し，30℃に保った．2時間ごとに少量を採り，反応を停止させ，電気泳動によりKaiCの状態を調べた．KaiCタンパク質は上のリン酸化型および下の脱リン酸型の2本のバンドとして検出される．図から明らかなようにリン酸化の状態は約24時間周期で振動している．この周期は温度補償されており，突然変異体のKaiCタンパク質はもとの変異体のリズムと同じ周期のリズムを示した．

この閉塞状況を打ち破る発見は，まったく別の研究からもたらされた．シアノバクテリアの時計を同調させるためには12時間の暗期が必要なのだが，光合成に依存するシアノバクテリアは暗くなると転写や翻訳が止まる．転写翻訳モデルからすれば，転写や翻訳が止まるということは，早晩，時計が止まるということを意味する．調査してみると，予想どおり遺伝子はまったく発現せず，タンパク質の合成も分解も止まった．しかし，驚いたことに，KaiCのリン酸化サイクルだけは続き（図13・3a），周期は温度を変えても変わらなかった．これは転写翻訳のフィードバックを振動の原因とするモデルを根底から覆し，KaiCのリン酸化サイクルが振動の原因だ，ということを意味する．

もし，この振動がタンパク質だけで起こっているのなら，試験管の中でタンパク

質を混ぜるだけで振動が発生するのではないか．われわれは数カ月の試行の結果，試験管の中でKaiCのリン酸化振動を再構成することに成功した．まず三つのタンパク質（KaiA，KaiB，KaiC）を精製し，それらをリン酸化に必須なATPと一緒に混ぜ，KaiCの状態を2時間ごとに測定した．図13・3（b）に示すように，リン酸化されたKaiCとそうでないKaiCは12時間ずれたリズムを示し，24時間周期で交互に現れたり消えたりした．温度を変えてもこの周期は変わらず，さらに*kaiC*の突然変異のタンパク質を精製し再構成して周期を調べてみると，もとの突然変異シアノバクテリアの示す周期と同じ周期を示した．

　概日時計という24時間の現象が試験管内で，予想外にあっけなく再構成されたわけであるが，その性質は，"試験管の中で発生しているリズムが細胞の中で実際に時間を測定している"以外の可能性がきわめて低いことを示している．すなわち，KaiCがリン酸されたり脱リン酸されるサイクルが実は振子として機能しており，細胞の中で遺伝子発現サイクルが起こっているのは，その時計の針にすぎないのではないか．これまでオーケストラを指揮していたと思われていた指揮者は，実はオーケストラに合わせて踊っていただけかもしれない．どちらの場合もほとんど同じに見えるのだから．区別するために片方を止めてみればよいのだが，その結果は暗期中の実験が示したとおりである．生命の各プロセスは細胞の中で相互に影響しあって進んでいるから，二つの密接に関係したプロセスの関係（原因と結果）を混同しないようにするのは，意外に難しい．"遺伝子の発現がより重要だ"なんて思い込んでいると，つい"こちらが原因で，あちらが結果だ"と考えがちだ．注意が必要である．

13・5　概日時計の同調機能

　冒頭でも述べたが，概日時計の外部環境サイクルへの**同調**は必須の機能で，これができなければ二つのリズムが脱同調を来し，むしろ概日時計はない方がよい場合さえある．概日時計の同調機能は高次の機能であり，細胞システムのみならず個体レベルで実現されていると"漠然"と想定されていた．しかし，こうした予想に反し，再構成されたKaiCリン酸化サイクルは同調機能まで三つのタンパク質で達成している．

　Kaiタンパク質はいずれも光に対する感度をもたないため，光サイクルに同調することはできない．しかし，温度は水分子の熱運動として細胞内に広く伝達される．実際，温度サイクルはきわめて正確にKaiCリン酸化リズムを同調させることができ，その様式は非パラメトリック同調とよばれる形式で，ショウジョウバエの羽化リズムの温度同調とまったく同じ様式であった．非パラメトリック同調はリミットサイクルをもつ自励振動（§13・7参照）の振動要因（専門的には状態変数）に対し，

不連続的な刺激が繰返されることで，位相変位が概日周期と24時間周期の差を補償する形で成立する．だとすれば，Kai タンパク質リズムが温度サイクルに同調されることは，温度変化により影響を受ける Kai タンパク質の生化学的活性が概日振動発生の基本的過程であることを示唆する．

一方，異なる位相の KaiC タンパク質を混合すると，その KaiC リン酸化サイクルの位相が独特の様式で速やかに統合される．この驚くべき機能は異なる位相の振動子（おそらく KaiC の6量体）間で何らかの情報交換があることを示している．実際の細胞内では成長に伴い Kai タンパク質は活発に代謝されるが，この機能はこうした新規合成や分解に伴うタンパク質時計の時間的分散を防ぎ，細胞内で時計機能が同期して働くことを保障している．

13・6　KaiC の ATP 分解が概日時計の速さを規定する

Kai タンパク質のどこに24時間という地球の自転周期が，温度の影響を受けずに記憶されているのか？　結論からいえば，KaiC による **ATP の分解**こそが，シアノバクテリアが時を刻む速度を決定する最も基本的な反応のようである．KaiC のアミノ酸配列は ATP 分解のエネルギーで DNA を操作する RecA や DnaB などの ATP 分解酵素（ATP アーゼ）と類似性が高い．実際，KaiC においても，ATP はリン酸化サイクルに不可欠なだけでなく，機能的な6量体形成にも重要である．しか

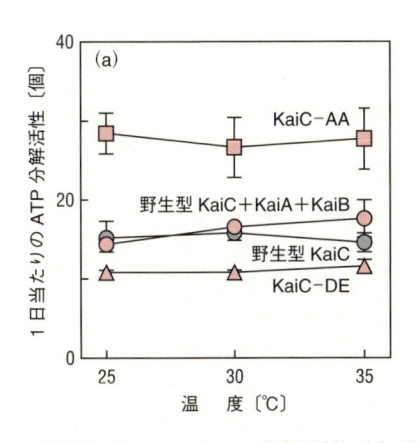

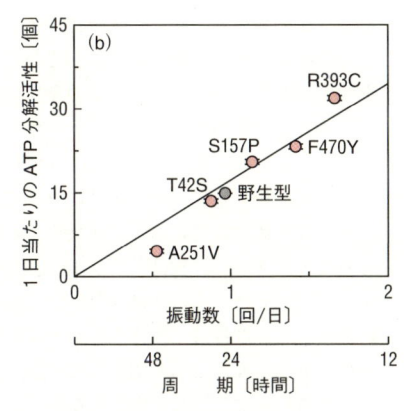

図 13・4　**KaiC の ATP 分解活性**　(a) 温度補償性．KaiC の ATP 分解活性をさまざまな温度で測定した．DE, AA はそれぞれリン酸化型変異，脱リン酸型変異 KaiC，野生型 KaiC＋KaiA＋KaiB は三つを混合したもの．(b) 振動数との相関．野生型と五つの周期変異体 (A251V, T42S, S157P, F470Y, R393C) の ATP 分解活性をその振動数（周期の逆数）に対してプロットした．

し、そのATP分解活性はほとんどゼロといってよいほど低く、一つのKaiC分子は1日に16個のATPを分解するのみである。これは最も活性の弱い酵素の1万分の1程度にすぎず、通常の酵素の解析では測定できない。しかし、長時間測定すると、ほとんどゼロでもその活性はきわめて安定しており、温度に左右されないことが明らかになった（図13・4a）。さらに驚いたことに、周期の突然変異体のKaiCタンパク質を使って調べると、ATP分解活性と時計の速さは比例することが見つかった（図13・4b）。つまり、ATP分解活性が高いKaiCだと概日時計は速く進むが、逆に活性が低いと遅くなるのである。活性が低いだけならKaiCは"壊れかけ"のATPアーゼとして理解すればよい。しかし、この二つの実験結果は概日時計の最も重要な特徴、すなわち、24時間周期とその温度補償性の両方をKaiCのATP分解という一つの化学反応が規定していることを意味しており、この反応が§13・4の冒頭で想定した概日時計の最も中心であることを予期させる。

　ATPアーゼの反応はいうまでもなく化学反応であり、反応速度はコラム10に記したように温度による影響を免れることはできないだろう。実際、多くのATP

コラム10　反応速度と温度

　温度が高くなると生命反応の速度が速くなることは経験的によく知られており、一般に10度の温度上昇による速度比（Q_{10}）は2〜3となる。この関係は生命反応に限らず、化学反応に一般的な法則である。触媒、酵素の有無とも関係しない。この関係はアレニウスの式で表されるが、ここで反応速度を規定しているのは中間反応物を生成するのに必要なエネルギーと分子集団中でこのエネルギーを超えるエネルギーをもつ分子の存在確率である。後者はボルツマン分布に従うが、それは分子当たりでみたエネルギー分布を意味し、アレニウス式の両辺をアボガドロ数で割ったものになる。いずれにせよ生命の存在しうる温度領域で適度に速い反応を想定すれば、アレニウス式の活性化エネルギーは$Q_{10}=2〜3$を与えるし、分子運動論的にみれば活性化エネルギーを超える分子（全体のごく一部であることに注意）の数は温度が10度上昇することにより2〜3倍となる。

　一方、反応というよりは物質の性質を規定するもの、たとえば、物体の比熱や熱膨張などの属性は、物体のもつエネルギーが直接その大きさを規定する。物体のもつ総エネルギーは絶対温度に比例するので、これらの値は温度が10度上昇しても数パーセントしか増加しない。古典的には前者を化学的プロセス、後者を物理的プロセスという。化学的プロセスはランダムな分子の衝突により起こる反応を意味し、物理的プロセスは物体のエネルギーの総量が反映されるプロセスである。

アーゼは温度の影響を受ける．どのような仕組みで KaiC は温度補償性を実現しているのであろうか．ここでもう一度 KaiC の ATP アーゼのユニークな性質を確認しておく．

1) KaiC のみで安定な温度補償性を示す．
2) 活性は KaiC のリン酸化の度合によって変化するが，温度補償性は維持される．
3) 温度補償性は広範な温度領域で安定である．
4) 概日リズムの周期は活性と並行関係にあるが，KaiC の変異で周期が大幅に変化しても，ほとんどの場合，温度補償性は維持される．

生命現象に温度補償性がみられた場合，その原因として考えられるのは，現象が温度非依存性の物理的要因により律速される場合と，逆向きの温度感受性をもつ複数の過程が対象になる現象に含まれバランスがとれる場合であろう．KaiC の場合について検討してみると，後者を適用するのは難しいかと思われる．すなわち，上記の 1) の事実から，ATP 分解活性が律速される可能性はリン酸化・脱リン酸過程のみであるが，これを固定した場合も温度補償性は維持される．また，周期が複数の過程のバランスによるとした場合，3) と 4) のような事実を説明することが難しい．

だとすれば，このユニークな性質は以下のような仕組みで実現されているのではないか．多くの ATP アーゼでは ATP 分解により発生したエネルギーは速やかに他の分子へ移されたり，そのまま物理的な仕事に変換されるが，KaiC の場合にはこのいずれにも該当せず，分解で生じたエネルギーは分子内ひずみとして蓄積され，そのひずみが自身の活性を強く抑えるのではないだろうか（図 13・5）．

これは負のフィードバックであるが，生命でみられる多くのフィードバックが複数のタンパク質による化学反応のループで成立するのに対し，これは単一のタンパク質の内部で成立する分子内フィードバックである．反応が即座に活性を抑えるわけで，この分子内フィードバックはターゲットに"物理的"に作用し，きわめて低くかつ安定な活性を実現すると考えられる．別の見方をすれば，KaiC の ATP アーゼ活性は分子内フィードバックにより生じた"バネの復元力"のような緊張状態 (tension) により，常に抑制される．この緊張状態を解消しようとする圧力が KaiC の ATP 分解により生じた力学的圧力と平衡する．すなわち KaiC の示す低いが安定した ATP アーゼ活性はその緊張状態とつり合っており，図 13・4 (b) の活性が高い KaiC は強い緊張状態で平衡が成立し，より強いバネとして機能するだろう．こうして物理的バランスにより平衡した ATP アーゼ活性は，温度により ATP アーゼの素活性が変化しても，フィードバックの基本的性質で一定に保たれる．温度上昇により ATP アーゼ活性が強まっても，同時にブレーキも強まるため実活性は一

定に保たれるのではないか．もちろん逆の場合も，平衡が崩れない限り活性は変化しないであろう．このように十分な負のフィードバックにより閉ループの活性が温度変化などによる活性変動を補償できるのは，負のフィードバックの最も基本的な性質である（コラム 11 参照）．

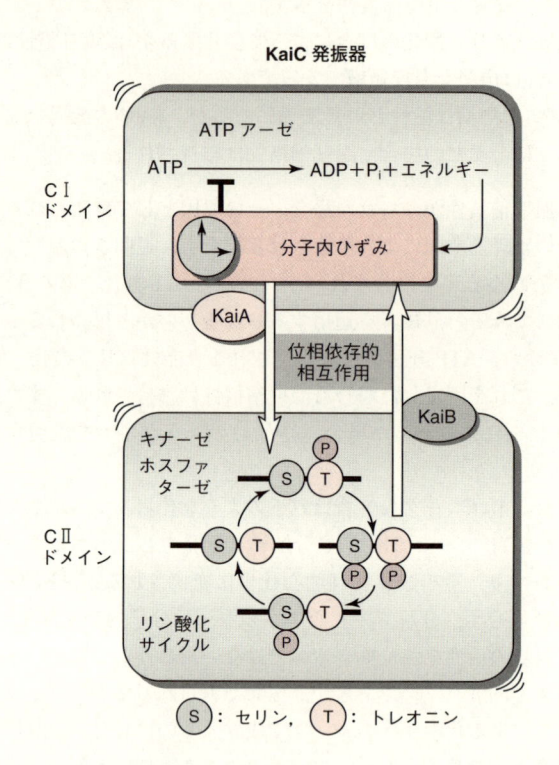

図 13・5 KaiC リン酸化リズムのモデル KaiC により ATP が分解されると得られたエネルギーは CI ドメインの中に蓄えられ，分子内ひずみを生じ，ATP 分解反応を強く抑制する．この CI ドメインの負のフィードバックが KaiC の温度補償性を支えていると考えられる．この分子内フィードバックで形成された状態が，KaiA と KaiB の共存下では CII ドメインのリン酸化サイクルと共鳴し，24 時間のリズムを発生させる（§13・7・2 も参照）．

13・7 KaiC リン酸化リズムの発生

13・7・1 単振動と自励振動

§13・6 でフィードバック制御による KaiC の ATP アーゼの特性を論じてきたが，このきわめて弱いがきわめて安定な活性が，砂時計のように，時を刻んでいる

コラム 11　負のフィードバック回路の動作

　負のフィードバックは多くの分野でさまざまな使われ方をするが，わかりやすい例として，温度調節器や体内の恒常性維持の原理として紹介されることが多い．この機能はサーモスタットなどとよばれるように，外乱を補正し安定な動作を実現する装置として理解されている．多くの場合，動作を時間的に調節することで目的を達する場合が多いが，動作を量的に制御し，より精度の高い制御を行うものもある（比例制御）．この方法は，当初電話通信の音質確保のため導入された技術であり，現在でも電気回路やさまざまな制御工学ではフィードバックによる特性改善やシステムの頑健性（ロバストネス）が議論されている．こうした機能を理解するためには，フィードバック装置の利得（ゲイン）決定や制御の時間特性（伝達関数などとして表される）を考慮しなければならない．

　ゲインの大きな増幅器に負のフィードバック回路を付け加えた場合，フィードバックにより見かけ上実効入力がキャンセルされる．しかしこれはあくまで見かけで，入力は決して完全にゼロとはならず，増幅器の大きなゲインで一定の出力を生じており，その一部がフィードバックされ，入力を見かけ上打ち消すところで平衡する．したがって，見かけ上入力がキャンセルされるとして，回路の最終的動作は予測できる．このような平衡で得られた出力は無駄なエネルギーを消費するようだが，頑健性がきわめて向上している．たとえば，増幅器全体の出力が内在のゲインに依存しなくなることから周波数特性が改善されたり，増幅器の負荷の大きさや温度に影響を受けない（安定化電源）などの特徴が得られる．大切なことは，回路の出力は増幅器自体のゲインではなく，フィードバック回路の特性で決定され，これが安定であればゲインに大きなゆらぎやシフトがあっても出力は速やかに設定値を回復すると考えられる．一方，フィードバック回路は出力を入力に戻すため，注意深く扱わないと想定外の発振を起こすことが多い．すなわち，フィードバック回路に一定の時間遅れが生じると遅れに対応する周期の交流に対しては正のフィードバックが生成し，大きな振動が生じてしまう．このとき，フィードバックの時間遅れが安定であれば，負のフィードバック回路は安定した発振器として機能する．

わけではない．KaiC のみでは振動は発生しないのであり，ATP アーゼ活性はフィードバックで抑制され，生成された分子内緊張状態を維持しているのみである．ここに KaiA と KaiB を加えると，ATP アーゼ活性と KaiC のリン酸化はその緊張状態により決定された周期の振動を発生するのである．

　どのようにして安定した振動を発生することができるのか．その仕組みを考える前にもう一度，概日振動の周期の温度補償性について考えてみたい．概日振動の周

期は一般に温度変化に対して安定なだけでなく，代謝レベルの大きな変動に対しても安定である．温度も代謝レベルの振動の強さ（振幅）に大きな影響を与えることを考慮すれば，この事実は，周期は振幅の大小によって変化しないことを意味する．こうした概日振動の振幅と周期の特性は，概日リズムの基本的性質として知られている．また，生理学的にも，栄養条件や光条件（植物の場合）の大きな変更あるいは阻害剤の投与で，概日振動の振幅が大きな変更を受けても，周期は大きな変化を示さないという観察結果とも符号一致する．

この視点から多くの自然界の振動を見た場合，すぐに気がつくのは，この特性は最も単純な物理振動である**単振動**（**調和振動**ともいわれる）のもつ性質であることである（コラム12）．バネにつるされた物体，振子の振動やコイルとコンデンサー並列回路の振動は基本的には質量（慣性）をもつ物体につり合いの位置からのずれ（変位）に比例した復元力が働くことで発生する．この運動方程式は位置の2階微分（加速度に比例）が位置（ずれに逆向きの復元力）に比例する形となり，その解は正弦関数となるが，周期は"物体の質量/バネの強さ"の平方根に比例し，振幅には影響されない．この性質は振子の等時性といわれ機械時計の原理となっているが，概日振動から最も遠いものと思われるこの単純な振動が，概日時計にとって最も重要な性質を満たしていることに注意することが必要である．

逆にさまざまなステップから構成されるループ構造による振動モデルは，安定した振動を発生させるが，その周期の安定化することは容易ではなく（実際多くの化学的振動の周期は温度依存性である），例外的なバランス（たとえば温度により加速される過程と減速される過程の組合わせ）の成立を必要とするだろう．たとえば，緊張緩和型の自励振動（後述）としてよく例にあげられる"ししおどし"は，安定した水の供給があれば大変安定した振動が発生するが，周期は各ステップの和として得られるので，各ステップが温度感受性の場合，周期は温度の影響を受ける．またベロウソフ・ジャボチンスキー（BZ反応），ロトカ・ボルテラ振動，チューリング波など，内部に単振動系をもたない多様な振動が知られており，複数の状態変数の相互作用が微分方程式で表されている．さらに，転写翻訳モデルに基づいた振動モデルもよく解析されている．いずれにせよ，解析には個々のモデルの詳細な数値解析が必要で，これらの振動の周期や振幅に上記の帰還形のようなリミットサイクルが存在するか，周期がどのような因子に支配されるのかは，一概に論じることはできない．

単振動では物体の運動あるいはコイルの誘導のエネルギーと物体の位置またはコンデンサーの電荷によるポテンシャルエネルギーの間でエネルギーが往来し，和が一定に保たれるが，実際には振動は摩擦などで減衰し持続しない．また，振動が自発的に発生することもない．しかし，単振動系に外部から定常的な作用を与えるこ

とで，振動が自発的に発生し，減衰せずに持続させることができる．こうした振動は**自励振動**とよばれ，さまざまな振動が知られている．たとえばバネの振動を外部からの摩擦で成長させる弦楽器の発振モデルやコイルとコンデンサーの振動をトランジスターなどにより結合する電気発振器などでは，外部からのエネルギーが単振動の特定の位相で振動を増幅するように作用し，単振動の周期の振動を自励発振させる（コラム 12）．この形の振動は，現在われわれが時計に利用している多くの振動の発生原理（脱進器によりゼンマイと結合させた振子や水晶発振回路など）と同じ形式であることも注意しておきたい．

これらの物理的振動は Pol の方程式とよばれる 2 階の非線形微分方程式で表されるが，振動が自発的に成長し，外乱があっても閉軌道（リミットサイクル）に回帰するロバストな振動であることが特徴である．実際，このモデルは多くの概日リズムの位相変位や，外乱後のリズム回復の経過をうまく説明できる．温度サイクルによる KaiC リン酸化リズムの位相変位と同調がリミットサイクルをもつ自励振動モデルで予測できることは，温度ステップが ATP アーゼ活性に一時的な影響を及ぼすとして理解でき，このモデルを支持している．

コラム 12 | **自励振動の物理モデル**

　バネにつるされた物体や振子の振動やコイルとコンデンサーから成る回路の振動は，**単振動**とも**調和振動**ともいわれるが，基本的には質量をもつ物体につり合いの位置からのずれ（変位）に比例した復元力が働くことで発生する．この運動方程式は物体の位置の 2 階微分（加速度に比例）が位置（ずれに逆向きの復元力）に比例する形となり，その解は正弦関数となる．エネルギーの面からみれば物体の運動あるいはコイル誘導のエネルギーと物体の位置またはコンデンサーの電荷によるポテンシャルエネルギーの和が一定に保たれる．実際には単振動は摩擦などで減衰し持続しない．また振動が自発的に発生することもない．この単純な振動の周期は振幅の影響を受けない（ガリレオの発見した**振子の等時性**）ことに注意が必要である．これに対し，外部から定常的エネルギーの供給を受け，これを巧みに利用し安定した振動を発生するメカニズムは**自励振動**とよばれる．自励振動にはさまざまなタイプがあり，以下のように分類できる．

1) **単振動共鳴型**（図 13・6）：単振動系に外部からのエネルギーが位相特異的に作用することで，単振動の周波数の振動が選択的に成長し，安定に保たれる．さまざまな例がある．物理的な例では振子やバネの振動，あるいは電気的な LC 回路をもとにしたものがある〔例：振子時計，バイオリンの弦の振動，管楽器の空気柱の振動，電子発振回路（水晶を含む）〕．この振動は単振動をもとにしており，非線形 2 階微分方程式（Pol の方程式）で記述され，

安定した振動が自動的に発生する．さらに，いったん安定な状態に達した振動に一時的な外乱を与えた場合，振動が常に一定の状態（リミットサイクル）に戻る．多くの観察から帰納的に確立してきた概日振動の性質（周期の温度補償性，位相応答曲線に表される位相特性，安定した振動への回復能力など）は，リミットサイクルをもつ自励振動の性質と一致するため，このモデルが概日振動をよく表していると考えられる．

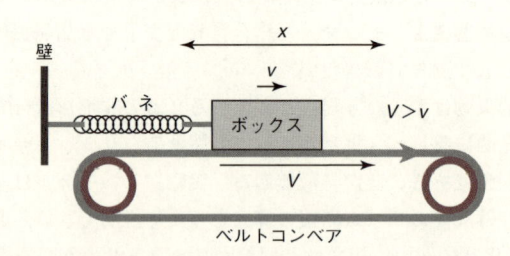

図 13・6　物理的自励振動　一定速度（V）で動くベルトコンベアに置かれたバネに結ばれた物体（ボックス）の振動モデル．物体がベルトにより右に動くことにより，相対速度が低下すると，摩擦係数が少し増え，物体をさらに右へ動かす（負の抵抗）．変位が限界を越すとバネの力で物体は左へ動き，つぎのサイクルが始まる．これはバイオリンなど弦の振動のモデルとなる．（x: 物体の位置，v: 物体の速度）

2) **周波数フィルター型**：フィードバック回路が周波数選択能をもつ場合，帰還により選択された周波数のみが正帰還を起こし，振動が成長する．ウィーンブリッジとよばれる発振回路が有名だが，振幅などに依存しない安定した遅れが成立する場合にみられる．

3) **緊張緩和型**：ししおどしやピペットウォッシャーなどに代表される．一定の速度で物質が蓄積する砂時計的プロセスをもとにし，これを逆転させるメカニズムが加わり振動が継続する．周期は各ステップの所要時間の総和となるが，不安定で外部エネルギーの蓄積過程の影響を受ける．

4) **相互作用型**：相互作用する二つ以上の状態変数間にさまざまな相関が規定され，連立微分方程式として表される．ロトカ-ボルテラのモデルといわれる捕食-被食関係に基づく振動，BZ 反応，チューリング波などさまざまなものが考えられる．概日時計の転写翻訳モデルもこの形で議論されることが多い．理論的には I. Prigogine らにより散逸構造系として議論されたものでもある．この自励振動が安定したリミットサイクルをもつかどうかは相互作用の形，パラメーターの値などによるが，リミットサイクルをもたず，刺激後振動の復元力がみられないものも多い．また周期の選択機能の有無もモデルに依存する．

13・7・2　KaiC における自励振動発生の仕組み

　では KaiC はどのようにして，自励振動を発生するのであろうか．§13・6で議論したように KaiC の ATP アーゼで発生したエネルギーは，分子内フィードバックで温度変化による活性の変動を打ち消し，安定した緊張状態を維持することができる．その平衡点は分子内の機械的な仕組みで規定されるので，化学反応のように温度による影響を受けない．だとすればこの"バネ"の強さが概日振動の速さを規定するということができよう．バネの単振動ではバネが強くなれば周期が短くなるが，同様のことが KaiC 内で起こっているのではないか．筆者らが見いだした ATP アーゼ活性が概日時計の振動数に比例するという驚くべき事実は，KaiC の"バネ"が概日振動の真のペースメーカーであることを示唆している．

　この"バネ"が自励振動になるプロセスは，KaiC が二つの重複したドメイン（CⅠとCⅡ）から構成されており，CⅠはおもにフィードバックされた ATP アーゼ活性を，CⅡはおもにリン酸化・脱リン酸サイクルを担うことによると思われる．この二つの活性は一つの KaiC 分子に存在し，さらに6量体を構成するため，相互に影響することが可能であろう．さらに，KaiA と KaiB はその KaiC との位相依存的結合を通して，この二つの活性の相互作用を強めることが確認されている．こうしてCⅡの二つの隣り合った残基のリン酸化に仕組まれたサイクルは，CⅠ内部にフィードバックで生成したバネ状態と位相依存的に結合し，CⅠの時定数（周期）の振動を選択的に成長させ，安定した振動を発生させると考えられる（図13・5参照）．具体的には，KaiC の ATP 分解が KaiA の存在（結合）によりリン酸化を促進したり，CⅡのリン酸化状態が KaiB により CⅠ の ATP アーゼ活性を抑制することができれば，自励振動が発生することは十分可能で，今後の検証に値するであろう．なお，バネの振動で周期を決めるもう一つの要素は物体の質量であるが，これについてはいまだ想像することもできない．さらに，そのような周期が24時間というきわめて長い固有周期をもつことはさらに困難かと思われ，今後の最も大きな課題であろう．

13・8　KaiC タンパク質のからくり

　KaiC はどのようにして安定した周期を規定し，概日振動を発生させるのか．その答えはおそらく概日時計研究の最終解答と思われるが，現在のところ，まったくわかっていない．解答を得るためには KaiC タンパク質の高精度な構造解析に基づいた ATP の分解反応のダイナミックな解析が不可欠である．また高分解能な生化学的速度論的解析，物理化学的測定，そして変異体の遺伝学的解析などを駆使することが必要であろう．KaiC で分子内フィードバックが機能している場合，外から見た ATP アーゼ活性は既存の酵素の速度論では理解することが難しい．分子内

フィードバックは実験的に外すことはできないため，フィードバック成立過程を正確にとらえる高感度・高時間分解能な測定が必要となる．また，フィードバック成立後はその効果を考慮した方法が必要となるだろう．これらは大変困難な作業だが，6量体を構成するKaiCタンパク質の構造のなかに，これこそ時計のからくりだといえる答えが隠されているはずである．いずれにしてもKaiCはまさに時計タンパク質であり，シアノバクテリアはよくぞ一つのタンパク質にこうした機能を盛り込んだものだと思うばかりである．もう少し視野を広げれば，ATPの分解エネルギーによるタンパク質分子内フィードバックは，情報処理というこれまであまり注目されていなかったタンパク質の機能を実現していることにも注目すべきなのかもしれない．分子内フィードバックが負に働けば，活性は大きく抑えられ最小限のエネルギーで安定した状態を維持することができるだろう．こうした可能性はタンパク質の機能として新たな可能性を提案できるものであり，タンパク質内部での反応機構の解析を，化学の解像度で進めることが必要であろう．

13・9　共鳴する概日システム

図13・7にシアノバクテリアの細胞内でみられる三つの概日振動の関係を示す．

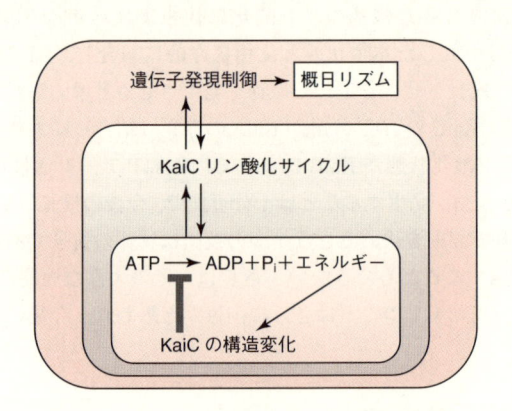

図13・7　シアノバクテリアの概日システムの階層構造　シアノバクテリアの概日システム．周期を決定するペースメーカーは分子内フィードバックされたKaiCのATPアーゼ活性である．これがリン酸化サイクルと相互作用し安定した自励振動が発生する．この振動は遺伝子発現制御と共鳴しロバストな概日振動を発生する．リン酸化サイクルや遺伝子発現制御の時間的性質も24時間周期とマッチし，相互作用することで安定した概日振動が発生する．

これまでのシアノバクテリアの概日時計の解析から，以下のシナリオが考えられる．最も基本的なペースメーカーはKaiCのATPアーゼ活性により分子内で生成する

緊張状態で，これが KaiA と KaiB の協力で CII ドメインのリン酸化サイクルと共鳴して，自ら振動するとともに KaiC リン酸化の自励振動を起こす．ついでこの振動はリン酸化シグナルにより転写翻訳活性を制御し，細胞システム全体が概日システムとして機能する．実際，細胞ではこの三つの振動すべてが KaiC の ATP アーゼ活性に準じた周期で振動するが，その関係は，単純な親時計・子時計の関係になっているわけではない．単独で調査すると KaiC のみでは ATP アーゼ活性は振動しない．またリン酸化サイクルでは隣り合ったセリンとトレオニンがリン酸化され，その相互作用によりリン酸化・脱リン酸プログラムが進行することがわかっているが，それだけで自励振動が発生するわけではない．自励振動は ATP アーゼとリン酸化サイクルの共同ではじめて発生することを再度確認しておきたい．

　最後に，ここでは振動の発生そのものより，その特性を規定しているものに注意したい．ペースメーカーとなる CI ドメインのフィードバックされた ATP アーゼ活性を指揮者，この周期と共鳴して発生する KaiC リン酸化サイクルをオーケストラ，さらに細胞の遺伝子発現をオーケストラに感動する聴衆になぞらえることができよう．連続明に置かれたシアノバクテリアでは，この三つはほとんど同じリズムを示す．このときこの三者の関係は，一般に想定されているような一方的な支配/被支配の関係なのだろうか．実際の指揮者とオーケストラはこのような関係ではないであろう．オーケストラは譜面をもっており，相互に同調さえできれば独自に演奏が可能であろうし，逆に，指揮者はもしオーケストラがまったく非協力的であれば，指揮を続けることはできまい．指揮者とオーケストラは対立する主従の関係ではなく，相互に協力して音楽を創造すると考えた方がより現実に近いかもしれない．おそらく，半閉鎖系である細胞で起こる KaiC リン酸化サイクルと遺伝子発現サイクルも同様の関係になっているのではないだろうか．実際，下流に位置づけられる KaiC リン酸化サイクルと遺伝子発現サイクルも，独立して速度を測定すると 24 時間周期に調和した速度を示すようだ．これらのサイクルは，ステップの所要時間の和が周期になる緊張緩和型の振動（コラム 12 参照）であろうが，長い進化の過程で下流に位置づけられるプロセスとして 24 時間の概日時計と共鳴できるパラメーターを獲得し，その結果，細胞としてより安定したリズムを実現しているのであろう．シアノバクテリア細胞を使った筆者らの解析は階層ごとに共鳴する概日システムを示唆している．

　では三つのシステムは相互に調和しているだけなのであろうか．おそらくそうではあるまい．オーケストラの例をもう一度あげれば，多くの人を惹き込む音楽を創るためには，ただ機械的に譜面を演奏するだけでは不十分で，音楽に精気を吹き込む指揮者の存在が不可欠といえる．決して曲は変わらないが，指揮により音楽の力が大きく変わることはよく知られている．おそらく，細胞の時計システムも事情は

同じであろう．KaiC のタンパク質内部の振動は概日振動の安定性，同調性，そして，24 時間周期の地球で生きる生命の振動子としてアイデンティティーをもたらしていると考えるのは，筆者の身びいきであろうか．

14 植物科学の挑戦
現在から未来へ

14・1 はじめに

人間が生きていくために必要な基本要素である適切な環境と食料の大部分は，植物に依存していると言っても過言ではない．そのため，植物をより深く理解することは，人間の生活にとって不可欠であるのみならず，人間の生活をより良くするために非常に重要であると考えられる（表 14・1）．

表 14・1 植物科学の新しい研究領域

1. 遺伝学とゲノミクス
2. 発生，分化
3. 細胞生物学
4. 生理学
5. プロテオミクス
6. バイオテクノロジー
7. 植物-微生物相互作用
8. メタボロミクス

植物科学は長い歴史をもっており，その研究には大きく分けてつぎの三つの流れがある．

1) 植物細胞などの個体の生命活動を研究の対象とし，生命科学の一分野として植物の生き方を詳しく研究するもの
2) 古くから行われている研究で，地球上に生育する植物を分類し，植物の多様性を明らかにすることを目指すもの
3) いわゆる基礎的な植物科学に対して，植物を人間の生活に利用するために発達してきたさまざまな応用科学

である．3) には，たとえば，品種改良を行う植物育種学，病虫害による作物の害を防止することを目的として研究を行う植物病理学，そのほかにも園芸学，森林に関する学問，野菜や果樹に関する学問など多くの研究が行われ，農林業を中心とする産業の発展において重要な役割を担ってきた．

こうした植物科学研究の流れのなかで，21世紀の植物科学について考える際に最も重要な研究分野は，分子生物学や細胞生物学を用いて研究する**分子レベルの植物科学**ということができる．その理由は，植物生命現象の理解をこれまでには想像もつかなかった新しい方法で解き明かすことができるからである．多数の植物のゲノムが解読され，植物のもつ遺伝情報の理解が進み，その情報をベースとした新しい植物科学が生まれている．さらに，最近は次世代シークエンサーとよばれる超高速でゲノム配列を決定することのできる技術も開発され（第4章参照），さまざまな種の比較ゲノム解析が可能になってきた．こうした技術革新により，近い将来，大きく研究の方向性が変化することが期待できる．

本章では，こうした転換期にある植物科学の現在と未来を考え，植物科学のこれまでの成果と今後の課題について述べてみたい．また，いかに未来の課題を解決していくことができるかも考えてみたい．

14・2　植物科学―最近の成果
14・2・1　発生と分化[1]

20年以上前，植物分子生物学の最初の重要な発見として有名な，**花形成の"ABCモデル"**が提唱された．このモデルの美しい点は，花のような複雑な器官がいかに形作られるかをシンプルなモデルによって示した点である．ところが，モデルの提唱以来20年以上経っても，このモデルの生化学的検証はまだ十分とはいえない．最近の詳細な遺伝子発現解析の結果，花形成の初期に活性化される転写因子 AP1 によって発現が調節される下流遺伝子はきわめて多数あるだけでなく，AP1 は下流遺伝子に対してポジティブあるいはネガティブに働き，複雑な転写ネットワークをつくっていることが明らかになってきた．

このような遺伝子発現の研究が進む一方，植物学の古典的な問題に関しても理解が進んでいる．その提唱以来70年以上謎とされていた**花成ホルモン（フロリゲン）**の実体が最近明らかにされ，花を咲かせる分子機構の解明の大きな一歩となった．2007年，世界中の多くの研究グループがさまざまな研究方法を用い，シロイヌナズナ FT 遺伝子のコードする小さなタンパク質がフロリゲンの実体であることを明らかにした（コラム13）．

このほかに，生殖に関連して，花粉管が受精のために卵装置によって分泌される**ガイダンスシグナル**によって誘引され，その結果卵と受精することが知られているが，このガイダンスシグナルの発見があげられる．2009年トレニアを用い，マイクロマニピュレーションの方法と転写解析の結果をもとに，LURE とよばれるタンパク質がこのガイダンスシグナルの実体であることが明らかになった．

コラム 13　花成ホルモン（フロリゲン）

　1936年に旧ソビエト連邦の M. K. Chailakhyan が提唱した仮説であり，葉で作られたフロリゲンが葉から茎へと植物の維管束を通って茎の先端（茎頂）に運ばれ，茎頂で花を作るスイッチとして働くというものである．70年以上にわたって，この提唱された花成ホルモンは発見されず，そのため一時期はその存在を疑問視する研究者もいた．

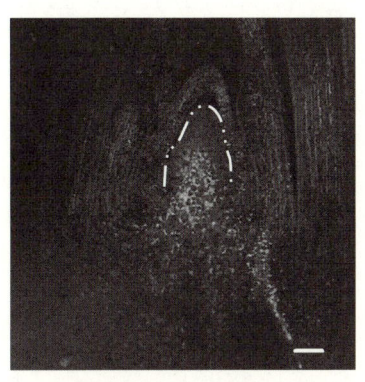

図 14・1　イネの茎頂に存在する花成ホルモン（フロリゲン）　イネのフロリゲンである Hd3a タンパク質にクラゲに由来する緑色蛍光タンパク質（GFP）を融合した光るタンパク質をトランスジェニックイネにおいて作らせ，そのタンパク質がイネの茎頂（白い線で囲んだ部分）で光っているところを蛍光顕微鏡で観察したもの．バーの長さは 50 µm．

　花成に関する分子遺伝学研究がこの十数年活発になり，2007年に分子生物学的なアプローチによって FT とよばれる，植物に共通に保存されているタンパク質がその実体であることがシロイヌナズナ，イネ，トマトなどの複数の研究により明らかになった（図 14・1）．フロリゲン分子の機能についてはまだほとんど知られておらず，今後の研究が待たれる．

14・2・2　植物ホルモンのシグナル伝達と受容体[2)]

　植物ホルモンは植物の生長と分化を制御する最も重要な分子であり，**オーキシン**，**ジベレリン**，**サイトカイニン**，**アブシジン酸**，**ブラシノリド**，**ジャスモン酸**などがよく知られている．最近までこうした植物ホルモンのシグナル伝達機構や受容体についてはあまりよく理解されていなかったが，最近めざましく理解が進んだ．まず最初にオーキシンの受容体が発見され，さらにその立体構造も明らかになり，オー

キシンの受容体への結合様式が分子レベルで明らかになった．つづいてジベレリン，アブシジン酸，ジャスモン酸の受容体が相次いで発見され，それと同時にその受容体の構造とホルモンとの結合の仕組みが明らかになった．以前から明らかになっていた，サイトカイニン，エチレン，ブラシノリドの受容体についての知見と最近の研究成果を合わせると，主要な植物ホルモンの受容体とホルモンとの結合様式がほぼすべて明らかになったということができる．また，これらの植物ホルモンのシグナル伝達経路の解明も最近急速に進んでおり，ホルモンの受容から遺伝子の転写に至る経路も多くの植物ホルモンについて明らかになってきた．

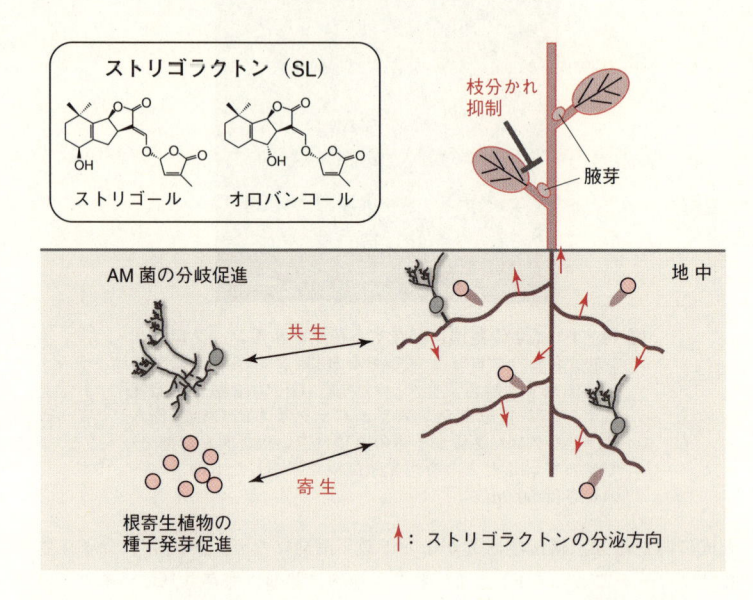

図 14・2　新しく発見された植物ホルモン，ストリゴラクトンの構造と機能　ストリゴラクトンはおもに根で合成・分泌され，共生菌である AM 菌（アーバスキュラー菌根菌）の菌糸分岐を促進する．AM 菌と植物の間には，AM 菌が植物の養分吸収を助け，植物は同化産物などを AM 菌に提供するという共生関係が成り立っている．また，一方で，根から分泌されたストリゴラクトンは，植物にとって有害な根寄生植物の発芽も促進する．植物体内のストリゴラクトンは，枝分かれを抑制する．養分が十分な環境では，植物はストリゴラクトンの合成を抑え枝分かれを十分に伸ばす．ところが，養分が不十分になると，ストリゴラクトンの合成を増加させて AM 菌の共生を促進すると同時に，枝分かれをせずに個体を小さく保つ．

これまで知られている植物ホルモン以外に新規なホルモンも同定されている．**ストリゴラクトン**は植物の腋芽の伸長を抑制する新種のホルモンとして最近同定された（図 14・2）．ストリゴラクトンは，これまで根から分泌され寄生菌や共生菌と

の相互作用に重要なホルモンとして知られていた物質であり,新たに,植物の形態形成においても重要なホルモンとして機能することが明らかになった.ある植物ホルモンが他の生物との相互作用においても利用されるという点で,ストリゴラクトンは非常に興味深い植物ホルモンの一つであるといえる.今後の研究の発展が待たれる.

14・2・3 環境ストレス応答[3]

植物は地球上でさまざまな環境の変動にさらされる.そのため,水や温度あるいは乾燥や塩,また強い光に対し,複雑かつ巧妙な応答システムをもつことが知られている.特にそのなかでも,水や乾燥に対する**ストレス応答**において重要な役割をもつ多くのタンパク質が最近発見され,ストレス応答におけるシグナル伝達経路が明らかになってきた.そのうち,特定のプロテインキナーゼファミリーや一群の転写因子の関与が分子レベルでよく理解されている.

また,強い光に対する植物の応答の例として,葉緑体の移動に関するメカニズムが明らかになってきた.葉緑体は弱い光の下では細胞内に広く存在するが,強い光の下では細胞壁に向かって逃げ,強い光によるストレスを避けるように働く.このような葉緑体の,光に対する反応に関わる光受容体の発見やシグナル伝達経路について興味深い研究の進展が最近みられた.

また最近,鉄欠乏によってひき起こされるストレスに対する応答機構についても新しい知見が得られている.鉄は植物においては葉緑体のクロロフィル中に含まれており,欠乏すると作物の収穫や品質に大きな影響を与える.特にイネや小麦などのイネ科植物においては**ムギネ酸**とよばれる物質が根より分泌され,この酸が根を取巻く鉄類を溶解することで土壌中の鉄分が吸収可能となる.最近,こうした鉄分の吸収に関わる分子メカニズムについて遺伝子やタンパク質のレベルで明らかになってきた.

14・2・4 植物の免疫機構[3]

植物は直接外界の環境にさらされて生きており,多くの微生物からいろいろな形の攻撃を受けている.このために,どの植物も菌類,細菌,ウイルスなど多くの病原体に対して免疫機構をもっており,この機構は総称して**植物免疫**とよばれている(図14・3).従来の植物病理学から発展し,最近,急速に植物免疫に関する分子生物学の知見が増えてきた.

植物には2種類の免疫受容体が知られており,細胞膜に存在する受容体型キナーゼ(RLK)とよばれるキナーゼ関連受容体と,細胞内で働くと考えられるNB-LRR型受容体がある.前者はPAMPとよばれる病原体の細胞膜などに存在する因

子である糖やペプチドを認識し（病原体関連パターン認識分子），後者は病原体が分泌し植物細胞内に放出するエフェクター因子を認識する（細胞内センサー）．いずれの認識機構も特異性をもっている．植物はこれら2種類の受容体を用いて病原体の侵入を感知することができる．最近の研究においてパターン認識受容体がいくつも同定されてきた．しかし，いずれの受容体においても，その下流で行われるシグナル伝達についての詳しい理解や受容体タンパク質を含むタンパク質複合体形成についての解析は，今後の重要課題ということができる．2011年現在までに，免疫受容体による病原体の特異的な認識後，細胞内の複数の部位においてシグナル伝達が起こることや，パターン認識受容体についてはその細胞内輸送が耐病性において重要な機能をもつことなど，多数の新しい知見が得られてきている．今後は，複数の免疫経路のクロストークや動物の自然免疫機構（第15章参照）との共通性なども重要な課題になってくる．

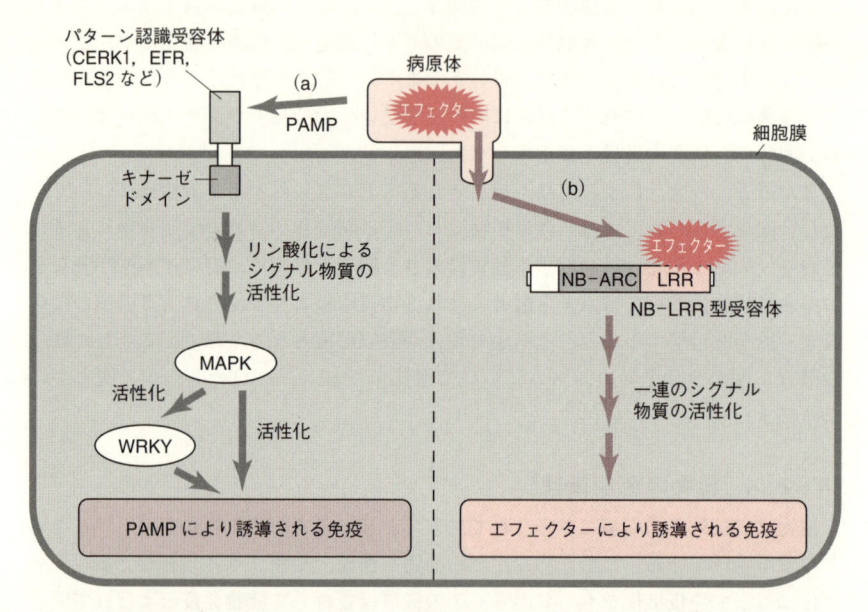

図14・3　植物の二つの免疫システム　植物の免疫システムは二つの経路から成る．一つは，病原体がもつペプチド，糖，脂肪などの分子パターン（PAMP）を CERK1，EFR，FLS2 などとよばれる細胞膜に存在するパターン認識受容体が認識してひき起こされる免疫経路である (a)．もう一つは，病原体によって植物細胞内へ注入されるタンパク質であるエフェクターが細胞内センサーである R 抵抗性タンパク質によって特異的に認識され，ひき起こされる免疫経路である (b)．この二つの経路は動物の自然免疫経路に似ている．

14・3 植物科学の最新研究成果に基づいた植物の改良

過去20年近い植物の分子生物学的研究によって，われわれは植物を人間や地球にとってより役に立つものに変化させる新しい方法や考え方を獲得することができた．これまでに行われてきた膨大な植物遺伝子の機能解析に関する研究と比較すると，遺伝子を利用した作物の改良例はあまり多くない．以下に，植物科学の成果を用いた植物の改良の現状を，三つの重要な分野，すなわち，食料，エネルギー，環境，について紹介する．

14・3・1 食 料

人類の人口増加のスピードに比べ農地の不足，土地の砂漠化，また従来技術による作物の改良の限界を考えると，遠くない将来に食料不足という状況が多数の国で起こってくる可能性は高い．過去20年近く行われてきた遺伝子を利用した育種の例としては，殺虫性タンパク質であるBTタンパク質を利用した**耐虫性作物**，種々の**除草剤に対する耐性植物**，ウイルスの外被タンパク質などを用いて作出した**ウイルス耐性作物**など，初期の遺伝子とトランスジェニック技術を利用したものが圧倒的に多く，北米，南米，中国，インドなどでは広範に栽培されている．

現在開発途中の遺伝子組換え作物には，栄養分などの**質の改良**を狙ったものも多く，デンプン質や油の質の改良，ビタミンAの付加，鉄分の増強などが試みられている．こうした新しい遺伝子組換え作物の一部は，高リノレイン酸含有ダイズや油量の多いナタネなど一部はすでに栽培されているが，多くの場合まだ大規模な栽培には至っていない．近い将来，多数の国際企業が種々の付加価値を加え，栄養的に優れた作物を作出してくることが予想される．ただし，このような遺伝子組換え植物の栽培および利用の発展は，消費者側の遺伝子組換え食品に対する考え方に強く依存しており，国によって大きく異なってくる可能性が高い．（この問題は§14・4で述べる．）耐病性の向上は，ウイルス以外の，菌によってひき起こされる病害についてはあまり大きな成果が表れていない．その理由は，単一の遺伝子を導入するのみで有効な耐病性が得られるケースがあまり多くない，というこれまでの多くの実験結果のためと考えられる．

14・3・2 エネルギー

近年 CO_2 排出をゼロに抑制できるエネルギー源として，植物や藻類によるバイオ燃料の生産が注目を集めている（コラム14）．これまで精力的に行われてきた研究は，サトウキビやトウモロコシから得られるデンプンを微生物由来の酵素を用いて発酵させ，エタノール（**バイオエタノール**）に変換する方法である．特にブラジルはサトウキビからのエタノールを生産する技術の先進国であり，大規模な

エタノール生産工場が建設され，エタノールを含むガソリンが自動車の燃料として利用されている．北米では主要農産物の一つであるトウモロコシがおもに利用されている．さらにヨーロッパでは，ナタネ油をバイオディーゼルの原料として利用することも行われている．

現在行われているこうした植物由来バイオ燃料の問題点は，これらの作物が，人間の食料として利用されている作物であり，バイオ燃料の過度の生産が食品の不足とそれに伴う価格の上昇といった重要な問題をひき起こすことである．最近，世界の多くの国において食品価格の上昇が問題となっており，食料として利用できる農作物をバイオ燃料用として利用すべきでないという声が高まってきた．

こうした意見をふまえ，そもそも食料としては利用できない植物成分をバイオ燃料の原料として使用すべきだという考えが各国に広まってきている．植物，特にバイオマスの大きなもの，を利用して植物が大量に含んでいるセルロース（細胞壁の主要成分）を原料とした**セルロースバイオ燃料**の生産に向けたさまざまな研究が世界規模でスタートしている．生産効率のよい植物（バイオマス植物）の選定とセル

コラム 14　バイオ燃料

　　石油に替わるエネルギーとして地球のCO_2削減を推進するため，また最近では原子力発電などに頼らないクリーンエネルギーとして，植物や微生物によるバイオ燃料の生産を目指した研究が世界で急速に発展している．第一世代のバイオ燃料とよばれる**バイオエタノール**は，これまで，サトウキビやトウモロコシから生産されてきたが，今後は，食料生産と競合しない植物のセルロースやリグノセルロースを用いたバイオ燃料生産が重要になってくる．また植物としては，C_4光合成を行い，高い生産力をもち，かつ農地としては利用価値の乏しい土地で生産できまた悪環境下でも育つ植物が理想的である．現在イネ科のC_4植物であるスイッチグラス，ミスカンサス，スイートソルガムなどが候補として研究されている．

　　もう一つのバイオ燃料は，**油料植物**である．植物由来の油を用いることでディーゼル油の生産が可能となる．油料植物としては，ナタネ，ジャトロファ，ヤシなどがおもな対象となる．これらの植物は，これまであまり改良が行われていない植物であり，今後，分子生物学的な研究を推進することで，大きく生産性を高めることが期待されている．また植物そのものの研究のみならず，セルロースをエタノールに変換する技術の効率化も今後の大きな課題である．さらに，光合成を行う藻類についても，一部の藻類は油を合成することが知られており，バイオ燃料の原料としての研究が世界中で活発に行われている．

ロースからグルコースへの効率のよい変換方法の確立が，世界的にも急務となっている．栽培コストが低いセルロース抽出と発酵によるエタノール生産の可能な植物として，スイッチグラス，ミスカンサス，スイートソルガムなど数メートルにも達するイネ科植物や油料作物として有望視されるジャトロファ（灌木の一種）などが注目されている．また生育速度の速いユーカリなどの樹木もバイオ燃料の原料として注目されており，こうした非食料系の植物をさらに効率のよい植物に改造し，利用するための研究が各国で急速に展開している．

14・3・3 環　　境[3]

ファイトレメディエーションとは植物が根から水や他の養分を吸収する能力を用いて土壌中に含まれるカドミウムなどの有害重金属や NO_x, SO_x などの大気汚染物質や環境ホルモン，放射性物質などを植物中に集積させ，その後それらを集積させた植物を安全に廃棄するという方法である．

これまでの研究においてよく知られている**重金属高集積植物**としてはカラシナ，ヒマワリなどがある．ただ，集積能力の向上や効率化に関する研究はあまり進んでいないのが現状である．また高温，低温，乾燥，水などさまざまな悪環境において生育可能な**悪環境耐性植物**の研究も活発に行われている．アブシジン酸によるストレス耐性の分子機構に関する研究を発展させ，そのシグナル伝達経路において重要な役割をする遺伝子を高発現させるなどの方法が試みられている．また，悪環境に応答して転写ネットワークを活性化する機能をもつ転写因子の利用も試みられている．

こうしたさまざまな遺伝子を利用した悪環境耐性作物の作成が行われているが，実用的なレベルで有効性が十分証明されている遺伝子はまだあまり多くはない．今後も，植物環境ストレス応答の研究の進展に伴い，実用的に利用できる有力な遺伝子の発見が期待される．

14・4　遺伝子組換え植物[4]

2011年現在，**遺伝子組換え植物**は米国，カナダ，ブラジル，アルゼンチン，中国，インドを中心として日本の国土面積の30倍にも達するほど栽培されている．これは世界の栽培面積の約10％を占めている．しかし，ヨーロッパ，日本，東南アジアにおいては，遺伝子組換え植物の栽培はかなり限定されている．遺伝子組換え植物に用いられている形質は，おもに**除草剤耐性**，**害虫病抵抗性**であり，作物としてはダイズ，トウモロコシ，ナタネ（キャノーラ），綿が大部分を占めており，世界で栽培されるダイズの80％，トウモロコシの30％，綿の60％，ナタネの20％が遺伝子組換え植物である．国際的にみると，非遺伝子組換え植物の国ともよべるの

は，おもにヨーロッパ諸国と日本ということができる．ヨーロッパと日本で遺伝子組換え植物があまり栽培されていない理由の一つは，前述したように，主要遺伝子組換え作物が，ヨーロッパや日本では，農業において主要な作物ではないことがあげられる．また，ヨーロッパや日本では，遺伝子組換え植物に由来する食品の安全性に関して消費者が不安をもっていることも理由としてあげられる．こうした一般の人々の遺伝子組換え植物に対する不安を少しずつ取除くための活動は，大学，国，企業などさまざまなレベルで行っていく必要があるだろう．もう一つの問題は，遺伝子組換え植物の生態系への影響である．自然界の植物との交雑による外来遺伝子の流入の可能性についても継続した調査を行い，モニターしていく必要性がある．

では，植物科学は遺伝子組換え植物の安全性と生態系への影響に関して何ができるであろう．遺伝子組換え植物に関する第一の問題は，遺伝子組換え植物を作出するために用いられる遺伝子の性質であるが，今後作られる遺伝子組換え植物は植物遺伝子の導入によるものが主流になると考えられる．導入遺伝子が植物由来の遺伝子である限り，注意深く遺伝子産物の研究を行うことで，人間や自然に対する安全性の問題をクリアすることは十分可能である．近い未来における地球上の人口増加のスピードを考えると，農業的に効率のよい作物を積極的に作り出し，効率よく利用していくことは，地球の将来にとって必ず必要となってくるであろう．つまり，新しい植物科学の成果を効率よく利用し，社会に役立てていくための遺伝子組換え植物の利用は今後重要な選択肢となるはずである．

14・5　これからの植物科学

植物科学は，コラム 15 にあるように，植物における生命現象の発見，解析を通して，植物生命の理解を進める科学と考えることができる．そして，植物の理解に基づいて植物をコントロールすることで，より地球や人に役立つ方向に植物を改良することにつなげることを目標とする．このように植物科学をながめてみると，まず重要なことは，研究の最初のステップである"植物における生命現象の発見と解析"である．これは生物学のみならず，すべての科学において最も大事な考え方であるといえる．第二は，いかに植物生命の本質をより詳しく解析するかという課題である．最新の解析技術，たとえば，さまざまなイメージング技術，プロテオミクス，次世代シークエンス，遺伝子ターゲッティング，マイクロアレイ，タンパク質の構造解析，などの方法を利用することで，植物遺伝子の機能解析は飛躍的に進歩する可能性が高い．こうした新しい技術を用いることで，植物の改良に役立つ遺伝子をより多く手に入れることができるであろう．わが国の植物科学研究の弱点の一つは，最先端の分子生物学や細胞生物学の知見を積極的に作物の改良に生かす意欲をもつ研究者の数が少ないことにある．多くの植物科学の研究者は基礎研究だけ

を行っており，植物に関する基礎的な発見を社会に役立てるという考え方が希薄である．もっと多くの研究者がこの"植物生命の理解"から"植物のコントロール（改良）"につなげるステップに関わる必要がある．そのためには，シロイヌナズナなどのモデル植物のみを研究対象とするのではなく，さまざまな重要作物も研究に取入れ，研究範囲を広くする必要がある．イネ，コムギ，オオムギなどのイネ科に属する穀類，トマト，ジャガイモなどのナス科植物，ダイズなどの豆類をより積極的に研究に用い，分子生物学の材料として利用していくことが今後は重要である．このように，人間にとって重要な植物を研究対象として選ぶことで研究者や学生は基礎的な研究と応用的な研究とのつながりを学ぶことができる可能性が高い．

最後のステップである，植物を改良し，いかに地球と人に貢献していくかという課題は，分子生物学の研究者にはかなりハードルが高い．このレベルの研究は，企業あるいは公共の研究機関との共同研究が必要となってくる．一つの研究のレベルを上げて開発研究を行うためには異業種の研究・開発をする人との共同作業が重要となってくるであろう．

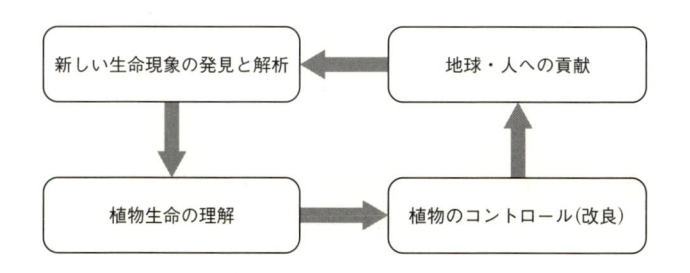

コラム 15　植物科学を発展させ維持していくポジティブループ

新しい生命現象の発見と解析 ← 地球・人への貢献
↓ ↑
植物生命の理解 → 植物のコントロール（改良）

植物科学の研究を一つのループとして見ると，上図のように理解することができる．まず植物における多数の新しい生命現象を発見する．そして，さまざまな方法を用いてその生命現象を解析する．そうした解析の結果，植物生命について多くのことをより深く理解することができる．植物生命について理解が進むと，そこから植物の生長と機能をコントロールし，改良につながる研究が発展する可能性が出てくる．そうした研究をさらに発展させることで，食料，環境，エネルギーの分野において地球や人に貢献することができる．このようにして，植物科学の研究が大きく発展していくと，その中からまた植物における新しい生命現象が発見され，またこのループが回り始める．こうして植物科学は発展していく．

14・6 植物科学において将来的に重要な課題

植物が人と地球にとって欠かすことのできない生物である限り，将来もずっと重要な研究の対象であり続けるであろう．では将来の植物科学において重要な課題は何であろう．多数ある課題のなかから筆者の思いつく10の課題を以下にあげておく．読者の誰かがこれらの課題の解決に挑戦することができたら素晴らしいことである．

1) 植物の**分裂組織**の遺伝子発現ネットワークと**器官形成**の分子メカニズムの解明：植物細胞の分化の柔軟性の理解は重要な課題であり，動物との比較は興味深い．植物における幹細胞の定義とその維持機構の解明も重要な課題である．
2) 植物細胞の**分化全能性**を制御する遺伝子の発見：動物に先を越されたが植物の分化全能性遺伝子の発見は重要な課題である．
3) **植物ホルモンのクロストーク**の分子生物学的な解明：オーキシン，サイトカイニン，ジベレリンなど多くの植物ホルモンは重複する機能と固有の機能をもつ．その働きをコントロールするメカニズムを知ることは重要である．
4) **細胞内免疫センサー** NB-LRR型抵抗性タンパク質の構造と機能：植物免疫において最も重要な働きをもつ受容体として長年知られているが，その構造やシグナル伝達機能に関してはまだ謎がよく解明されていない．
5) **花成ホルモン**（フロリゲン）の分子機能：フロリゲンは花を咲かせる分子として最近発見されたが，その分子機能の解明は将来の課題である．また人工フロリゲンの作成は興味深い課題である．
6) **環境ストレス**に対する植物応答の分子ネットワークの解明：このネットワークを明らかにすれば，耐塩性，耐乾燥性の植物を容易に作り出せるようになり，植物の有用性が飛躍的に向上する．
7) 生態ゲノミクスの進展により植物の**環境適応**の多様性を遺伝子レベルで解明する：生物の環境適応機構のモデルとして次世代シークエンスにより得られるゲノム情報と適応形質との関係を明らかにし，生物の環境適応の仕組みを解明する．
8) 植物による**プラスチック**などの工業的な生産：新しい遺伝子工学技術を用いて，石油によらない，植物を用いた工業原料を産業的に成り立つ効率で生産する．
9) 植物由来の**薬品**の網羅的な探索—新規な医薬品となりうる代謝化合物の発見：新しく開発されたメタボロミクスの手法をさらに改良し，これまであまり研究の進んでいない薬用植物などを用いて新規な化合物を探索する．
10) 植物を原料とする効率的な**バイオ燃料**生産の基盤を確立する：植物を改良

し，セルロースや油などのバイオ燃料の原料を効率よくエタノールやディーゼル油に変換する技術を確立する．

文　献

1) "植物の形づくり―遺伝子から見た分子メカニズム"，岡田清孝・町田泰則・島本 功・福田裕穂・中村研三 編，共立出版 (2003).
2) "植物のシグナル伝達―分子と応答"，柿本辰男・高山誠司・福田裕穂・松岡 信 編，共立出版 (2010).
3) "植物における環境と生物ストレスに対する応答"，島本 功・篠崎一雄・白須 賢・篠崎和子 編，共立出版 (2007).
4) 山田康之・佐野 浩 編著，"遺伝子組換え植物の光と影"，学会出版センター (1999).

15

感染症と宿主免疫

15・1 はじめに

　分子生物学会が設立された30年前，筆者は大学院修士課程の1年生で，細菌の鞭毛やペニシリン結合タンパク質の研究をしていた．その後，細胞生物学，免疫学と研究の領域を変えた．理由は，無限とも思える多様性をもちながらも自己と非自己を見分けるという，免疫系の謎が面白かったからである．免疫反応のダイナミズムに魅せられ，感染免疫という分野で研究を続けている．そのような理由で，本章を執筆することになったと思われる．本章では，免疫システムについて，これまでにわかっていることをおさらいするとともに，未解決の問題に関しても考えたい．

15・2 感染症学と免疫学の黎明

　天然痘は伝播力が強く，致死率30％という恐ろしい感染症である．ウイルスどころか病原体の概念すらなかった大昔から，"二度なし"現象，すなわち天然痘を患って回復した人は二度とかからない（厳密には感染はするが，発症はしない）ことはよく知られていた．ウシの病気である牛痘にかかった人間が，命に別状がないだけでなく，天然痘にかからないということに気がつき，意図的に牛痘の膿を接種すること（**種痘**）で天然痘を防げるのではないかと考え，実行したのが E. Jenner である．彼は，人類史上初めて感染症を克服し，1979年の WHO（世界保健機構）による天然痘根絶宣言に導いた功労者である．
　しかし，Jenner は"なぜ種痘をすると天然痘を防げるか"という疑問には説明を与えなかった．答えを与え，"二度なし"現象を説明したのは，19世紀末の L. Pasteur であり，同時代に，競うように病原微生物の発見で大きな成果を上げた R. Koch の一門であった．微生物が疾患の原因となることを科学的に示したのは彼らである．特に Koch は，**コッホの三原則**とよばれる指針を示し，微生物と疾患の関係を理論づけた．Pasteur は，トリのコレラ菌の弱毒株がトリを病気にしないだけでなく，強毒株に対する抵抗性を付与したことからヒントを得，炭疽病や狂犬病を対象に，死菌や弱毒株の接種によって強毒株による発症を防ぐ方法を一般化してみせた．**ワクチンの開発**である．
　同時期に Koch のもとで破傷風菌の分離培養で名を挙げた北里柴三郎は，破傷風

菌に感染した個体や，破傷風毒素を投与された個体の血清（抗毒素血清）中に，毒素の活性を中和する物質を見いだした．**抗体**の発見である．さらに，E. von Behringと共同で，やはり毒素を分泌する病原菌であるジフテリアを対象とし，抗毒素血清の投与によって，ジフテリア発症後の患者を治療してみせた．**血清療法**の開発である．血清療法は，今日でもヘビ毒に対する治療法として多くの人の命を救っている．

今から約120年前のこの時代が，感染症学ならびに免疫学の出発点といってよいだろう．

15・3　微生物感染に対する宿主応答の概略
15・3・1　微生物をどうやって処理するか

黎明期から120年，現在の理解に基づき，微生物に対する宿主の応答を簡単にみてみよう（図15・1）．皮膚や上皮（腸管などの粘膜の表面）から微生物（細菌や

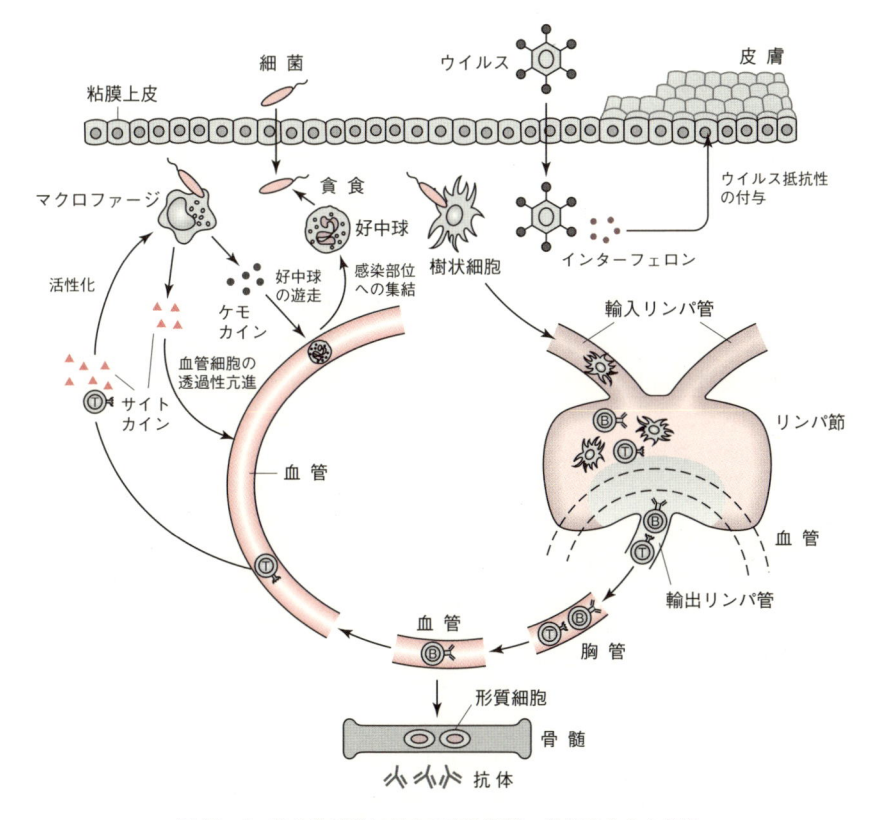

図15・1　微生物感染に対する宿主応答　詳細は本文を参照．

ウイルス)が侵入すると,まずは**マクロファージ・好中球・樹状細胞**などの白血球が微生物を食べる(これを**貪食**という).マクロファージや好中球は強力な殺菌能をもち,貪食した微生物を処理する.マクロファージは,貪食と同時に,**サイトカインやケモカイン**というさまざまなタンパク質を分泌する.サイトカインは血管内皮細胞の透過性を高め,ケモカインは血液中の好中球を呼び寄せる活性をもち,好中球を感染部位へ集結させて微生物を処理する(コラム16).

ウイルスは細菌よりももっと小さな微生物であり,自ら複製・増殖する力をもたず,宿主細胞の中で増える.ウイルス感染細胞は,**インターフェロン**というタンパク質をつくる.インターフェロンは周りの細胞に作用し,作用した細胞にウイルス抵抗性を付与する役割をもつ.

食細胞による貪食や,インターフェロンによる抗ウイルス活性は,細菌の種類やウイルスの種類によらず,また"二度なし"のような免疫記憶をもたらさない.このような,もともと体に備わった生体防御機構を**自然免疫**とよぶ.多くの微生物感染は自然免疫反応の段階で終息する.

一方,微生物を貪食した樹状細胞は,皮膚や上皮を離れ,リンパ管を通って近傍のリンパ節へ移動する.リンパ節は,そこを通る血管から**T細胞**や**B細胞**とよばれるリンパ球が入り込む場所である.リンパ球は血管からリンパ節へ入り,リンパ節を通過してリンパ管から胸管を通って再び血管へ戻ることで,全身を循環している.B細胞の表面には膜型の抗体が,T細胞の表面には**T細胞受容体**が発現し,微生物などの異物(**抗原**と総称する)を認識する.個々のリンパ球は,それぞれ異なる構造をもつ抗原受容体を発現し,異なる抗原を認識する.逆にいえば,ある特定の抗原を認識するリンパ球の数は少ない.リンパ節において,樹状細胞がリンパ節に運搬した微生物由来の抗原を認識するリンパ球は,抗原受容体を介して活性化され,増殖する.

活性化されたB細胞は,微生物や微生物由来の分子に結合できる抗体を分泌し,

コラム 16 | **サイトカインとケモカイン**

サイトカインは近傍の細胞に作用するタンパク質性の液性因子の総称であり,IL-1βやTNF-αのように炎症を誘導する炎症性サイトカインと,IL-10やTGF-βのように炎症を抑える抗炎症性サイトカインなどがある.**ケモカイン**は,7回膜貫通型のGタンパク質共役型受容体を介して細胞を引き寄せるタンパク質性の液性因子の総称であり,リンパ球のリンパ節への移行に関わるものや,好中球の炎症部位への移行に関わるものなど,多くの種類がある.

活性化されたT細胞は，さまざまなサイトカインを分泌する**ヘルパーT細胞**や，微生物が入り込んだ宿主細胞（たとえばウイルス感染細胞）を殺傷する**細胞傷害性（キラー）T細胞**へ分化する．分化した細胞はリンパ節を離れ，血中を介して移動し，B細胞は抗体を分泌する**形質細胞**となって骨髄へ移動して長期間抗体を作り続ける．T細胞は炎症部位へ移動し，マクロファージの殺菌能を高め，ウイルス感染細胞を殺傷・除去することで感染を終息させる．

感染の終息後には，そのときに闘った微生物や，微生物由来の物質に反応できるB細胞やT細胞の数が増えている．それゆえに，次回，同じ微生物が侵入してきた場合，初回と比較して圧倒的に速やかに反応し，処理ができる．そのため，微生物が病原微生物であっても，2回目には症状が出ることなく感染が終息する．これが"二度なし"の原理であり，予防接種（ワクチン）の原理でもある．換言すれば宿主が一度感染した微生物を記憶していることになり，このような免疫記憶を誘導する生体防御機構を**獲得免疫**とよぶ．

15・3・2　微生物と病気

多くの微生物がヒトを病気にするが，病気の起こり方は千差万別である．細菌のなかには，**毒素**を分泌するものがある．破傷風，ジフテリア，百日咳などである（この三つの毒素に結合して，無毒化する抗体をわれわれの体につくらせるワクチンが，三種混合ワクチンである）．O157に代表される病原性大腸菌は，針をもち，その針を通して宿主の腸管上皮細胞に細菌由来のさまざまなタンパク質を注入し，それによって宿主細胞の性質を変化させ，上皮のバリアー機能を攪乱することで下痢を誘導する．ウイルスは宿主細胞の中に侵入し，宿主のタンパク質合成系などを乗っ取って複製・増殖する．その過程で細胞を破壊したり，細胞機能を変化させることで病気を誘発する．

マクロファージや好中球は，強力な**貪食能**と**殺菌能**でほとんどの微生物を処理することが可能であるが，貪食・殺菌を逃れる微生物も存在する．結核菌，サルモネラ菌，レジオネラ菌や，リーシュマニア属の原虫は，食胞（ファゴソーム）がリソソームと融合することを阻止することで殺菌から逃れ，リステリア菌や赤痢菌は細胞質へ逃れて細胞質で増殖する．ペスト菌や腸管病原性大腸菌の多くは，マクロファージの細胞表面に付着しても貪食されないという特性をもつ．細菌もウイルスもそれぞれ特異的な侵入経路をもち，侵入する臓器・細胞によって誘発する病気も異なる．

地球上には数えきれないほどの異なる微生物が存在するが，ヒトに病気をひき起こす微生物はそのほんの一部である．ほとんどの微生物は気がつかないうちに処理されている．微生物によって病気になるのは，われわれの体が侵入した微生物を適

切に処理できない場合である．"病原微生物"は，ヒトの免疫系の裏をかく方法を獲得した微生物であることが多く，自然免疫反応のみでは処理しきれない．それゆえ，それぞれの微生物に特異的な獲得免疫反応が誘導されることが必要となる．この際，**樹状細胞**が侵入した微生物を獲得免疫系に提示するという重要な役割を果たす．自然免疫反応の延長線上に獲得免疫反応があり，最終的に個体として感染体を記憶し，"二度なし"が成立する．ただし，結核菌のように，獲得免疫を駆使してもなお完全に除去することが困難な細菌や，免疫系を攻撃対象にする**ヒト免疫不全ウイルス（HIV）**のようなウイルスなど，宿主免疫系のみでは対処することが困難な病原微生物もある．

15・4 解かれた疑問, 残された疑問

15・4・1 免疫系の特異性と多様性

a. 抗体およびT細胞受容体の多様性を生み出す機構　破傷風毒素の投与で作成された抗毒素血清は，ジフテリア毒素には無効であり，ジフテリア毒素に対する抗血清は，破傷風毒素には無効である．麻疹に感染して発症すれば，二度と麻疹を発症することはないが，水痘には感染・発症する．逆に水痘に感染して発症すれば，二度と水痘を発症することはないが，麻疹には感染・発症する．ここには厳然とした**特異性**が存在する．

微生物感染後には，感染した微生物に特異的な抗体ができる．タンパク質や化学物質に対しても抗体は作られる．その種類は無限とも思える．ジニトロフェノール（DNP）はベンゼン環を骨格とする単純な構造をもつが，DNPに対しても特異的に結合する抗体を作ることができる．DNPは自然界には存在しないが，自然界にも存在しない化合物にまで抗体が作られるのであるから，一体，何種類の抗体が存在するのか，大きな疑問であった．

この問題に対しては，G. EdelmanやR. Porterらが，抗体タンパク質のアミノ末端側には，それぞれの抗体に特異的なアミノ酸配列（**可変領域**）があり，逆に，カルボキシ末端側には限られた種類のアミノ酸配列（**定常領域**）があることを示した（図15・2a参照）．また，利根川 進が，受精卵にコードされる複数のDNA断片がB細胞において再構成されることによって，可変領域の遺伝子が形成されることを証明し，ゲノム中に無限に近い抗体遺伝子がコードされるわけではないことを示した．抗体は，使われる定常領域の種類によって，IgM（免疫グロブリンM），IgD，IgG，IgA，IgEなどのクラスに分けることができる．すべてのB細胞は，はじめはIgM抗体をつくるが，T細胞と相互作用することで，抗原に対する特異性を変化させずに，定常領域のみを変化させてIgGやIgAなどを生み出す．この現象を**クラススイッチ**というが（図15・2b），本庶 佑らによって，クラススイッチにお

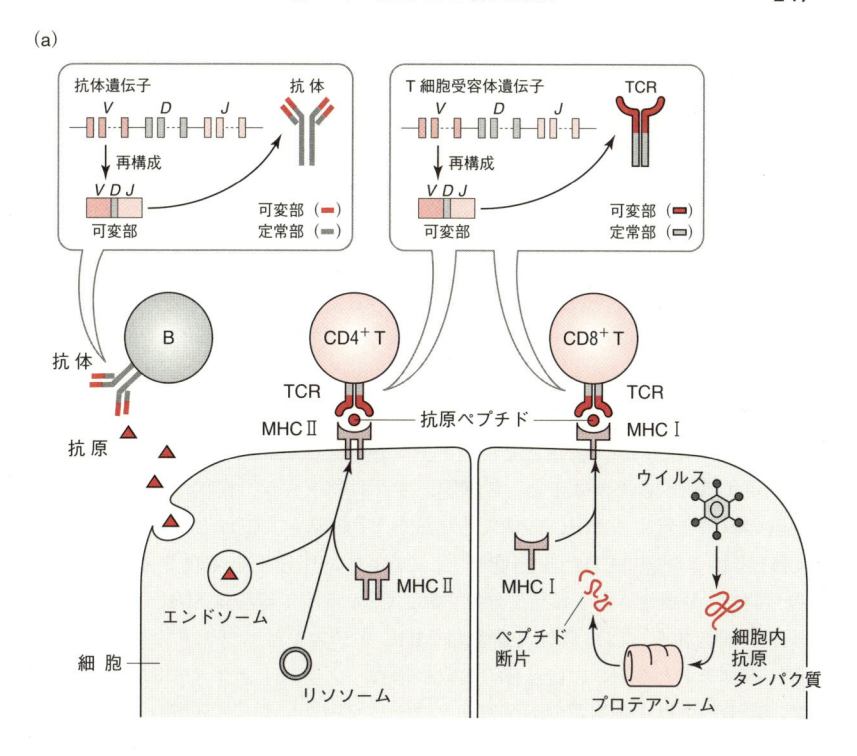

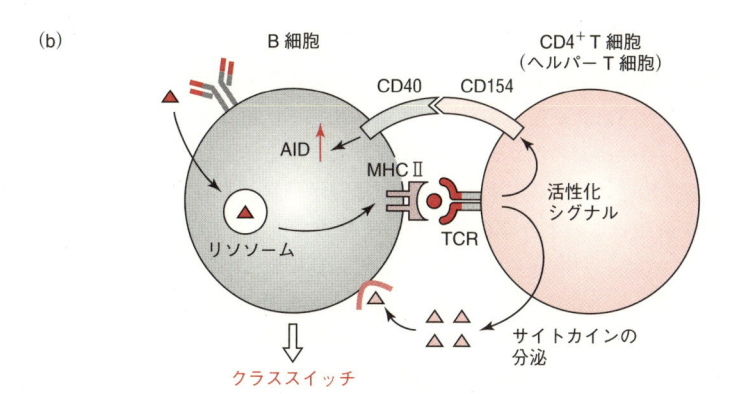

図 15・2 リンパ球による特異的抗原認識と活性化 (a) B 細胞における遺伝子再構成は抗体の多様性を生み，T 細胞における遺伝子再構成は T 細胞受容体の多様性を生む．CD4$^+$T 細胞はクラス II MHC，CD8$^+$T 細胞はクラス I MHC とともに抗原由来ペプチドを認識する．(b) T 細胞による B 細胞のクラススイッチ制御．詳細は本文を参照．

いても定常領域をコードする DNA 断片が組換えを起こすことが示された.

b. T 細胞による抗原の認識　T 細胞も個々の細胞が異なる抗原を認識するが，それに関わる **T 細胞受容体**も遺伝子の再構成によって形成される．抗原受容体の抗原認識機構は，B 細胞すなわち抗体と，T 細胞では大きく異なる（図15・2a）．抗体は抗原に直接結合するが，T 細胞受容体は抗原に直接結合することはできない．R. Zinkernagel と P. Doherty によって，T 細胞が抗原を**主要組織適合遺伝子複合体**（**MHC**; major histocompatibility gene complex）とよばれる分子とともに認識することが明らかにされた．抗原は細胞内で分解され，分解されたペプチドが MHC とよばれる遺伝子産物に会合して細胞表面に運ばれ，T 細胞受容体は，MHC・ペプチド複合体を認識する．

MHC は移植時の拒絶反応の標的となる抗原として見いだされた分子である（§15・4・3 参照）が，構造と発現パターンから2種類に大別される．すべての細胞に発現する MHC クラスⅠと，B 細胞，マクロファージ，樹状細胞などの限られた細胞のみに発現する MHC クラスⅡである．T 細胞も，CD4 という分子を発現する CD4 陽性 T 細胞（$CD4^+$ T 細胞）と，CD8 という分子を発現する CD8 陽性 T 細胞（$CD8^+$ T 細胞）の2種類に分けられ，CD4 陽性 T 細胞は MHC クラスⅡとペプチドの複合体を，CD8 陽性 T 細胞は MHC クラスⅠとペプチドの複合体を認識する．ペプチドと MHC の複合体の生成機構も，クラスⅠとクラスⅡで異なり，クラスⅠにおいては，細胞質内の抗原がプロテアソームによって分解され，生じたペプチドが MHC と複合体を形成するのに対し，クラスⅡにおいては，細胞外から貪食やエンドサイトーシスによって取込まれた抗原が，リソソーム酵素で分解され，生じたペプチドが MHC と複合体を形成する．したがって，細胞内で複製するウイルスの場合には，ウイルス抗原は MHC クラスⅠと複合体を形成し，マクロファージや樹状細胞に貪食された細菌の場合には，細菌由来の抗原は MHC クラスⅡと複合体を形成する．抗原由来のペプチドが MHC と複合体を形成して細胞表面に発現することを**抗原提示**といい，発現する細胞を**抗原提示細胞**とよぶ．

では，なぜT 細胞はこのような面倒くさいやり方で抗原を認識しなければならないのだろう？　これに対する一つの答えとして，B 細胞との相互作用における重要性が考えられている（図15・2b）．B 細胞は，細胞表面の抗体で抗原を認識して活性化されるが，その際に，結合した抗原をエンドサイトーシスで細胞内へ取込む．取込んだ抗原はリソソームで分解され，MHC クラスⅡと複合体を形成して細胞表面に提示される．同じ抗原に対して特異性をもつT 細胞は，その抗原由来のペプチドを MHC とともに認識するために，B 細胞上の MHC クラスⅡと抗原の複合体を認識し，活性化され，サイトカインを分泌する．分泌されるサイトカインによって抗体がどの定常領域へスイッチするかが決まる．同時に，活性化によってT 細

胞上に発現される CD154 という分子が, B 細胞上の CD40 に結合することで, B 細胞に定常領域の遺伝子組換えに必須の **AID** (activation-induced cytidine deaminase) とよばれる分子が発現し, クラススイッチが誘導される.

このように, T 細胞と B 細胞の相互作用は MHC を介して成立するが, それだけで T 細胞が MHC を介して抗原認識をするようになったとは考えにくい. MHC が, もともとは細胞間相互作用を担う分子だったのではないか, など諸説があるが, 真相は不明である. T 細胞受容体と抗体の遺伝子座はよく似ており, T 細胞受容体の可変領域のもととなる DNA 断片も抗体のそれとよく似ている. しかし, T 細胞受容体は直接抗原を認識せずに, MHC を認識するのはなぜだろう? 疑問は尽きない.

15・4・2 自然免疫における認識と特異性

はじめて体内に侵入する微生物を見つけるのは, 抗体やT 細胞ではない. マクロファージや樹状細胞など, 自然免疫系の細胞である. 長い間, 自然免疫は特異性のない反応であるかのように扱われてきた. しかし, 考えてみればマクロファージは, 細菌は貪食しても白血球は貪食したりはしない. 一方で, 自分の細胞でも死細胞は貪食することから, 明らかに貪食の対象を区別している. そこには何らかの特異性があるはずである. このような疑問に答える, 自然免疫系における認識機構の研究が進み, いろいろなことが明らかになってきた (表 15・1).

a. レクチンによる認識　貪食の重要な目印の一つがマンノースをはじめとする糖鎖である. 糖鎖に結合する性質をもつタンパク質を**レクチン**と総称する. 食細胞の表面には, マンノース受容体をはじめとする複数のレクチンが発現している. マンノース受容体は, マンノースが高密度で表面に存在する細菌などに強力に結合し, 微生物を結合して貪食を開始する. 他のレクチンとしては, 真菌の β-グルカンを認識する Dectin-1 や, α-マンナンを認識する Dectin-2, 結核菌の細胞壁成分を認識する Mincle, スカベンジャー受容体もあげられる. スカベンジャー受容体は, 酸化低密度リポタンパク質 (LDL) などの陰性荷電をもつ変性 LDL を取込むが, 強い陰性荷電をもつ異物を結合して取込む性質をもつ.

b. TLR による認識　**Toll 様受容体** (**TLR**; Toll-like receptor) は異物を認識するのみならず, 強力な活性化シグナルによって, マクロファージからは炎症性サイトカインやケモカインの発現を誘導し, 樹状細胞に対しては末梢からリンパ節への移動を促進し, 獲得免疫系を活性化する. TLR は発現パターンによって二つに大別され, 細胞表面の TLR は, おもに細菌や原虫などの認識を介して炎症性サイトカインの発現に関わり, エンドソームの TLR は, 主としてウイルスあるいはウイルス感染細胞中のウイルス成分を認識し, インターフェロン応答に関わる. 微生

表15・1 異物認識受容体の例

名　　称	リガンド	備　考
[細胞表面]		
マンノース受容体	マンノース フコース N-アセチルグルコサミン （GlcNAc）など	細菌認識 抗原取込み
Dectin-1 Dectin-2	β-グルカン α-マンナン	真菌認識 真菌認識
TLR1/2 TLR2/6 TLR3 TLR4 TLR5 TLR7/8 TLR9 TLR10（ヒトのみ） TLR11（マウスのみ）	トリアシルペプチド ジアシルペプチド 二本鎖RNA リポ多糖（LPS） フラジェリン 一本鎖RNA CpG DNA リポタンパク質 プロフィリン	細胞膜 細胞膜 エンドソーム 細胞膜 細胞膜 エンドソーム エンドソーム 細胞膜 細胞膜
[細胞質]		
NOD-1, NOD-2	ペプチドグリカン	サイトカイン発現
Cryopyrin	細菌RNA ウイルスRNA 尿酸結晶 アスベスト 細菌毒素 シリカ 水酸化アルミニウムゲル（アラム）	IL-1β，IL-18のプロセシング
AIM2	二本鎖DNA	IL-1β，IL-18のプロセシング
RIG-I, MDA-5	二本鎖RNA 三リン酸化一本鎖RNA	サイトカイン発現 インターフェロン発現

物に出合ったマクロファージや樹状細胞が，炎症性サイトカインやケモカイン，インターフェロンを発現することで，周囲の細胞に感染を知らせているととらえることができる（コラム17）．

c. 細胞内分子による認識　　細胞内に侵入した微生物を検知する分子機構も存在する．

1）NOD，インフラマソームによる細菌や内在性物質の認識

細胞質に存在する**NOD-1**や**NOD-2**は，細菌の細胞壁成分であるペプチドグリカンを認識し，NF-κBを活性化して炎症性サイトカインやケモカイン発現を誘導する．

| コラム 17 | Toll 様受容体 |

　Toll はショウジョウバエの発生初期に背腹軸を決定する遺伝子として単離されたが，この遺伝子の成体での機能に興味をもった J. Hoffmann が，温度感受性変異体を用いて成体で欠損させたところ，カビに対する生体防御反応に異常を生じることが明らかになった．ショウジョウバエの生体の細胞では，Toll を介して菌類の感染を検知し，NF-κB を介して抗菌ペプチドを発現し，カビの感染に対抗する．哺乳類にも Toll があるのではないかと疑問をもった R. Medzhitov と C. Janeway が類似の遺伝子を発見し，**TLR**（Toll-like receptor）と名付けた．マウスやヒトでは 10 種類程度であるが，植物には 100 を超える TLR の遺伝子があり，さまざまな機能をもつことが予想されるが，研究はあまり進んでいない．

　NOD に類似した **NLR**（Nod-like receptor）ファミリー分子も炎症の誘導に関わる．NLR は NF-κB の活性化は誘導せず，代わりに ASC という分子を介してカスパーゼ-1 を活性化し，炎症性サイトカインのインターロイキン（IL）-1β や IL-18 の前駆体から成熟した IL-1β や IL-18 へのプロセシングに関わる．

　NLR の一つである Cryopyrin は，細菌由来の RNA や，イミダゾキノリンなどのモノヌクレオチド誘導体を認識する．リステリア菌，化膿連鎖球菌，黄色ブドウ球菌などの溶血毒素，ビブリオ属の毒素なども Cryopyrin によって認識される．さらに興味深いことは，痛風の原因となる尿酸結晶や，アスベスト，シリカ，水酸化アルミニウムゲルなども認識して，炎症を誘導する．

　カスパーゼ-1 の活性化を介して IL-1β や IL-18 の発現を誘導する分子集合体を，炎症（inflammation）を誘導するという意味から，**インフラマソーム**（inflammasome）とよぶ（コラム 18）．

2）核酸の認識

　RIG-I，MDA-5，LGP-2 から成る **RLR**（RIG-I-like receptor）ファミリーは，細胞質内 RNA センサーである．RNA ヘリカーゼファミリーに属し，二本鎖 RNA 結合活性をもつ．RIG-I は 5′ 側が三リン酸化した一本鎖 RNA に対する結合能ももち，ウイルス RNA を，キャップ構造をもつ宿主の mRNA と区別している．ウイルスによってセンサーが異なり，たとえば，ピコルナウイルスは MDA-5 によって認識される．RIG-I と MDA-5 は，NF-κB および IRF*経路を活性化し

＊ IRF：interferon regulatory factor（インターフェロン制御因子）

て，サイトカインやインターフェロンの発現を誘導する．LGP-2 はシグナル伝達に関わるドメインをもたず，RIG-I や MDA-5 と競合して反応を負に制御する．

AIM2 は DNA センサーであり，50 塩基対以上の比較的長い二本鎖 DNA を認識し，ASC を介してインフラマソームを活性化する．核内から漏れ出た DNA や，ウイルス由来の DNA を認識すると考えられる．AIM2 に類似した p202 は，DNA への結合能はあるが ASC の結合能をもたず，AIM2 を介した経路を抑制する．

d．細胞機能変化による認識　マクロファージによる貪食は死細胞の除去にも重要である．生体内では，代謝が早い上皮細胞をはじめとして，一定数の細胞が常時死んでおり，死細胞は速やかにマクロファージによって処理される．

マクロファージは死細胞をどのようにして見分けているのか？　細胞を取囲む形質膜は脂質の二重膜であるが，その内側と外側は対称ではなく，ホスファチジルセ

コラム 18　**インフラマソームと炎症性疾患**

インフラマソームは炎症性の疾患と密接な関連がある．NOMID 症候群（ヨーロッパでは CINCA 症候群）は，生後すぐに発症する皮疹，中枢神経系病変と関節症状を三主徴とする遺伝性の慢性自己炎症疾患である．類似した疾患として，じんま疹と腹痛を周期的に繰返す Muckle-Wells 症候群，寒冷によって発熱・関節痛を伴う発疹が出現する家族性寒冷じんま疹が知られる．これらの疾患の責任遺伝子が *Cryopyrin* であった．アミノ酸置換を伴う変異により，*Cryopyrin* が恒常的に活性化され，活性型の IL-1β などが常につくられることで，炎症や発熱が誘導される（IL-1β は内因性の発熱物質である）．

同様な炎症性疾患に，熱の反復発作と多発性漿膜炎を特徴とする遺伝性疾患の家族性地中海熱があるが，その原因遺伝子は *Pyrin* とよばれる．正常な Pyrin が，ASC と *Cryopyrin* の結合に競合することで，カスパーゼ-1 の活性化を調節するのに対し，変異 Pyrin はこの活性が弱く，カスパーゼ-1 の活性化が亢進すると考えられている．

本文中にも述べたように，尿酸結晶を認識して痛風の原因となったり，アスベストを認識して炎症を誘導したり，ここにあげた遺伝病の存在などからも，インフラマソームを介したカスパーゼ-1 の活性化と IL-1β や IL-18 の発現の調節の重要性と，炎症性疾患との関連がうかがえるであろう．このような経路を介した炎症は，自己成分を含む特異的な抗原とは無関係であり，いわば自然免疫を介した自己炎症症候群ともいえる．

インフラマソームの活性化は，しばしばカスパーゼ-3 の活性化を介して細胞死を誘導する．このような細胞死に pyroptosis という名称が提案されている．

リン（PS）は内層に偏って存在する．非対称性は，脂質分子を他の層に反転させる酵素によって維持されるが，**アポトーシス**時には，ATPの枯渇に伴い，反転酵素の活性が落ちることで，PSが外層に表出する．表出したPSは，PS受容体であるTim-4とBAI1に認識され，マクロファージが貪食する．

アポトーシス細胞の貪食は炎症を誘導しないが，微生物感染によって死に至った細胞を貪食した場合には，微生物成分が食胞からリソソーム，あるいは細胞質へと移行することで，上記のさまざまなセンサーによって認識され，炎症のきっかけとなる．一方，感染がなくても，**ネクローシス**によって細胞が死に至る場合には，しばしば炎症がひき起こされる．この場合，認識される分子はネクローシス細胞から漏れ出る細胞内分子であり，尿酸結晶，ATP，ストレスタンパク質（HSP70やHSP90），HMGB1などが知られる．HMGB1は非ヒストン核タンパク質の主要成分であり，転写調節因子として機能するが，細胞外へ放出されると終末糖化産物受容体を介して認識される．IL-1ファミリーのIL-33や，SAP130とよばれるタンパク質も，非ヒストン核タンパク質として核に存在し，ネクローシス時に細胞外へ放出され，IL-33はIL-33受容体，SAP130はMincleというレクチンを介して，他の細胞を活性化する．このような，組織傷害時に"危険信号"として機能する分子を**Alarmin**とよぶ．Alarminによる炎症がさまざまな自己免疫疾患のきっかけとなる可能性が考えられ，多くの研究者の興味を集めている．

15・4・3 自己寛容

MHCは，移植の可否の決定や，免疫反応の調節に関わる遺伝子として見いだされた．ヒトの場合にはMHCクラスIにはA，B，Cの三つの遺伝子座が，MHCクラスIIにもDP，DQ，DRの三つの遺伝子座がコードされ，それぞれの遺伝子座が高い多型性を示す．たとえば，ある人のMHCのパターンはA1/A24・B8/B51・C3/C6・DP5/DP25・DQ7/DQ3・DR53/DR9のようになり（父親由来と母親由来の遺伝子があるので二つずつとなる），これが人によって異なるパターンとなる．同一のMHCをもっている個体同士では移植片は定着するが，MHCが異なれば移植片は拒絶される．これにもT細胞が関わり，自分以外のMHCをもつ細胞を攻撃する．

どうして自己成分には反応しないのか，自己MHCと非自己MHCをどうやって見分けるのか，という**自己寛容**の問題も，免疫学の中心的な課題の一つであった．それに対する答えとして，自己反応性のリンパ球は分化の特定の段階で除去されるという，F. M. Burnetが提唱し，N. Jerneがさらに考察を加えたモデルが，実験的に支持されている．

T細胞では，分化が起こる胸腺において，自己のMHC（自己のMHCと自己成

分由来のペプチドの複合体の総和を意味する）に反応する細胞は，アポトーシスで除かれ，B細胞では，骨髄で自己成分に反応する細胞が除かれる，という実験データが示されている．興味深いことに，胸腺内の上皮細胞が，*Aire* とよばれる遺伝子の助けを借りて，末梢組織にしか発現しない抗原も広範に発現し，それによって多くの自己成分に対して自己寛容が成立すると考えられている．

その一方で，**Foxp3** と名付けられた転写因子で特徴づけられる，**制御性T細胞**とよばれるT細胞を除去すると，広範な自己免疫疾患様の症状が出る．また，*Foxp3* 遺伝子に変異が生じると広範な自己免疫疾患の症状が現れる．これらのことから，自己反応性の細胞の除去は完全ではなく，自己に弱く反応するT細胞が自己成分で活性化されるのを，通常は制御性T細胞が抑制することで恒常性を保っていると考えられている．制御性T細胞には，胸腺で生み出されるものと，末梢で生み出されるものがあることが示されているが，その誘導機序や機能の差異に関してはわからないことが多い．

自己寛容の破綻は，自己免疫疾患の原因となることが予想されるが，自己免疫疾患が自己成分に対する免疫反応として誘導されるのか？　それとも，Alarmin などによる，抗原とは無関係の炎症の結果として誘導されるのか？　ヒトの疾患を考えていくうえで，今後も重要なテーマである．

15・4・4　免疫記憶："二度なし"は万能ではない

"二度なし"は，感染した微生物に特異的なT細胞やB細胞が増殖して数を増やすこと，またB細胞が長期間にわたって抗体を作り続けることで成立すると考えられているが，謎も多い．

いったん増殖して数が増えた細胞は，感染が終息すると再び血管とリンパ管を通って体内をパトロールする．このような細胞を**記憶細胞**とよぶが，記憶細胞の維持には，IL-7やIL-15などのサイトカインが重要である．それに対して，特異的な抗原の必要性に関しては不明な点が多い．記憶T細胞においても，記憶B細胞においても，抗原受容体を発現していることが生存に必須であり，T細胞の場合には，宿主がMHCを発現していることも必要である．これらのことは，抗原による刺激が記憶細胞の維持にも必要であることを示唆する．一方，抗原が不要であるという主張もある．20年以上も麻疹の流行がなかった離島で麻疹が再び流行した際，前回の流行後に生まれた島民が感染したのに対し，前回感染した島民は発症しなかったという報告がある．また，天然痘は1978年に最後の患者が発生して終息したが，種痘によって誘導されたワクチニアウイルス（牛痘ウイルス）に対する抗体は30年後の今でも検出される．一般に，ウイルスに対する免疫記憶の方が長期間維持されるが，少量のウイルスが体内に長期間残るからではないか，つまり微生物

そのもの，あるいは微生物由来の微量な抗原が体内に残ることが，記憶細胞の維持に重要な役割を果たすという可能性や，微生物以外の抗原のなかに類似した抗原があり，それらによって記憶細胞が維持されるという可能性などが提案されている．記憶細胞の維持における抗原の役割に関しては，いまだ結論は得られていない．

"二度なし"を応用したワクチンは，感染症の予防にきわめて有効であるが，"二度なし"が成立しない微生物も多く，そのような微生物に対するワクチンの開発は困難である．特に，**腸管感染症**の病因微生物に対しては"二度なし"はなかなか成立せず，またワクチンの開発も遅れている．一つの理由としては，消化管という特殊な環境が考えられる．消化管はさまざまな異物が通過するところであり，いちいち食物に免疫反応を起こしては大変である．そのために，経口摂取した抗原に対しては，免疫反応は起こりにくく，むしろ**不応答**あるいは**寛容**が成立する．機序としては，経口的に接種した抗原に対しては，制御性T細胞が優位に誘導される，といわれている．その一方で，小児麻痺の原因ウイルスであるポリオウイルスは経口的に感染するが，強力な免疫記憶が誘導される．なぜ，特定の病原体には記憶が成立し，一方で記憶が成立しない病原体が存在するのか？　また，花粉など，危険ではない物質に対して反応し，記憶が成立することでアレルギー性疾患の原因となる．何に対してより強力に記憶が成立するのか，感染症の制御を考えるうえで最も重要な課題の一つである．

15・5　おわりに

今日では，微生物に対する生体防御系としての側面よりは，アレルギーや自己免疫疾患の原因としての免疫系に対する興味が大きい．しかし，後者の理解にとっても，微生物と宿主との相互作用の理解は貢献するだろう．獲得免疫系の起動に自然免疫系の反応が重要であることは，アレルギーや自己免疫疾患にもその根底に自然免疫反応があることをうかがわせるものであり，さらなる研究の進展が望まれる．今後解かれなければならない問題をいくつかあげたが，若い研究者がこれらの問題に取組んでくれることを期待する．

■ 分子生物学会の30周年にあたって

30年前の分子生物学は，細菌を材料にした分子遺伝学が主流であり，第1回の年会でもそのような演題が並んでいたと記憶している．いつのころからか分子生物学的手法を用いた研究，特に遺伝子クローニング，が流行りはじめ，クローニングの成果は，なぜか，それぞれの分野の学会ではなく，分子生物学会の年会で発表されることが多くなり，その結果として学会がどんどん大きくなっていったように思われる．今後，大きくなった分子生物学会はどのような学問を開拓していくのか？　皆で考えたい．

16

ゲノム創薬科学

16・1 はじめに

創薬研究は，先端的な科学と技術の融合の上に成り立っている．したがって，創薬研究のアプローチの歴史を振返ってみると，それぞれの時代における先端的な科学と技術に基づき，研究コンセプトや開発手法の技術が大きく推移している．近年，各学問領域のなかで，生化学，分子生物学，細胞生物学の著しい進展には目をみはるものがあるが，なかでも最大の収穫の一つは**ヒトゲノムの完全解読**であろう．ヒト以外のモデル生物のゲノム情報の充実と相まって，ゲノム科学が著しく進展してきている．このような背景のもと，従来の化学合成が起点の，試行錯誤的なオーソドックス創薬研究は，ゲノム情報に医学・生物学的知識を盛り込み，バイオインフォマティクス，ゲノムテクノロジーにより薬物標的を絞り込み，さらに構造生物学などの情報を駆使して特異的低分子化合物（または抗体，核酸）をデザインすることなどによる医薬創製を図る**"ゲノム創薬"** へとパラダイムシフトしつつある．さらに，"ゲノム創薬" は新薬創製のみならず，化合物による生命現象の解明アプローチであるケミカルバイオロジーの展開を推進している．

　ゲノム研究を基盤とする創薬研究と従来の創薬研究との最も大きな違いは，これまでの創薬研究が一つのターゲットを対象としてそれに対する活性を中心に調べていたのに対し，ゲノムの全解読により遺伝子あるいはタンパク質全体を対象としたネットワークの研究が可能となった点であろう．すなわち生命現象（その異常の病気も）の全体像をとらえる解析が可能となるであろう．生命科学研究がシステム生物学的方向へと向かう一方で，医療そのものは個人個人の遺伝的体質に基づいて個人差を考慮し，その個人に合う有効な薬剤を選択し最適量を処方する**"テーラーメイド（オーダーメイド）医療"** に向かう．疾患の治療とともにゲノム医科学を基盤とした先制医療・予防医療，また再生医療などの最先端医療が飛躍的に発展するものと期待される．生命科学ネットワークの理解に基づく創薬，またテーラーメイド医療を可能にするゲノム創薬研究がひき続き進展することは明らかであり，また各種のゲノム科学技術開発と相まって，ますます活発な創薬研究開発が期待される．

16・2　ヒトゲノム情報の医学への応用

　ヒトゲノム，すなわちヒトのDNAの全塩基配列を完全に解読することを目的とした，各種政府機関・民間研究機関による国際的研究プロジェクト（ヒトゲノム計画）により2003年4月にヒトゲノムの99％が解読され（データ精度99.99％），ヒトゲノム解読完了が発表された．ゲノムの生物学的な意義を解き明かすことがこれからの最重要課題である．膨大なゲノム情報からコンピューターを用いて生物学的な意味を探すアプローチとして**バイオインフォマティクス（生物情報学）**が生まれた．コンピューターを用いた演算により生命現象の解明を進めていくという"生

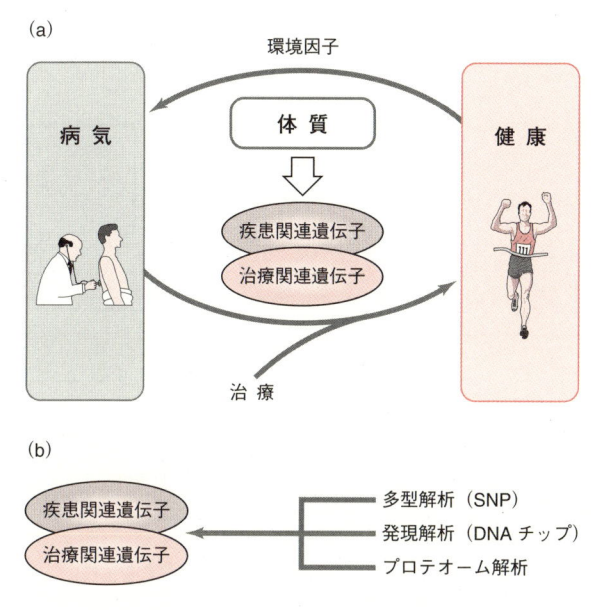

図16・1　ゲノム科学による健康―病気の理解の進化　(a) 病気の理解は遺伝子レベルで．(b) 各種オミクス解析による病気の理解

命科学"と"情報科学"の融合分野である．現在，ヒトゲノム情報をはじめとする膨大で多種多様な生物学情報を効率よく整理・解析し，さらにその生物学的・医学的意味を明らかにするためには，バイオインフォマティクスは生命科学研究にとって必要不可欠になってきている．バイオインフォマティクスによる解析や実際の実験的検証から，2011年現在ゲノムに存在する遺伝子数は約22,000程度と推定されている．この遺伝子により規定されている遺伝子産物であるタンパク質がさまざまな生命現象の直接の担い手である．環境因子と従来より"体質"とよばれている内

因的要因である遺伝子が複雑に相互作用し生命ネットワークに異常を来した状態が"病気"と考えられる．また，薬物を代表とする各種の治療はこの"病気"状態から回復させる働きをすると考えられる（図 16・1 a）．

遺伝子多型の存在は従来よりわかっていたが，詳細なゲノム構造解析により多数の遺伝子多型が見いだされている．なかでも全遺伝子多型の約 85 % は**一塩基多型**（**SNP**; single nucleotide polymorphism）であると推定されている．ヒトゲノム塩基配列は 99.9 % が同一で，約 0.1 % の SNP などの個人間の相違がある．30 億塩基対より成るヒトゲノムの 0.1 % は約 300 万塩基に相当し，この違いのほとんどが SNP であり，かつ SNP はその数が非常に多いことから，全ゲノムを通して均等に配置されているような SNP を用いた詳細なゲノムの SNP 地図は，各個人の遺伝的

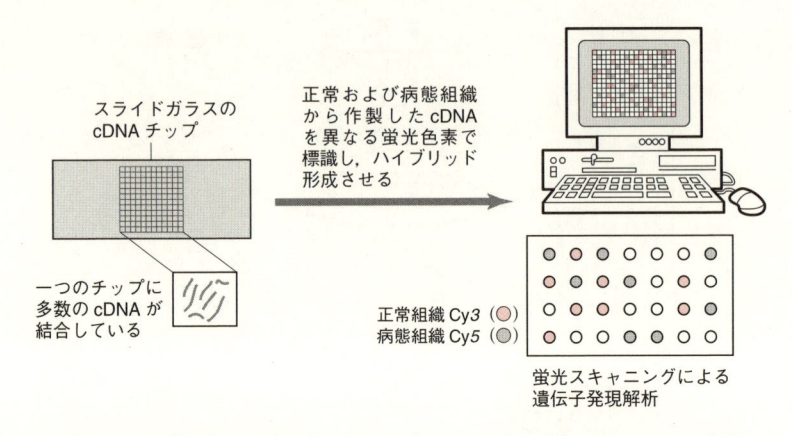

図 16・2　DNA マイクロアレイ　マイクロアレイによる cDNA チップの作成（マイクロアレイの作業全体）の流れを示した．手順としては，① アレイ上に配置する DNA の調製，② アレイの作製，③ 解析する RNA を鋳型とした蛍光標識プローブの合成，④ ハイブリッド形成，⑤ シグナルの検出，である．

背景を個別化するのに最適であると考えられる．すなわち，SNP は各個人のゲノム上に書かれた個人認証のバーコードとして考えられ，実際この SNP をもとに各種疾患の相関研究から関連遺伝子を探索する研究が全世界的になされている．特に，次世代シークエンサーとよばれる高速高効率な塩基配列決定機器の登場により（§ 4・10 参照），全ゲノムにわたる（ゲノムワイドな）相関研究（**GWAS**; genome-wide association study）が一段と加速化され，現在 150 以上の表現型（多くは病気）に 600 以上の GWAS がなされ，相関のある SNP が 800 以上同定されている．

SNPはゲノムに刻印されたバーコードのような構造上のマーカーであるが，一方いろいろな病気や薬の投与のような生体内の環境変化に対応して細胞内で働く遺伝子の量的な変化も生体内の機能を考えるとき重要である．このような遺伝子の量的変動を分析するツールとして**DNAチップ**（**DNAマイクロアレイ**）がある（図16・2）．細胞内でどの遺伝子が発現しているかなどの定量分析を遺伝子それぞれにPCRなどを用いて行うのは現実的ではなく，DNAチップを用いることにより一度に大量の遺伝子発現を分析できる．

　以上の，SNPバーコードやDNAチップによりモニターされる遺伝子の発現状況と臨床情報（発現型）とを比較解析する相関研究から，各個人の"体質"〔特定の病気に対するかかりやすさや薬物応答性（レスポンダー，ノンレスポンダー）や副作用発現〕に関与する遺伝子群や多型の同定研究が可能となった（図16・1b）．これらの情報をもとに，多くの病気ではその病因，病態メカニズムに関連するパスウェイ解析が可能となり，さらに新たな薬物標的分子群が見いだされつつある．これらの情報を用いて患者ごとの遺伝的特性に合わせて最適の薬を選択し，投与設計を行うテーラーメイド医療への応用が期待されている．

16・3　薬理ゲノミクス（ファーマコゲノミクス）

　前節で述べたように，ヒトゲノムプロジェクトにより整備されてきているゲノム情報と進化しつつあるゲノムテクノロジーに基づくゲノム科学を，新薬の探索研究から開発，さらにテーラーメイド医療の臨床使用に適応しようとするものとして急速に進展してきたものが**薬理ゲノミクス**（pharmacogenomics）である．すなわち，薬理ゲノミクスは，最新のヒトゲノム情報，ゲノム解析技術を駆使し，網羅的・体系的に，たとえば個々の患者における**薬物応答性**，**副作用**の発現などを予測する方法論で，ヒトゲノムプロジェクトの最も近未来的な応用として にわかに現実味を帯びてきている．

　動物実験においても薬効・毒性評価において種差があること，さらに医薬品の臨床効果・副作用などで人種差・個人差があることはよく知られている．一般的に，既存薬の1/4～1/3では患者が応答しない，もしくは応答しにくいといわれている（表16・1）．また，米国の報告によると，"1994年の処方箋の数が約30億であるのに対して，薬物治療の副作用により約200万人が入院しており，約10万人が死亡している．これは全米の死因の第4位で，薬物治療の副作用により派生した医療費は約8.4兆円にもなる"と考えられている(J. Lazarou *et al.*, *JAMA*, **279**, 1200 (1998))．この一因として，今日の医薬品は，その開発の段階で，個人差を無視した集団に対する（古典的平均を目指した）統計学的情報を，（多様性に富む）個人個人に適応させていることによるといわれている．したがって，このような医療経済上も非常

に大きな問題である"薬物の個別最適化"の問題は，当然ながら医薬品の承認申請に関与する当局の重大な関心事でもあり，事実 米国食品医薬品局（FDA）や厚生労働省も薬理ゲノミクスへの取組みをガイドライン化している．

表 16・1 病気治療薬の薬効応答性

病　気	治　療　薬	プア/ノンレスポンダーの割合（%）
が　ん	各　種	10〜70
糖尿病	スルホニル尿素	25〜50
	チアゾリジン薬（グリタゾン類）	20〜40
喘　息	β_2 刺激薬	40〜75
関節リウマチ	非ステロイド性抗炎症薬（NSAID），COX-2	20〜50
消化性潰瘍	プロトンポンプ阻害薬	20〜90
高血圧	チアジド系利尿薬	50〜75
	β 遮断薬	20〜30
	アンギオテンシン変換酵素（ACE）阻害薬	10〜30
	ARB（アンギオテンシンII受容体遮断薬）	10〜30
脂質異常症	HMG-CoA レダクターゼ阻害薬	30〜70
うつ病	SSRI（選択的セロトニン再取込み阻害薬）	20〜40
	三環系抗うつ薬	25〜50
前立腺肥大症	ステロイド 5α-レダクターゼ阻害薬	40〜100

　薬理ゲノミクスという方法論を用いてどのような"遺伝的背景"が"薬効の個人差"になるか，を理解することにより，新薬の探索研究から，臨床開発，臨床使用（処方），さらには医薬品の承認申請プロセスにもいろいろな影響が考えられる．探索研究においては，ヒトゲノム情報，ゲノム解析技術によりヒト疾患発症機構解明に基づく疾患関連遺伝子，治療関連遺伝子の絞り込み，同定，さらには，それらを標的とする低分子リード化合物の探索が期待される．前臨床段階では，各種培養細胞，疾患動物モデル，ヒトやモデル生物の比較ゲノム情報などをもとに，ヒトにおける応答性や副作用発現を予測することが期待される．また，既存薬物に対する応答性に応じた，レスポンダー（薬効応答者），ノンレスポンダー（薬効非応答者），副作用発現群におけるゲノム解析情報から，特定の患者集団に対する新たな医薬品開発も可能となろう．すでに，欧米の製薬企業ではマイクロアレイ DNA チップによるヒト培養細胞における各種遺伝子発現プロファイル解析データベースを用いた遺伝子発現レベルの比較から，新薬の薬効・副作用を前臨床で予測し，その後の開発の重要な指針としている．また，既存薬の再評価も行われ，既存薬より大きな効果を得るために患者が他の薬剤を選択することもできるようになるだろう．臨床

研究段階においては，治験被験者の層別化（レスポンダー，ノンレスポンダー，副作用発現群の特定化）により，臨床治験の効率化（より小規模，迅速，安全）が図られ，薬効の最適化によって同種の他薬剤との差別化が可能となる．臨床治療においては，安全で効果的な，個別最適化された薬物選択と投与設計（テーラーメイド医療）が期待される．臨床医学が目指している**"根拠に基づく医療"**（**EBM**; evidence based medicine）は"信頼性の高い最新情報から得られる最善の根拠"をもとに個々の患者にとっての最適の医療を考えるものである．薬理ゲノミクスは，このEBMを強力に推進する方法論であり，また，薬理ゲノミクスに基づくテーラーメイド医療により，無効な薬物の使用や副作用が減少し，医療費全体の削減にも貢献するであろう．

16・4　ゲノム創薬

20世紀末のゲノム科学の著しい進展は創薬に大きな変革をもたらし，従来の"化学ありき"のオーソドックスな創薬が新たな生命科学を基盤とする創薬へと生まれ変わりつつある．また，各種ゲノムデータベースやバイオインフォマティクスの急速なる進展の影響は，生物学研究にとどまらず，化学と生命科学の融合であるケミカルバイオロジー（chemical biology，化学生物学）という新しい科学領域の創成にまで至っている．このような基盤科学の進展に伴い，創薬科学に**"ゲノム創薬"**という新たなパラダイムシフトが産まれ，その可能性に大きな期待が寄せられている．

テーラーメイド医療は薬理ゲノミクスによる網羅的な薬理遺伝学解析だけではなく，個々の患者の病態機構に対応する治療薬があってはじめて可能となる．多くの"ありふれた病気"（高血圧，糖尿病などの生活習慣病）は多因子性の疾患であり，個々の患者の発現型は同じでもその発症メカニズムが異なり，関与する遺伝子（群），分子機構が大きく異なる場合があり，そのような多様な分子病態に対応する治療薬の"品揃え"によりテーラーメイド医療は可能となる．その方法論がゲノム創薬である．2011年現在ヒト遺伝子は約22,000と予測されているが，創薬の標的はその遺伝子全体の約6％，少なくとも約1000以上と想定されている（あくまでも酵母などのモデル生物からの類推であるが）．ヒトの全遺伝子情報を用いれば，創薬の研究対象は確実に広がり，また，ゲノム情報の解読に基づく機能ゲノム科学や構造生物学が進展することにより，個々の遺伝子やタンパク質の機能解析がさらに進化し，病気の発症機序に基づく明確な治療標的のレパートリーが増加するであろう．しかし，従来の創薬とゲノム科学に基づくゲノム創薬の最も大きな違いは，これまでの創薬が一つの標的分子を対象とし，その機能，病態における役割などを調べていたのに対して，ゲノム創薬研究では全遺伝子あるいは全タンパク質を対象とした網羅的研究が可能となったことから，生命現象の全体像をネットワークとしてとら

える研究，すなわち非常に複雑多様な病気の機構を丸ごと網羅的に解析・俯瞰することが可能になったことである．DNAマイクロアレイやプロテオーム解析による薬物に対する生体の応答性や副作用の予測も可能となり，コンピューターによる分子設計と相まって薬物がデザインされると考えられている．このように，作用機序の異なる治療薬の"品揃え"を可能とするゲノム創薬は，テーラーメイド医療を実際に行う車の両輪と考えられる．

| ゲノム研究 | 標的分子探索・妥当性研究 | シード化合物発見 | 化合物最適化 | 安全性・薬物動態研究 | 薬理ゲノミクス研究 | 臨床開発研究 |

図16・3　ゲノム創薬 バリューチェーン

すでにゲノム創薬の戦略はかなり確立されつつある（図16・3）．ゲノム創薬プロセスは，創薬ターゲットの探索から創薬リード化合物探索を経て臨床段階に至る広範で高度に専門化した領域から成る．このバリューチェーン（value chain）の各ステップの迅速かつ高効率なシステムが求められている．現代ゲノム創薬の最右翼の方法論がバイオインフォマティクスを活用する**インシリコ創薬**である．インターネットによる情報グローバル化の今日，いかに効率よく，また迅速に，網羅的に必要な情報を抽出し，さらにその情報に基づき具体的な創薬研究を効率よく推進するか，いわばwet biologyとdry biologyがいかに適切かつ効率的に組合わされるか，ということが要諦である．

16・5　まとめと展望

ゲノムサイエンスの大きなうねりが創薬研究そのものを大きく転換しつつある．遺伝子機能の解明，疾患病態生理，さらには化学物質系関連領域の最近の急速な進歩（コンビナトリアルケミストリー[*1]とハイスループットスクリーニング法[*2]の発展）と相まって，治療薬の開発は従来にないスピードで可能となってきている．これらの創薬科学の両輪である生物系と化学物質系関連領域における**分子多様性**（molecular diversity）より，創薬科学研究は現在 情報加重付加の状況にあり，この

[*1]　**コンビナトリアルケミストリー**：組合わせ論に基づき基本骨格や官能基を多様に組合わせて設計された一連の化合物群を一度に系統的な経路で迅速・効率的に合成するための実験手法およびそれに関する研究分野．

[*2]　**ハイスループットスクリーニング**：コンビナトリアルケミストリーなどを用いて合成された大規模な化合物ライブラリーの中から高速・高効率に有用な化合物をスクリーニングすること．

情報過剰を統合化するバイオインフォマティクス，さらには化学と融合して創薬に導くインシリコ創薬により合理的な創薬科学が今まさに誕生しようとしている．

　創薬科学の基礎は，健康を維持するための恒常性（ホメオスタシス）の機構をいろいろなレベルで説明しようという試みである．ゲノム創薬では用いられる"言葉"（方法論）が"ゲノム"であり，さらに，生体を構成する全タンパク質の総称としてプロテオーム（proteome），代謝物のメタボローム（metabolome）といった新たな潮流が見えてきている．従来の分子医学では特定の遺伝子（産物）に注目して病態や治療を解析してきたが，ゲノム医学時代に入り，網羅的なゲノム，プロテオームのスキャンニングが可能となり，これらの技術革新は臨床薬理，臨床毒科学にも応用され，原因に応じた治療薬の選択といった目的での遺伝子診断の検討も進められている．この新たな潮流は単に医療に資するのみならず，新しい医学，治療学をも創造するであろう．優れた治療学は，疾患関連遺伝子に関する解析だけでは不十分であり，疾患治癒の分子ネットワーク機構を解明にもつながるものである．さらに，これらの機能解析により創薬科学は新しい次元を獲得し，その効率化は言うに及ばず根本的なコンセプトの変革をもたらすであろう．すなわち，創薬科学が従来の合成化学を中心にした発展過程から真にゲノムサイエンスを基礎にした分子医科生物学を核に新しい発展過程に入ることが期待される．このことにより初めて，ヒト病態についての深い洞察による治療薬創製が可能になると思われる．人類に貢献した偉大な治療薬の創製はよく"セレンディピティー"で表現されるが，現在の創薬科学はまさに偉大な先人たちのこの"セレンディピティー"がアートからサイエンスの段階に入ったところと考えられる．

参 考 図 書

- "21世紀の創薬科学"，序文，第4章（細胞情報認識と創薬への応用），野口照久・石井威望 監修，辻本豪三・田中利男 編，共立出版（1998）．
- "ゲノム機能研究プロトコール：マイクロアレイ，PCR，バイオインフォマティクスの最新技術からSNP，モデル生物の解析まで"，辻本豪三・田中利男 編，羊土社（2000）．
- "ゲノム創薬―創薬のパラダイムシフト（ポストシークエンスのゲノム科学 5）"，松原謙一・榊 佳之 監修，古谷利夫・増保安彦・辻本豪三 編，中山書店（2001）．
- Steen Knudsen 著，"わかる！使える！DNAマイクロアレイデータ解析入門"，塩島 聡・松本 治・辻本豪三 監訳，羊土社（2002）．
- "ゲノム研究実験ハンドブック"，辻本豪三・田中利男 編，羊土社（2004）．
- "インシリコ創薬科学―ゲノム情報から創薬へ"，藤井信孝・辻本豪三・奥野恭史 編，京都廣川書店（2008）．

索　引

あ

IRS　49
Ime1　129
iPS細胞　176
悪環境耐性植物　239
5-アザシチジン　162
アストログリア　199
アセチルCoA　44
アダプター複合体　110
アディポネクチン　54
アディポネクチン受容体　54
アデノシン三リン酸（ATP）
　　　　　　　　　　　41
アブシジン酸　233
アプタマー　80,95
*erbB*ファミリー遺伝子　139
アポトーシス　255
アミノアシルtRNA　84
Alarmin　255
rRNA　81
RecQ　183
*Alu*因子　91
RNA　79,82
RNAi経路　92
RNA結合タンパク質　95
RNAサイレンシング機構　92
RNA腫瘍ウイルス　133
RNAセンサー　94
RNAバイオロジー　79
RNAポリメラーゼ　22
RNAワールド　19,80
RNP顆粒　96
RNPワールド　83
Rme1　129
RLR　253
アルツハイマー病　29
Rbタンパク質　125,134

αヘリックス　19
アレルギー　256
アロステリック効果　95
アンチコドン　85
Anfinsenのドグマ　25

い

eIF　51
ER　10
ERAD　10,32
*erbB*ファミリー遺伝子　139
ES細胞　154,173
異化　42
EGF受容体　139
一塩基多型（SNP）　74,260
遺伝暗号　65,84
遺伝形質　60
遺伝子　59,69
遺伝子組換え植物　239
遺伝子構造　69
遺伝子再構成　249
遺伝子サイレンシング　188
遺伝子増幅　137
遺伝子多型　260
遺伝子ターゲッティング　155
遺伝地図　63
遺伝的浮動　89
E2F　125
EpiSC　156
EBM　263
異物認識受容体　252
イモリ　171
飲作用　13
*in situ*ハイブリダイゼーション
　　　　　　　　　　　151
インシリコ創薬　264
インスリン　48
インスリン・IGF-1経路　186

インスリン受容体　48
インスリン受容体基質（IRS）
　　　　　　　　　　　49
インスリン抵抗性　52
インスリン分泌低下　52
インターフェロン　246
イントロン　69,87
陰嚢がん　133
インフラマソーム　253
インポーティン　14,33

う，え

ウイルス　246
ウイルス耐性作物　237
ウェルナー症候群（WS）　183
運動野　198

AIM2　254
AID　251
AMP依存性プロテインキ
　　　ナーゼ（AMPK）　54,190
ALS　29
*Alu*因子　91
エキソサイトーシス　12
エキソン　69,87
エキソン仮説　87
エキソンシャッフリング仮説
　　　　　　　　　　　87
液胞　13
エクスポーティン　14,33
*SIR2*遺伝子　188
SINE因子　90
Src　133
*src*ファミリー遺伝子　137
SRP　34
SERM　114
SH2ドメイン　137
snRNA　89

snRNP 89
SNAREタンパク質 37
snoRNA 89
SNP 74,260
Sox2 160
S期 118
X線回折法 23
X線結晶解析 23
HIV 248
HER2 140
HAT複合体 110
Hox遺伝子 147
HGPS 183
HDAC複合体 110
ATP 41
ATP合成酵素 15
NES 33
neu 140
NAD^+ 42
NAD^+依存性脱アセチル酵素 188
NMR 23
NMDA受容体 138
NLR 253
NLS 33
NOD 252
ncRNA 80
ntES細胞 175
エネルギー 237
エネルギー代謝 41
エネルギーマップ 24
エピゲノム解析 77
エピジェネティクス 93
エピジェネティック制御 77
エピブラスト 156
エピブラスト幹細胞（EpiSC） 154
エボリー 158
エフェクター 236
FAD 42
FOXO転写因子 186
F_0F_1-ATPアーゼ 15
FT遺伝子 232
Aマイナーモチーフ 85
miRNA 80
mRNA 64,79
Mei2 130
MHC 250
MHCクラスI 250
MHCクラスII 250
MAT座位 188

MAPキナーゼ経路 142
MAPK 49
Mmi1 130
M期 118
Mサイクリン 124
MPF 124
MyoD 161
LINE因子 90
塩基 63
沿軸中胚葉 156
炎症 52
延髄 198
エンドサイトーシス 10,12
エンドソーム 10,11,12
煙突掃除夫 133
エンハンサー 71

お

OSVZ 206
覆いかぶせ運動 158
オーガナイザー 147,158
オーキシン 233
オーダーメイド医療 258
オートクリン 102
オートファゴソーム 13,39
オートファジー 10,13,39
オートファジー経路 11
オーファン受容体 105
オペレーター 65
オミクス 74
オリゴデンドログリア 199
オルソログ 73
オロバンコール 234
温度補償性 212

か

開口分泌 12
KaiC
——のATP分解 219
——のリン酸化サイクル 217
概日時計 212
ガイダンスシグナル 232
解糖系 43
外胚葉 156

灰白質 197
化学発がん 133
下丘 198
核 13
核移植ES細胞（ntES細胞） 175
核外輸送シグナル（NES） 33
核局在化シグナル（NLS） 33
核磁気共鳴法 23
核小体 13
核小体内低分子リボ核タンパク質 89
獲得免疫 247
核内受容体 104
核内受容体スーパーファミリー 105,108
核内低分子RNA 89
核内低分子リボ核タンパク質 89
核膜 13
核膜孔 13
核膜孔複合体 13
核輸送 33
隔離膜 39
花成ホルモン 232
割球 152
滑面小胞体 10
可変領域 248
カロリー制限 189
がん 132
がん遺伝子 133
感覚野 198
間期 118
環境ストレス応答 235
がん原遺伝子 137
還元分裂 128
幹細胞 166
感染症 244
がん治療 144
間脳 198
間脳胞 196
寛容 257
がん抑制遺伝子 133

き

記憶細胞 256
奇形がん腫 154
希突起膠細胞 199
キメラ 154

索引

逆転写酵素 66,91
ギャップ遺伝子 148
Q_{10} 220
橋 198
狂牛病 (BSE) 29
凝集体 28
共生 14
極限寿命 181
極性 7
極性化活性領域 (ZPA) 151
魚類胚 157
キラーT細胞 247
筋委縮性側索硬化症 (ALS) 29
緊張緩和型自励振動 224

く

クエン酸回路 44
組換えDNA技術 66
クラススイッチ 248
クラスリン 12
グラナ 15
グリア細胞 198
グリコーゲン 49
グリコーゲン合成酵素 50
グリコーゲンホスホリラーゼ 50
クリステ 15
グルコキナーゼ 50
グルコース 43
グルコース-6-ホスファターゼ 50
グルコース1-リン酸 49
グルコース6-リン酸 43
クールー病 30
グループⅠイントロン 81
グループⅡイントロン 81
クロイツフェルト・ヤコブ病 29
クロマチン 13
クロマチンリモデリング 112
クローン 154
クローン化 66

け

形質細胞 247

経時老化 182
KaiC 217,219
欠失 74
血清療法 245
結節 156
ゲノム 59
ゲノム解析 71
ゲノムサイズ 87
ゲノム創薬科学 258
ゲフィチニブ 144
ケモカイン 246
ゲル電気泳動 69
原口背唇部 158
原始rRNA 84
原条 156
原始リボソーム 84
減数分裂 117,118,127
原腸陥入 156,157
原皮質 197

こ

コアクチベーター 110
好気呼吸 45
抗原 246
抗原受容体 138
抗原提示細胞 250
抗原認識 249
交差 62
恒常性 101
合成リガンド 114
酵素 41
抗体 245
抗体治療薬 144
好中球 246
後頭葉 197
後脳胞 196
酵母 120
黒質 198
コシャペロン 27
コード領域 65
コドン 84
古皮質 197
コリプレッサー 109
ゴルジ体 8,10
根拠に基づく医療 (EBM) 263
コンタクトサイト 16
コンティグ 68

さ

サイクリン 124
サイクリン依存性キナーゼ (CDK) 124
再シークエンス 75
再生 166
再生医学 166
再生芽 171
再生産モード 190
サイトカイニン 233
サイトカイン 246
サイトゾル 3
細胞 3,117
細胞間情報伝達 101
細胞骨格 17
細胞質 16
細胞質分裂 122,127
細胞周期 117,134
細胞傷害性T細胞 247
細胞小器官 3,7
細胞説 3
細胞内シグナル 137
細胞内膜系 9
細胞板 127
細胞分化 147
細胞分裂 117
細胞分裂抑制因子 (CSF) 129
細胞膜 6
細胞膜受容体 102
細胞融合 175
SINE因子 90
サーカディアンクロック 212
Src 133
src ファミリー遺伝子 137
Sirtuin 188
サッカロミセス酵母 121
殺菌能 247

し

シアノバクテリア 214
G_0期 125
G_1期 119
G_2期 119
G_1サイクリン 125

CaMKK 54
CSF 129
GFP 17
CLE 156
色素体 14
子宮頸がん 134
軸索 198
シグナル認識粒子（SRP） 34
自己寛容 255
自己切断リボザイム 81
自己複製能 167
自己免疫疾患 256
脂質二重層 4
視床 198
視床下部 198
視床上部 198
シスゴルジ 11
次世代シークエンシング 75
自然免疫 246
GWAS 74
Gタンパク質共役型受容体 104
cDNA 66
cDNAプロジェクト 72
CDK 123
cdc2 122
CDC28 122
*cdc*変異株 120
CD4陽性T細胞 250
CD8陽性T細胞 250
ジデオキシヌクレオチド 67
四分子 128
ジベレリン 233
脂肪 46
姉妹染色分体 119
ジャスモン酸 233
シャペロン 10,25,95
周期 212
重金属高集積植物 239
収縮環 127
終脳 197
終脳胞 196
宿主免疫 244
樹状細胞 246
樹状突起 198
出芽酵母 187
種痘 244
主要組織適合遺伝子複合体（MHC） 250
受容体 101
上丘 198

小膠細胞 199
ショウジョウバエ 60
──の発生遺伝学 147
脂溶性ホルモン 104
常染色体 62
小脳 198
上皮増殖因子受容体 139
小胞体 8,10,31
小胞体関連分解（ERAD） 10,32
小胞体ストレス 10
小胞輸送 36
初期胚 153
食作用 13
植物科学 231
植物ホルモン 233
植物免疫 235
食料 237
女性ホルモン 104,115
ショットガン法 69
自励振動 222
神経 195
神経管 201
神経幹細胞 202
神経膠細胞 198
神経細胞 198
神経上皮細胞 203
神経板 201
神経変性疾患 29
人工多能性幹細胞 176
新皮質 197

す

髄鞘 199
膵臓外分泌細胞 163
膵臓内分泌細胞 163
髄脳胞 196
水溶性ホルモン 102
スタート 118,122
ステロイドホルモン 108
ストリゴラクトン 234
ストリゴール 234
ストレス応答 235
ストレス耐性モード 190
ストロマ 15
SNP 74,260
SNAREタンパク質 37

スプライシング 69
スプライソソーム 69,89

せ

制御性T細胞 256
性決定座位 188
制限酵素 66
制限点 118
精子 60
成熟卵 123
星状膠細胞 199
性染色体 62
生体膜 4
セグメントポラリティー遺伝子 148
セツキシマブ 144
接合フェロモン 122
接着結合 7
接着斑 7
ZPA 151
染色体外環状rDNA 188
染色体クローンライブラリー 66
染色体構造調節 111
染色体転座 135
染色体分離 131
選択的オートファジー 13
選択的除去制御機構 131
選択的スプライシング 70,90
先天性機能不全 113
前頭葉 197
前頭連合野 198
セントラルドグマ 64,79
1000人ゲノムプロジェクト 76
全能性幹細胞 167
前脳 196
選別輸送 8
前立腺がん 114

そ

桑実胚 153
相同染色体 62

索引

挿　入　74
早老症　183
側頭葉　197
側頭連合野　198
Sox2　160
粗面小胞体　10

た

第一分裂　128
対　合　128
体細胞　169
体細胞分裂　118
体軸幹細胞　156,158
代　謝　41
代謝回転　16
代謝調節　101
代謝病　41
体性幹細胞　168
耐性植物　237
耐性幼虫　185
耐虫性作物　237
第二分裂　128
大脳基底核　197
大脳半球　197
大脳皮質拡大　201
ダイレクト・リプログラミング　179
多糸染色体　62
脱アミノ　46
脱分化　171
多能性幹細胞　167,174
WRN　183
WS　183
タモキシフェン　115
単振動　222
男性ホルモン　104
タンパク質
　——による時計　216
　——の異化　45
　——の一生　19
　——の機能　19
　——の恒常性　33
　——の合成　22,84
　——の構造　19
　——の細胞内輸送　33
　——の品質管理機構　31
　——の分解　37

ち

チェックポイント　126
チャネル　6
中央体　127
中央分泌系　37
中間径フィラメント　17
中心体　119
中　脳　198
中脳胞　196
中胚葉　156
腸管感染症　257
長鎖ノンコーディングRNA　95
腸内細菌　77
跳躍伝導　199
調和振動　224
チラコイド　15
チロシンキナーゼ　135

て

低アディポネクチン血症　57
tRNA　79
daf-16 変異体　186
daf-2 変異体　186
DSR　130
DNA　92
DNA合成　119
DNAシークエンシング　66
DNA腫瘍ウイルス　134
DNAチップ　261
DNAマイクロアレイ　261
DNAメチル化　92
DNAワールド　19
tmRNA　85
TLR　251
T細胞　246
T細胞受容体　246,250
TGN　11
定常領域　248
Tbx6　161
デオキシリボース　63
テラトカルシノーマ　154

テーラーメイド医療　258
テロメア　183
転移RNA（tRNA）　79
転移因子　90
電子伝達系　44
転　写　64
転写共役因子　109
転写制御因子　161
転写制御ネットワーク　164
天然痘　244

と

同　化　49
糖新生　50
頭頂葉　197
頭頂連合野　198
糖尿病　52
糖　類　42
毒　素　247
時　計　216
時計遺伝子　213,214
トラスツズマブ　144
トランスクリプトーム　93
トランスゴルジ　11
トランスゴルジネットワーク（TGN）　11
トランスジェニックマウス　173
トランスポゾン　88,90
トリガー因子　27
Toll様受容体（TLR）　251
貪　食　246
貪食能　247

な 行

内胚葉　156
内部細胞塊　154,173
内分泌系　101
二価染色体　128
ニコチンアミドアデニンジヌクレオチド（NAD）　42
二重膜細胞小器官　13
二重らせん　63

索引

ニッチ 169
二度なし 244
乳がん 114
ニューロン 198

ヌクレオチド 63

ネクローシス 255
熱ショック 28
年齢別死亡率 180

脳 195
脳回 197
脳幹 198
脳溝 197
脳腫瘍 140
ノックアウト 155
ノックアウトマウス 173
ノックイン 155
ノンコーディングRNA
　　　　　　(ncRNA) 80

は

バイオエタノール 237
バイオ燃料 237
配偶子 60
胚盾 158
胚性幹細胞 154,173
胚発生 147
胚盤胞 153
胚盤葉下層 156
胚盤葉上層 156
パーキンソン病 29
白質 197
パターン認識受容体 236
発酵 48
ハッチンソン・ギルフォード症
　　　候群 (HGPS) 183
パラクリン 102
パラログ 73
半透性 4

ひ

p53 134

PI3K 49
PI3-キナーゼ経路 142
per 遺伝子 214
PEPCK 50
PAMP 235
BSE 29
B細胞 246
微小管 17
ヒストン 64
——のアセチル化 110
——のメチル化 112
ヒストンアセチラーゼ (HAT)
　　　　　　　　　　110
ヒストンコード 112
ヒストンデアセチラーゼ
　　　　　　(HDAC) 110
ビタミンA 104
ビタミンD 104
ヒト cdc2 遺伝子 123
ヒト免疫不全ウイルス (HIV)
　　　　　　　　　　248
ピノサイトーシス 13
PPAR α 54
被覆ピット 12
肥満 52
百寿者 185
表現型 60
病原微生物 248
標的 144
ピルビン酸 43
品種改良 231

ふ

ファイトレメディエーション
　　　　　　　　　　239
ファゴサイトーシス 13
ファーマコゲノミクス 261
ファルネシル化プレラミンA
　　　　　　　　　　184
V型ATPアーゼ 11
フィードバック
——による特性改善 222
フィニッシング 68
フェニルケトン尿症 28
不応答 257
フォールディング 23
フォールディング異常病 28

副作用 261
複製老化 182
藤浪肉腫ウイルス 133
物質代謝 41
不等分裂 169
負のフィードバック回路 222
ブラシノリド 233
プラナリア 170
フラビンアデニンジヌクレオチド (FAD) 42
プリオン 29
プリオン病 29
振子の等時性 225
プレラミンA 184
プロテアソーム 37
プロテアソーム分解系 38
プロモーター 65
フロリゲン 232
分化能 167
分子シャペロン 25
分泌 10
分裂期 118
分裂酵母 120

へ

ペアルール遺伝子 148
ヘキソキナーゼ 43,50
β 酸化 46
β シート 19
ヘテロクロマチン 13,112
ヘテロクロマチン化 92
ペプチジル tRNA 84
ペプチド 22
ペプチド転移反応中心 85
ヘリカーゼ 95
ペルオキシソーム 11
ベルオキシン 11
ベルツズマブ 144
ヘルパーT細胞 247
辺縁葉 197
変性 28
扁平上皮がん 140

ほ

紡錘体 119

索　引

補酵素　41
母細胞　117,187
ポストゲノム　74
ホスファチジルイノシトール
　　3-キナーゼ（PI3K）　49
ホスホエノールピルビン酸カル
　　ボキシキナーゼ　50
Hox 遺伝子　147
哺乳類初期胚　153
ホメオボックス　147
ホモログ遺伝子　150
ホルモン　101
ホルモン不応症　113
翻　訳　64

ま　行

マイクロ RNA（miRNA）　80
膜貫通型受容体キナーゼ　104
膜骨格　17
膜透過　34
マクロファージ　246
マッピング　68
MAP キナーゼ経路　142
マトリックス　15

ミエリン　199,208
ミクログリア　199
ミクロフィラメント　17
ミスフォールディング　25
未成熟卵　123
ミセル　4
密着結合　7
ミトコンドリア　8,14,35,44

ムギネ酸　235
無髄神経線維　199
娘細胞　117,187

メタゲノム解析　76

N-メチル-D-アスパラギン酸
　　（NHDA）受容体　138
メッセンジャー RNA（mRNA）
　　　　　　　　　　64,79
免疫受容体　235
メンデルの法則　61

モータータンパク質　17

や　行

薬物応答性　261
薬理ゲノミクス　261

有糸分裂　118
有髄神経線維　199
ユークロマチン　13,112
ユビキチン　38
ユビキチン-プロテアソーム系
　　　　　　　　　　　31

羊膜類胚　157
葉緑体　15

ら　行

ライセンシング因子　126
ライセンス化　126
LINE 因子　90
ラウス肉腫ウイルス　133
Large T　134
ラパチニブ　144
ラミノパチー　184
ラミン A　184
ラメラ　15
ラロキシフェン　115
卵　割　152
卵割期胚　152

卵　子　60
卵成熟促進因子（MPF）　124
ランビエ絞輪　199

リガンド　101
リガンド依存性転写制御因子
　　　　　　　　　　　104
リソソーム　10,11,38
リプログラミング　174
リボザイム　20,79
リボスイッチ　80,94
リボソーム　8,16,80
リポソーム　4
リボソーム RNA（rRNA）　81
流動モザイクモデル　5
両生類胚
　——の予定発生運命　157
菱脳胞　196
緑色蛍光タンパク質（GFP）
　　　　　　　　　　　17
リン酸化振動　218
リン酸化チロシン　137
リン脂質　4
リンパ球　249

レクチン　251
レセプター　101
レチノイン酸受容体　108
レトロウイルス　82,133
レトロトランスポゾン　88
連合野　198
連　鎖　62
連鎖群　63

老　化　180,187

わ　行

ワクチン　244

第1版 第1刷 2011年12月12日 発行

21世紀の分子生物学

Ⓒ 2011

編　集	特定非営利活動法人 日本分子生物学会
発行者	小　澤　美　奈　子
発　行	株式会社 東京化学同人

東京都文京区千石 3-36-7 (〒112-0011)
電話 03-3946-5311・FAX 03-3946-5316
URL: http://www.tkd-pbl.com

印刷・製本　株式会社 アイワード

ISBN 978-4-8079-0761-8
Printed in Japan
無断複写，転載を禁じます．

日本分子生物学会 創立30周年記念出版・3部作

分子生物学に魅せられた人々

四六判　縦組
232ページ
本体 1600 円+税

創立 30 周年を期に，分子生物学が今日に至った道筋を，記憶の奥にしまいこまれてしまう前に記録することは重要と考え，日本の分子生物学の小史を書き留めることにしました．本書は，分子生物学進歩の臨場感を味わっていただけるように，我が国において分子生物学・分子生物学会の創立・発展に貢献した下記14名の方々に，現在第一線で活躍中の研究者がインタビューをし，まとめたものです．

富澤純一／岡田吉美／村松正實／志村令郎／吉川　寬／松原謙一／小川智子／堀田凱樹／柳田充弘／竹市雅俊／谷口維紹／岡田清孝／田中啓二／長田重一

なぜなぜ生物学

新書判　縦組　202ページ　本体 1400 円+税

「いのち」の不思議を解く面白さを一人でも多くの人に知ってもらい，次の時代の分子生物学を担う若者の参入を期待します．

目次　遺伝子とパソコンソフトはどこが違うのか？（五十嵐和彦）／なぜ肥満と痩せになるの？（島野 仁）／なぜ親子は似るの？（正井久雄）／なぜ癌になるの？（花岡文雄）／どうして心臓は左にあるの？（松崎文雄）／雄と雌ってなにが違うの？（諸橋憲一郎）／どうして毎年のようにインフルエンザに罹るの？（永田恭介）／なぜ地球環境にいいことをグリーンというの？（篠崎一雄）／ケガをしてもちゃんとなおるよね！（阿形清和）／クジラはどこから来たの？（岡田典弘）／遺伝子組換え食品は安全なの？（渡辺雄一郎）／細胞の中って見えるの？（永井健治）／薬はどうやって創るの？（吉田　稔）